中国地质大学（北京）珠宝学院推荐教材

普通高等教育规划教材

教育部教研教改项目规划教材

常见宝石的优化处理及鉴定方法

Enhancement and Identification of Common Gemstones

卢 琪 编著

化学工业出版社

·北京·

内容简介

本书针对常见天然宝石的优化处理方法，分析其主要原理及优化处理后宝石的鉴定特征。主要内容包括：宝石优化处理的概念、历史及分类；优化处理宝石的鉴定仪器和鉴定要点；宝石颜色呈色理论（经典矿物学颜色成因理论、晶体场理论、分子轨道理论、能带理论、物理光学效应）；宝石的优化处理方法及主要设备；常见单晶宝石、玉石及有机宝石的优化处理及鉴定方法。

本书可作高等教育宝石学、宝石鉴定与加工技术、设计学等专业学生的教材，也可供宝石加工和鉴定人员、宝石爱好者参考阅读。

图书在版编目（CIP）数据

常见宝石的优化处理及鉴定方法/卢琪编著. —北京：化学工业出版社，2019.12（2024.2重印）
普通高等教育规划教材　教育部教研教改项目规划教材
ISBN 978-7-122-35945-2

Ⅰ.①常…　Ⅱ.①卢…　Ⅲ.①宝石-鉴定-高等学校-教材　Ⅳ.①TS933

中国版本图书馆CIP数据核字（2019）第283803号

责任编辑：窦　臻　林　媛　　文字编辑：王文莉　陈小滔
责任校对：王鹏飞　　装帧设计：关　飞

出版发行：化学工业出版社（北京市东城区青年湖南街13号　邮政编码100011）
印　　装：北京瑞禾彩色印刷有限公司
787mm×1092mm　1/16　印张16　字数391千字　　2024年2月北京第1版第2次印刷

购书咨询：010-64518888　　售后服务：010-64518899
网　　址：http：//www.cip.com.cn
凡购买本书，如有缺损质量问题，本社销售中心负责调换。

定　　价：78.00元

前　言

宝石因具有独特魅力而深受人们的喜爱，面对市场上琳琅满目的珠宝玉石，消费者却不知如何选择。尤其是市场上存在大量的经过优化处理的宝石，人们在购买时更不敢轻易出手。如何正确区分天然宝石与优化处理宝石，常见的优化处理宝石有哪些品种，优化处理宝石具有哪些鉴定特征等问题，不仅是珠宝鉴定者所关心的，也是消费者所关心的。

宝石优化处理是宝石学研究的一个重要组成部分。珠宝玉石市场上宝石种类繁多，经过优化处理的宝石占有很大的比例。客观上来说，天然宝石经过优化处理后会提升宝石的品质，增加宝石的经济价值和使用价值。优化处理宝石是天然宝石的有益补充，能够弥补天然宝石的不足和缺陷。优化处理宝石在提升天然宝石质量的同时，也给市场带来了负面的影响，有些不法商人以优化处理宝石来冒充天然宝石，扰乱了市场，给消费者心理带来了恐慌。

随着科学技术的发展，宝石优化处理技术不断更新，宝石优化处理的种类也不断增加，从最初的热处理、染色、充填、拼合等优化处理方法，到后来出现的辐照、扩散、高温高压处理及多种处理综合应用的方法。优化处理后的宝石从外观上与天然宝石相似，利用常规的宝石学仪器及方法很难区分，因此，不断更新的优化处理方法给宝石鉴定带来了很大的困难和挑战。针对这一情况，本书在阐述宝石优化处理概念、分类及宝石颜色成因等内容的基础上，对市场上常见宝石的优化处理方法、类别及鉴定特征进行总结，将鉴定特征与图片相结合，力求读者在阅读文字的基础上，通过图片加深对优化处理宝石特征的记忆，增强理解。

本书内容共分7章，第1章和第2章主要介绍了宝石优化处理的概念、分类、历史及鉴定优化处理宝石的主要仪器；第3章主要是宝石矿物的呈色机理，如经典矿物学颜色成因理论、晶体场理论、分子轨道理论、能带理论、物理光学效应等；第4章内容主要是目前常见的宝石优化处理方法、常用的设备、处理条件及优化处理后宝石的鉴定特征；第5～第7章主要介绍常见单晶宝石、玉石及有机宝石的优化处理方法及鉴定特征。

“宝石优化处理及鉴定方法”是中国地质大学（北京）珠宝学院宝石及材料工艺学专业的专业主干课之一，为了适应教学目标及提升教学质量，作者以“宝石改善”课程讲义为基础，在总结多年教学和实践经验的基础上，参考珠宝玉石国家相关标准，收集了国内外宝石优化处理的最新研究成果编著了本书。作为教育部教研教改项目规划教材，本书适合高等院校宝石鉴定专业的在校生和宝石鉴定相关人员使用，也适合具有高中以上文化程度的读者自学。

本书在编写过程中得到很多专业人士的帮助。感谢我的导师吴瑞华教授，感谢中国地质大学（北京）珠宝学院何明跃教授、余晓艳教授、郭颖副教授、白峰副教授在专业方面的帮助和鼓励。

本书作为高等院校专业教材，内容编排和体系上侧重于教学的需要，书中图片大部分是作者在实践教学过程中拍摄的。由于时间仓促，书中难免出现疏漏，敬请读者批评指正。

卢　琪

2019年12月

目 录

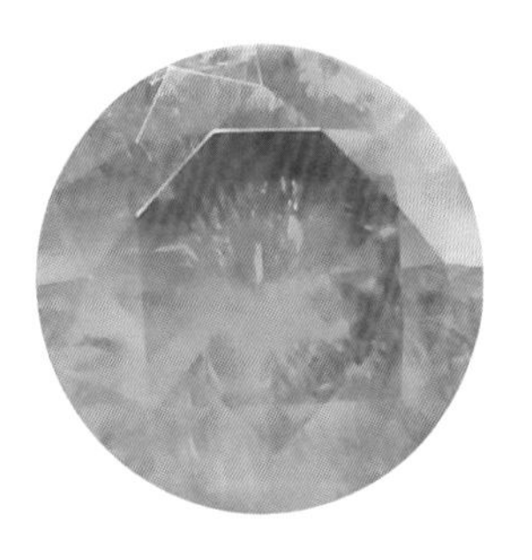

5 常见单晶宝石的优化处理及鉴定方法 / 121

6 常见玉石的优化处理及鉴定方法 / 175

1

宝石优化处理的概念、历史及分类

天然珠宝玉石具有独有的魅力，一直以来深受人们的喜爱。天然珠宝玉石包括天然宝石、天然玉石和天然有机宝石，具有美丽、耐久、稀少的特点。

国家标准GB/T 16552—2017《珠宝玉石名称》中对珠宝玉石进行了定义：珠宝玉石是对天然珠宝玉石（包括天然宝石、天然玉石和天然有机宝石）和人工珠宝玉石（包括合成宝石、人造宝石、拼合宝石和再造宝石）的统称，简称宝石。

宝石优化处理是针对天然宝石的缺陷和不足，利用人工的方法改善其颜色和透明度，提高宝石的经济价值和使用价值，是对天然宝石的再加工和再处理，充分利用和价值提升的过程。

1.1 宝石优化处理的概念和主要内容

宝石优化处理是为了提高天然珠宝玉石的使用价值和经济价值，通过一定的工艺技术和手段，改善宝石的颜色、透明度、特殊光学效应、物理和化学稳定性等，用来弥补天然宝石的不足，增加天然宝石的使用价值和商业价值。宝石的优化处理又称宝石改善，是指对天然宝石进行颜色、透明度及光学效应等方面的提升。因此，宝石改善的对象是天然宝石，是对天然宝石价值提升的必要手段。

1.1.1 宝石优化处理的概念

根据国家标准（GB/T 16552—2017）中的定义，珠宝玉石的优化处理是指除切磨和抛光外，用于改善珠宝玉石的颜色、净度、透明度、光泽或特殊光学效应等外观及耐久性或可用性的所有方法。由此可见，宝石的优化处理是针对天然宝石的不足和缺陷，利用现代科学技术手段来提高宝石的质量。

宝石的优化处理是宝石学研究的一项重要内容，主要是改善天然宝石的颜色和透明度，尤其是颜色和透明度较差的天然宝石。由于每个宝石的性质不同，改善实验方案也差别很大，要根据不同宝石的颜色形成原理，来制订切实可行的改善方法。目前宝石颜色呈色机理和颜色改善已经成为宝石学一个专门的研究方向。

1.1.2 天然宝石、合成宝石、优化处理宝石的区别和联系

天然宝石的形成过程是非常漫长的，在自然条件下缓慢生长而成，具有稳定的物理化学性质。合成宝石是在一定的工艺条件下，在实验室中模拟天然宝石的生长条件生长出来的晶体。合成宝石是完全或部分由人工制造且自然界有已知对应物的晶质体、非晶质体或集合体，其物理性质、化学成分和晶体结构与所对应的天然珠宝玉石基本相同。宝石优化处理的前提是天然宝石具有某种缺陷，如颜色浅、饱和度低、透明度差等。优化处理的对象是天然宝石，是对天然宝石的价值提升的有效手段。因此，合成宝石的再加工、再处理，在宝石学范畴内不能称为优化处理

宝石。

宝石的优化处理包含多个方面，例如将低档宝石改为中高档宝石，提高宝石的颜色及透明度，将非宝石级改为宝石级等。产于斯里兰卡的“Geuda”刚玉，原来只能作为一般的观赏石子，但经过人工热处理后，就可以改善成为漂亮的宝石级蓝色蓝宝石，价值增长几十倍，甚至上百倍。

1.1.3 宝石优化处理的主要手段

天然宝石的优化处理手段，包括一切可以提高宝石价值和使用价值的技术方法。当然也应该包括宝石的加工和工艺上的利用。人们尽量利用天然产出宝石的形状和物理性质切割、研磨，达到宝石使用价值的最优化，再加上艺人的精心设计和精工细雕，这些都是提高宝石价值的方法。尤其是一些贵重宝石，每一件艺术珍品都凝聚了设计师的心血。优化处理手段主要包括以下几个部分。

（1）对宝石原料及成品的物理化学处理

采用物理或化学的方法去掉宝石表面的杂质，例如用强酸清洗玉石，去掉表面的暗色调和杂色调，以改善玉石的颜色和透明度。B货翡翠在充胶之前，一般都要用强酸清洗，去掉表面的杂质，然后再进行充胶处理。

（2）利用加工和工艺上的技术使废料变宝（属宝石加工工艺）

这方面的处理手段主要体现在一些工艺品上，俗话说：“玉不琢，不成器。”普通的工艺品通过雕刻大师的精心创作，可以创造出艺术珍品。对宝石的加工和设计可以使宝石使用价值达到最大化，能体现每种宝石的精美之处。

宝石优化处理的处理手段有广义和狭义之分。广义上是应用一切可以提高宝石价值和利用程度的技术方法。狭义上是指改善宝石内部的化学成分和缺陷，改变宝石的颜色和透明度，使其更完美。在本书中指的是狭义的处理方法。

在本书中所指的宝石优化处理手段不包括宝石加工、工艺利用和工艺品的设计，本书中的宝石优化处理是指在学习常见宝石的颜色呈色原理的基础上，利用一定的工艺设备对宝石进行颜色、结构、透明度、特殊光学效应等方面的改善。主要针对天然宝石，常见的方法有热处理、辐照、染色、充填、高温高压处理、扩散、覆膜或镀膜、拼合等。

与人工的精雕细刻一样，通过狭义的处理手段，如热处理、放射性辐照等方法改善宝石外观特征及稳定性，也可以提高宝石的经济价值。一块半透明或不透明的刚玉石料，只能作磨料，用来磨薄片或项链等，其价值微不足道。若经过人工处理，就有可能成为鲜艳蓝色的透明宝石，每克拉的价值可达几百元至上千元。

（3）宝石优化处理的内容

宝石优化处理主要是依据不同的宝石颜色的致色成因，选取合适的优化处理方式。并不是每个宝石都能通过优化处理进行改善。综合常见的改善方法，主要包括以下几个方面：将颜色不好的宝石改成颜色漂亮的宝石；透明度不好的改成高透明度的；低档的改成高档的（增加星光、猫

眼等）；非宝石级改成宝石级。这些优化处理方法旨在提高珠宝玉石的使用价值和商业价值，是天然珠宝玉石价值提高和补充的手段。

（4）优化处理宝石归属性的问题

宝石优化处理改善的对象是天然宝石，是天然品价值的提高和增值。天然宝石与合成宝石既有区别又有联系：二者的区别是生长环境不同，天然宝石是在自然界中生长的，时间长久，成长环境复杂；合成宝石是通过人工方法在实验室模拟天然宝石生长条件合成的矿物，生长时间短，其生长环境与天然宝石并不完全一致。二者的相同点是矿物种类、物理化学性质基本相同。优化处理宝石从本质上来说属于天然宝石，不包括处理和加工的合成宝石。

1.1.4 宝石优化处理的意义

由于天然宝石的稀有性，不能满足人们日益增长的需求，再加上天然宝石完美者甚少，或多或少会存在一些缺陷，因此，宝石的优化处理技术逐渐发展起来，究其原因，主要有以下几个方面。

（1）人们对宝石的需求量逐渐增加

宝石由于其特殊的魅力，成为古今中外都流行的一种装饰品、收藏品、鉴赏品。随着科学技术的发展和人民生活水平的提高，人们对宝石的需求量越来越大。据国家统计局资料显示，2002年我国宝玉石进出口额为840亿美元，加上首饰和珍珠的进出口额可达3200亿美元，2016年我国宝玉石进出口额已经达到9300亿美元，其增长速度远远超过国际上的平均增长速度。随着经济的迅速发展，宝石业和珠宝市场将会更加繁荣昌盛，人们对宝石的需求也会增加，宝石的优化处理可以提高宝石的经济价值和商业价值，物尽其用，发挥其最大的作用。

（2）完美无瑕的天然产出品极少

由于自然界的资源有限，宝石新矿床的发展速度远远低于社会的需求量，完美无瑕的天然产出品极少。据钻石生产方面统计，在钻石矿中平均每开采4吨的矿石，才能获得1克拉（0.2g）的钻石原石，其中十分之九只能做工业用钻，剩下十分之一，就是0.1克拉（0.02g）才能是较好的宝石级钻石。其他彩色宝石的产出量虽然高于钻石，但也远远不能满足人们日益增长的需求。天然资源的局限，使供需发生矛盾，决定了人们必须要对那些质量不好的天然宝石进行优化处理，使非宝石级的原石提高到宝石级，提高质量较差宝石的品质，以满足社会对天然宝石的需求。

（3）科技进步推动了宝石优化处理的发展

随着科学技术的发展，宝石的优化处理研究已经成为一门专门的学科，优化处理的方法也越来越多。最初的宝石优化处理只是热处理、辐照、涂层、拼合等方式，目前出现很多新的优化处理方法如扩散、镀膜、高温高压处理等。用于优化处理的宝石品种也逐渐增多，常见的天然宝石大多数都可以用优化处理来提高宝石的质量，处理手段越来越复杂，优化处理后的宝石与天然宝石外观非常相似，有时仅用传统鉴定方法无法区分。因此对优化处理后的宝石鉴定也日益成为一个重要的研究课题。

1.1.5 优化处理宝石的工艺要求

天然宝石具有美丽、耐久、稀少的特征，而优化处理宝石的要求更多地注重宝石物理化学性质的稳定性和耐久性。如果优化处理后的宝石不稳定，则这种优化处理方法不适用于商业生产。因此，优化处理后的宝石要满足以下几个条件。

（1）美丽

美丽是天然宝石具有的一个基本属性，天然产出宝石中的优异者都具有诱人的美，如帝王黄玉、鸽血红色红宝石、绿色翡翠、阳绿色祖母绿等。优化处理宝石的要求就是使各种颜色、质地、光泽、透明度的天然品向最优异最美丽者靠拢，使其更加接近最美丽的天然状态。例如，将牛血红（暗红色）的红宝石改成鸽血红的自然色，将浅绿色的翡翠处理成阳绿色。

（2）耐久性

宝石的耐久性是指宝石的稳定程度。天然宝石一般稳定性好，颜色、透明度、物理化学性质等不会随时间而发生改变。优化处理后的宝石也要具备这个性质才能投入市场，耐久性主要包括两个方面：

① 宝石的物理性质稳定　即优化处理后宝石的硬度、韧性、结构的稳定性都要好，改善后的宝石常要做风吹雨淋实验以检验其稳定性。

② 宝石的化学稳定性　即耐热、耐光照、耐化学腐蚀等性质，包括经受日照、水浸、汗蚀都不变质、不变色。例如，经过填充改色处理的绿松石，天长日久就会出现麻点或改变颜色；着色的玛瑙项链经汗蚀后褪色等都会影响到这些宝石的销售和价值。

（3）无害

无害包括不含有有毒的化学成分和无放射性残留两部分。经过优化处理后的宝石，要经过国家有关机构检测，符合国家相关安全标准。

有害化学成分常是由化学处理法改善宝石引进的。例如，用含有有害化学成分的药品浸泡或在鸡血石中加入辰砂，辰砂的主要成分是HgS，含汞量大约为86.2%，还常夹杂雄黄、磷灰石、沥青质等。这些材料中含有的汞、砷、铅、锑等都对人体有害。

用放射性辐照法改善的宝石，样品常残留有放射性。对辐照法改善的宝石必须进行检测，只有优化处理宝石中残留放射性低于规定标准才能上市。如市场上大部分蓝色黄玉都是经过辐照处理的，颜色非常稳定，但必须在辐照处理一年后，放射性残余符合标准后才能够投入市场。

1.2 宝石优化处理的历史

宝石优化处理历史悠久，有一些优化处理方法在古代就已经被人们认识了。例如热处理，人们发现通过加热的方式可以使玛瑙、玉髓等宝石颜色加深，通过这种手段把颜色不艳丽的宝石改善成鲜艳的，把有缺陷的宝石改善成完美的宝石。随着人们对宝石性质的了解，改善技术也随之

出现和发展。其中有些技术可能是偶然发现的，有些技术则是从民间流传下来的，所以在文献中很少见到。当人们逐渐了解常见宝石的颜色成因、结构和物理化学性质时，宝石优化处理的新方式、新方法就开始发展起来了。

1.2.1 古代宝石优化处理

古代宝石的优化处理方法主要是加热。据报道，早在公元前2000年，在印度已出现加热的红玛瑙和肉红玉髓；公元前1300年在埃及人的坟墓中就有染过色的肉红色玉髓。涂层、底衬等传统优化处理方法也很早就产生了。

埃及在公元4世纪时已有文字记载，加热石英或其他宝石使其产生裂隙，而后渗透进染料，要求什么颜色就选择什么颜色的染料进行染色。

有人对古代宝石的改善方法进行推测，在古代各地区之间侵略和掠夺战争不断发生，时常会焚烧死者的尸骨，有时就会发现与其主人一起被烧过的宝石的颜色变得更漂亮了。于是逐渐就摸索出一套热处理的方法。在我国先秦和秦代，已有了关于加热法的文字记载，《淮南子 · 俶真训》中有："钟山之玉，炊以炉炭，三日三夜而色泽不变。"在唐、宋时期宝玉石的优化处理就比较成熟了。1930年章鸿钊先生的《宝石说》中也有关于古代宝石优化处理的记载。由此可见，世界上关于宝玉石的开发利用、优化处理具有悠久的历史。

1.2.2 近代（15~19世纪）宝石的改善

15世纪下半叶，手工业非常发达，以手工为主的珠宝饰品业有了新的发展。随着研磨、粘接等技术的发展，出现了夹层、彩色玻璃等改善品和代用品；化学及染料业的发展，使宝石的染色、填充达到了新的水平；由于冶金技术的提高，宝石热处理的温度得到提高，热处理改善宝石技术得到了新的发展。

由于某些改善的宝石具有一定的欺骗性，再加上一些不法商人为谋求暴利，"做假"不予以声明，以及众多的珠宝爱好者不了解分辨的手段，改善宝石增加了"神秘"色彩。这在16世纪和17世纪表现得尤为突出。

在鉴定手段不完备的情况下，宝石的改善工作具有了一定的欺骗性，如出现了用炸裂水晶加染料染成红色或绿色冒充红宝石、祖母绿，用烧白的石头如锆石冒充钻石。这引起过社会的不安，人们把改善宝石的工作和欺骗连在一起。因此，16世纪意大利法律规定严禁宝石染色。直到今日，有些人仍将改善宝石称为"假宝石"，对宝石市场造成了不好的影响。随着人们对珠宝玉石知识的了解，能够正确认识天然宝石、优化处理宝石及合成宝石的区别和价值，按照不同的需求选择合适的宝石。

1.2.3 现代（20世纪和21世纪）优化处理宝石技术的新发展

19世纪末20世纪初，自然科学有了新的重大突破，随着宝石学的成熟，使人工改善天然宝石以增加宝石价值的研究成为一门学科。

人们的认识进入原子内部，并用矿物结构乃至原子内部的量子论的观点来解释宝石的颜色、透明度和其他物理性质，人们对矿物及宝石的颜色成因分析从宏观领域进入到微观领域，从而在宝石优化处理方面引进了各相关领域中新手段、新设备、新方法。

1904年，美国学者M.Beuer在其书*Precious Stones*中，介绍了20世纪初宝石优化处理的状况及一些有价值的详细资料。书中描述了用加热的方法使烟水晶、锆石褪色，以及紫水晶变成黄水晶，黄玉变成粉红色，粉红色的玉髓变成红色。

1958年，北京玉器厂开始研究玛瑙染色技术，相继成功地完成了玛瑙染红色、绿色、蓝色和黑色的实验工作，并投入了批量生产。20世纪80年代改革开放后，我国宝石人工优化处理无论在理论研究还是在实验技术水平方面都有了长足的进步。2000年以后，国内市场上开始出现高温高压改色钻石、铍扩散蓝宝石、拼合翡翠、拼合和田玉等。现代宝石优化处理的研究有四个突出的特点。

（1）辐照方法在宝石优化处理上的应用

X射线、γ射线及许多放射性方法在物理学领域的发展，给优化处理宝石的工作提供了一个新的领域。辐照宝石在市场上也越来越常见。

1904年英国W.Crookes以镭为介质将金刚石辐照后变成绿色。Doelter在1909年指出，一些放射性辐射产生的颜色在强光下能失去颜色，无色萤石可以辐照成紫色，粉红色黄玉可以辐照成易褪色的橘黄色，并提到加热可以促进褪色。

近几年又有新的辐照方法出现，可控制产物的颜色，如金刚石可改成黄色、粉红色或蓝色，无色水晶经过辐照成为烟色、紫色等。可用于辐照处理的宝石种类增加，如碧玺、海蓝宝石、绿柱石、长石、方解石、锂辉石等也可以用辐照来改变宝石的颜色。

（2）加热处理方法的更新

1976年，斯里兰卡的Geuda石的半透明乳白色刚玉，应用加热处理的方法改善成了漂亮的蓝色蓝宝石，这一项宝石优化处理的成功给热处理方法注入了新的生命力。继而又扩展成将无色或浅色蓝宝石热处理使其变成黄色、橙黄色等方法，并且用扩散法加色或制造星光。

1979年，泰国人掌握了具有商业价值的红宝石、蓝宝石热处理技术，他们把颜色暗淡的蓝宝石改善成漂亮蓝色的蓝宝石。市场上大多数的红宝石和蓝宝石均是热处理后的产品。热处理可以用于几乎所有的宝石品种，经过热处理，通过控制不同的氧化还原条件，宝石的颜色都可以得到有效的改善。

近几年来，国际上对宝石的研究，每隔2 ~ 3年就有一次突破性的进展，从而出现了市场上75%的彩色宝石，80%左右的刚玉红、蓝宝石都是经过人工优化处理的现象。

（3）多种处理方法综合运用

在宝石的优化处理过程中，往往采用多种处理方法来改善宝石的质量。例如翡翠经过漂白充填后，再进行染色，即常见的B或C货，翡翠整个过程既改变了翡翠的结构和透明度，也改变了颜色；蓝宝石、黄玉、碧玺等常用扩散的方法增加宝石的颜色，但一次扩散深度很浅，常采用多次扩散的方法来加强宝石的颜色浓度和深度；充填处理常用于结构疏松的绿松石，但也会在充填处理的同时再染色，这样既增加宝石颜色也增加稳定性。

(4)加色宝石的新方法不断出现

加色宝石的新方法、新技术不断出现，发展速度很快，水平越来越高，而且经常变化。

旧方法翻新和新方法出现，构成了这个时期的宝石优化处理的新特点。综观世界宝石人工优化处理领域的研究现状，宝石优化处理具有以下三个发展趋势：

① 宝石的人工优化处理研究和生产已逐渐具有与宝石鉴定和宝石加工同样重要的地位。宝石改善的种类和品种也逐渐丰富，因为一方面可以缓解人们对天然宝石的需求与实际供应的矛盾；另一方面，通过人工手段提高宝石的美学价值和经济价值，同时也可以产生巨大的经济效益，促进珠宝首饰市场的发展。

② 采用现代最先进的分析技术，加强对宝石的晶体结构、晶体化学和致色机理等方面的理论研究，为宝石的人工优化处理提供理论依据。

③ 宝石人工优化处理的对象范围大大扩展，几乎包括所有宝石品种。近几年，珠宝市场有色宝石品种丰富多样，大部分得益于人工优化处理技术和工艺的改进。

21世纪以来，宝石的优化处理手段和方法日益增加。目前，人们已经能将绿色的绿柱石改善成为蓝色的海蓝宝石；无色的黄玉改善成为蓝色的黄玉；无色的金刚石改善为黄色、绿色、蓝色、粉红色金刚石等。近十几年来，通过热处理使劣质刚玉变成蓝色或橙色蓝宝石的技术更是风靡一时。据报道，在国际市场上出售的彩色宝石，有80%是经过优化处理的，刚玉类红、蓝宝石的优化处理品超过80%。一些改善后的宝石颜色稳定，经久不变，已被公认为价值与天然产出品相当。

优化处理宝石为市场带来繁荣的同时，也带来了不良的影响。一些商人以优化处理宝石冒充天然宝石欺瞒消费者，使消费者对珠宝市场产生了恐慌心理。因此，要加强对销售者和优化处理宝石的管理，严格按照国家标准对市场上的宝石定名，对优化处理宝石要进行标注，取得消费者的信任，促进珠宝市场的健康发展。

1.3 优化处理方法的分类

1.3.1 按优化处理原理分类

目前市场上经过人工优化处理的宝石品种很多，优化处理的方法也不尽相同，针对同种宝石也可能采用不同的优化处理方法，不同宝石品种也可能采用同种的优化处理方法。本书根据优化处理宝石的原理，将常见的优化处理方法分成三大类共十二种，概括了目前常见的优化处理方式，具体方案如下：

第一类 改色法

① 热处理 对无色或浅色的宝石进行加热，改变或改善宝石的颜色。

② 辐照法 经放射性辐照，使宝石产生色心，从而改变宝石的颜色。

③ 综合处理　先经放射性辐照，然后进行热处理。

④ 高温高压　采用高温高压的方式，对宝石的颜色进行改色处理。

这四种优化处理方法均采用比较大型的仪器设备，严格的处理条件，得到的优化处理宝石物理化学性质比较稳定，是最常见的优化处理方法。

第二类　化学处理法

① 染色和着色；

② 漂白；

③ 漂白、充填；

④ 扩散处理。

这四种处理品都是采用化学处理法得到的，所需要的仪器设备简单，优化处理很容易进行，有些优化处理后宝石不稳定。

第三类　物理处理法

① 覆膜；

② 充填；

③ 激光钻孔；

④ 拼合。

这四种优化处理品都是采用物理法得到的，处理方法简单，处理后特征明显，容易鉴别。

这三类总共十二种宝石优化处理方法涵盖了当前宝石优化处理的所有方法，每个方法的概念、优化处理原理及方法、范围及常见优化处理宝石分类特征具体介绍如下。

1.3.1.1　改色法

这一类优化处理方法是最重要的改善宝石的方法，主要是通过加热处理或放射性辐照改变宝石的颜色、透明度或其他物理性质。其原理是根据宝石矿物的形成机理、成矿条件，人工模拟天然宝石形成过程而使宝石矿物的物理性质得到改善。它与自然界形成宝石的原理是相同或相似的，一般不加入天然成分以外的化学物质。

优化处理后的宝石物理和化学性质稳定（辐照宝石有部分颜色不稳定），所以这类宝石经人工优化处理后与天然产出品外观相似。热处理后的宝石可直接作为天然宝石出售，不必声明是否经过人工优化处理；辐照处理除辐照水晶外都归为处理；高温高压主要用于钻石的颜色改善，归为处理。这类宝石优化处理方法可分为四种：

（1）热处理

热处理是一种最常见的宝石优化处理方法。几乎所有的他色致色的宝石都是通过热处理来改善颜色，从而也改善宝石的透明度的。其原理是通过不同的热处理条件，使宝石内部所含致色离子的含量、价态发生变化，从而使宝石的物理性质如颜色、透明度等得到改变，达到改善宝石质量的目的。例如，刚玉蓝宝石的改善就是通过宝石中所含的钛和铁离子的价态或含量变化而进行的。

这种优化处理方法主要应用于以下宝石：红宝石、蓝宝石（蓝色、橙色）、星光红蓝宝石、坦桑石、海蓝宝石（绿色变蓝色）、锆石（蓝色或红色）以及由紫水晶处理得到的黄色或绿色水

晶等。

（2）辐照法

这种方法是利用放射性辐照，通常是由钴60、电子加速器或反应堆等放射源，通过X射线、γ射线、高能电子、中子、质子、氘核等对宝石进行辐照，使宝石产生缺陷，出现色心，即颜色中心，从而引起物理性质如颜色变化，使宝石的质量得到改善。

这种优化处理方法主要适用于以下宝石：烟水晶、紫水晶、紫红色萤石、各色辐照金刚石（绿色、黄色、棕色、黑色、蓝色、粉红色）等。

有些用这种方法改善的宝石颜色，在常温光照下不稳定，不能作为改善品上市。例如，辐照的黄色蓝宝石、深蓝色铯锂型绿柱石、棕褐色黄玉、紫红色方钠石、红色电气石等。因此，人们在选购与使用这种宝石时应予以注意。

（3）综合处理法

这种方法主要用于由色心致色的宝石，首先是采用放射性辐照，然后再进行适当的热处理，改变宝石的物理性质（主要是颜色），热处理的目的是去掉不稳定色心，获得较稳定的色心，处理的温度一般不高于300℃。为了得到理想的颜色，热处理温度要严格控制，不同的热处理温度可能会得到不同颜色的宝石。

常用这种方法处理的宝石品种主要有：蓝色黄玉、粉红色黄玉、黄色水晶、蓝绿色碧玺、各种颜色的钻石等。

（4）高温高压法

高温高压法是采用高温高压的方式来改变宝石的颜色，所需设备复杂，条件较为严格。高温高压一般是指宝石优化处理时温度在600℃以上，压力在1×10^9Pa以上的条件，目前这种方法主要适用于钻石的改色。

以上这四种改色法处理的宝石是目前市场上出现最多的优化处理宝石，这类优化处理品也是最受欢迎的，由于改善后颜色和物理化学性质稳定，此类宝石价格与天然宝石相当或略低于天然宝石。

1.3.1.2 化学处理法

化学法是指通过加入一定量的化学试剂，化学试剂与宝石中的成分发生化学反应，致色元素能够进入到宝石晶格内部，从而改善宝石的颜色。常见的化学法优化处理类型有染色和着色、漂白、漂白和填充、扩散处理等。

（1）染色和着色

这种方法通常选用有机染料或无机颜料浸泡或充填裂隙较多的宝石，所用的溶剂一般为水或乙醇。有些宝石也可以用油作为溶剂，如红宝石、祖母绿等。其颜色一般是沿着裂缝或微小孔隙浸入宝石。染色材料多为具有天然孔隙的材料，如玉髓、玛瑙、翡翠、大理石等。若无孔隙裂缝者，可用人工方法制造孔隙裂纹，如石英炸裂法染色。

这种优化处理方法适用于裂隙较多的天然宝石，如红蓝宝石、祖母绿、翡翠、玛瑙、玉髓、碧玺、尖晶石、水晶、绿松石、石英等。

（2）漂白

漂白宝石一般是采用氯气、过氧化氢等有漂白作用的化学药品，对有机质宝石如珍珠、象牙、珊瑚等进行漂白，去掉内部杂色以增加宝石的白度，这种处理方式常用于天然或养殖珍珠中那些颜色特别暗或带有绿色调的劣质珍珠。

（3）漂白和填充

大多数玉石如翡翠、玉髓等经过漂白后结构疏松，除漂白外还需要填充使其结构更加坚固，填充材料一般为有机胶、树脂、塑料等。可用于漂白和填充的宝石还有珊瑚、象牙、硅化木、虎睛石等。

（4）扩散处理

扩散处理是指在一定温度条件下，使外来元素进入珠宝玉石，以改变珠宝玉石的颜色或产生特殊光学效应。扩散处理最初用于改善蓝宝石的颜色和星光效应，目前应用范围扩大，可应用于蓝宝石、红宝石、黄玉、碧玺等。

1.3.1.3 物理处理法

物理处理法是指天然宝石通过表面覆膜、拼合、充填等方式，给人以整体宝石的外观，主要用来改善宝石的颜色或稳定性。主要分为以下几种类型。

（1）覆膜

覆膜是将宝石的部分或全部表面涂上一层薄膜，可以使宝石表面产生较强的光泽，并可掩盖瑕疵，其作用主要是减少宝石表面的漫反射。这层薄膜有的是无色或有色石蜡、清漆，也有的是合成树脂，涂层的厚度一般为0.1μm左右。经涂层的宝石不但表面光泽好，硬度也会增大，价值可得到提高。除涂层外，近年来还出现一种镀膜技术，可按需要将一些金属氧化物或金刚石薄膜镀到宝石表面上，如金刚石镀膜，是在天然金刚石表面镀上一层合成金刚石薄膜，初期的薄膜大多是多晶质的，比较容易鉴别。

可应用这种技术改善的宝石有：琥珀、玉髓、金刚石、珍珠、贝壳、欧泊、翡翠等。

（2）充填

充填也称注入，这种技术就是将无色或有色的蜡、油、塑料等材料填充到宝石裂隙中。优化处理的目的是除去宝石中的裂隙，使宝石材料更稳定，以提高宝石的价值。例如，在结构松散的绿松石孔隙中注入有色或无色树脂使绿松石质地更坚硬；还可以将无价值白垩状的蛋白石充填成变彩效应显著的欧泊。

应用这种技术改善的宝石有：红宝石、蓝宝石、祖母绿、绿松石、青金石、欧泊、翡翠、石英、玉髓等。

（3）激光钻孔

这种方法主要适用于钻石和鸡血石。钻石中如果有黑色或深色包裹体，需要局部激光钻孔去除包裹体，提高钻石的颜色和净度。激光钻孔也适用于鸡血石，用激光将宝石或石料（鸡血石等）钻出许多微小的小孔，然后注入颜料，使鸡血石增加“血”的含量。

（4）拼合

拼合宝石是由两块或两块以上材料经人工拼接而成且给人以整体印象的珠宝玉石。根据拼合材料、方式或成品的不同，又可细分为夹层、衬底和附生等几种拼合宝石。拼合宝石可能是天然宝石，也可能是合成宝石，需要根据不同的宝石材料或主体材料对拼合宝石进行命名。

① 夹层和衬底石　这种宝石是由几种或几层材料组合粘接在一起而形成的，给人一个整体宝石的外观。这些材料有的是宝石，有的不是宝石，而是其他代用品如玻璃、塑料等。夹层一般是三种材料的组合，将三块不同的材料粘接在一起形成一个宝石；衬底一般是两种材料的组合，将两块材料组合在一起形成一个宝石。这种技术开展得很早，方法也很多。有些不法商人常用这类宝石冒充天然宝石，做得十分隐蔽，形式、种类多样，多是做成品宝石，选购时需认真辨别。

② 附生石　这种宝石是在一块天然或人工合成宝石上再生长宝石。这种附生材料有薄有厚，是一种与合成宝石有联系的材料，通常把生长在宝石上的薄层宝石称为附生石，与生长很厚的人工晶体没有严格的界限。这种方法多用于在绿柱石或石英上生长一层合成祖母绿。

除以上总结的十二种优化处理方法外，由于新技术、新方法的不断出现，优化宝石又增加了许多新的品种。还有将多种方法和手段同时运用，例如翡翠的B+C、蓝宝石的多重扩散处理等。

1.3.2　按GB/T 16552—2017《珠宝玉石名称》进行分类

市场上优化处理宝石种类繁多，随着科技的进步，优化处理方法也越来越多，有可能几种处理方法综合运用。根据GB/T 16552—2017《珠宝玉石名称》，宝石的优化处理分为优化和处理两大类。优化后的宝石可直接用天然宝石名称命名，处理后的宝石要标注出处理或具体的处理方式。优化和处理的划分对宝石改善品有重要的意义。

1.3.2.1　优化

优化（enhancing）是指传统的、被人们广泛接受的、能使珠宝玉石潜在的美显示出来的优化处理方法，包括热处理、漂白、浸蜡、浸无色油、染色（玉髓、玛瑙类）。

（1）热处理

热处理（heating）是通过人工控制温度和氧化还原环境等条件，对样品进行加热的方法。其目的是改善或改变珠宝玉石颜色、净度和特殊光学效应。

热处理过程是把宝石放在高温炉中加热，采用氧化、还原或真空等热处理条件，使宝石内部所含致色离子的含量、价态发生变化，从而使宝石的物理性质如颜色、透明度等得到不同程度的改变。

适用于热处理的宝石种类很多，例如红宝石、蓝宝石（蓝色、橙色）、坦桑石、海蓝宝石（绿色变蓝色）、锆石（蓝色或红色）以及由紫水晶处理得到的黄色或绿色水晶等。

（2）漂白

漂白（bleaching）是采用化学溶液对样品进行浸泡，使珠宝玉石的颜色变浅或去除杂色。一般采用过氧化氢等有漂白作用的化学药品，对有机质宝石如珍珠等进行漂白，去掉杂色增加白度。

（3）浸蜡

浸蜡（waxing）是将蜡浸入珠宝玉石表层的缝隙中，用以改善外观。大部分玉石采用此方法，如绿松石、青金石、蛇纹石等。

（4）浸无色油

浸无色油（colourless oiling）是将无色油浸入珠宝玉石的缝隙，用以改善外观。这种方法主要针对裂隙比较多的宝石，如祖母绿、红宝石、欧泊等。

1.3.2.2 处理

处理（treating）是非传统的、尚不被人们接受的优化处理方法。包括浸有色油、充填（玻璃等硬质材料充填）、染色、辐照、激光钻孔、覆膜、扩散、高温高压处理。

（1）浸有色油处理

浸有色油（colour oiling）处理是将有色油浸入珠宝玉石的缝隙，用以改善外观。如红宝石、祖母绿、欧泊等常采用这种方法处理。

（2）充填处理

充填处理（filling treatment）是用含Pb、Bi玻璃，人工树脂或其他聚合物等固化材料充填多孔的珠宝玉石的缝隙、孔洞，改变其耐久性和外观。常用于裂隙较多的天然宝石或结构疏松的玉石，如红宝石、翡翠、绿松石、祖母绿等。

（3）染色处理

染色处理（colour dying）是使致色物质渗入珠宝玉石，达到产生颜色、增强颜色或改善颜色均匀性的目的。常用于玉髓、玛瑙、翡翠、大理石等。若无孔隙裂缝者，可用人工方法制造孔隙裂纹，如石英炸裂法染色。

（4）辐照处理

辐照处理（irradiation）通常采用钴60、电子加速器或反应堆等放射源对宝石进行辐照，使宝石产生缺陷，出现烟色中心，从而引起宝石的颜色变化。这种改善方法适用于烟水晶、紫水晶、紫红色萤石、各色辐照金刚石等。水晶的辐照处理归为优化。

（5）激光钻孔处理

激光钻孔（laser drilling）处理主要用于改善钻石的净度。用激光束和化学品去除钻石内部深色包体，所留下的痕迹称为激光痕，管状或漏斗状的激光痕称为激光孔。激光钻孔也可用于鸡血石。

（6）覆膜处理

覆膜处理（coating）是用涂、镀、衬等方法在珠宝玉石表面覆着薄膜，以改变珠宝玉石的

光泽、颜色或产生特殊效应。如金刚石镀膜、黄玉镀膜等。

（7）扩散处理

扩散处理（diffusion）是在高温条件下，使致色元素进入珠宝玉石的浅表层，产生颜色和/或星光效应。如蓝宝石经过钴离子扩散可呈现蓝色，铬离子扩散可呈现红色，也可以通过扩散产生星光。

（8）高温高压处理

高温高压处理（HPHT）是在高温高压条件下，将Ⅱa型褐黄色金刚石改变成无色钻石或将Ⅰa型褐色钻石改成黄绿色、黄色等彩色钻石。

珠宝玉石的优化处理是宝石研究的一个重要课题，随着科技的进步，新的优化处理方法不断产生，给宝石鉴定带来了一定的困难和挑战。参照《珠宝玉石名称》（GB/T 16552—2017）中宝石优化处理方法分类，常见宝石的优化处理方法、类别及适用宝石种类范围如表1-1所示。

表1-1 常见宝石的优化处理方法、类别及适用宝石种类

优化处理方法	类别	备注	适用宝石种类
热处理	优化	宝石在氧化还原条件下，通过加热改变致色离子的价态和数量，从而改变宝石的颜色和透明度	红宝石、蓝宝石、绿柱石、水晶、碧玺、锆石、托帕石、坦桑石、翡翠、玛瑙、玉髓、萤石等
漂白	优化	酸性溶液去除宝石中杂色调	翡翠、石英岩、珍珠、珊瑚等
激光钻孔	处理	利用激光去除宝石局部的包裹体	钻石、鸡血石等
漂白、填充	处理	酸性溶液清洗后用胶、树脂等材料充填	翡翠、石英岩玉、珊瑚等
充填	优化	用无色油、蜡充填珠宝玉石，用少量树脂充填珠宝玉石缝隙，轻微改变其外观。祖母绿的此种方法为净度优化，归为优化（应附注说明）	红宝石、蓝宝石、祖母绿、碧玺、水晶、翡翠、绿松石、青金石、孔雀石、大理岩、青田石、寿山石、欧泊、玉髓等
	优化（应附注说明）	用玻璃、人工树脂充填珠宝玉石少量裂隙及空洞，改善其耐久性和外观	红宝石、蓝宝石、祖母绿、碧玺、水晶、翡翠、绿松石、青金石、孔雀石、大理岩、青田石、寿山石、欧泊、玉髓等
	处理	用含Pb、Bi等玻璃，人工树脂等固化材料注入多孔或多裂的珠宝玉石，改变其耐久性和外观	红宝石、蓝宝石、祖母绿、碧玺、水晶、翡翠、绿松石、青金石、孔雀石、大理岩、青田石、寿山石、欧泊、玉髓等
覆膜	优化（应附注说明）	在天然有机宝石表面覆无色膜，改变其光泽或起保护作用	钻石、祖母绿、绿柱石、碧玺、托帕石、水晶、长石、翡翠、欧泊、大理石、萤石、珊瑚等
	处理	在天然宝石表面覆无色膜或有色膜，改变其颜色或产生特殊效应	钻石、祖母绿、绿柱石、碧玺、托帕石、水晶、长石、翡翠、欧泊、大理石、萤石、珊瑚等
高温高压	处理	—	钻石
染色	处理	玉髓的此种方法归为优化	红宝石、祖母绿、翡翠、软玉、玛瑙、玉髓、石英岩等
辐照	处理	水晶的此种方法归为优化	钻石、蓝宝石、绿柱石、碧玺、锆石、托帕石、水晶、珍珠等
扩散	处理	加入致色离子在高温条件下使致色离子进入宝石晶格	红宝石、蓝宝石、托帕石等

1.3.2.3 优化处理宝石定名规则

为了科学准确地描述宝石优化处理特征，更好地规范珠宝玉石市场，保护消费者利益，同时考虑到商业界和传统的名称习惯以及国际通用名称和规则，国家制定了珠宝玉石行业一系列国家标准。《珠宝玉石名称》（GB/T 16552—2017）对优化处理宝石的命名原则规定如下。

（1）优化的珠宝玉石定名

优化的表示方法应符合下述要求：

① 直接使用珠宝玉石名称，可在相关质量文件中附注说明具体优化方法。如热处理红宝石、染色玛瑙等。

② 有些宝石经优化后应在相关质量文件中附注说明具体优化方法，可描述优化程度。如：“经充填”或“经轻微/中度充填”。

（2）处理的珠宝玉石定名

对于处理的宝石，表述方法应符合下述要求：

① 在珠宝玉石基本名称处注明：名称前加具体处理方法，如扩散蓝宝石，漂白、充填翡翠；名称后加括号注明处理方法，如蓝宝石（扩散），翡翠（漂白、充填）；名称后加括号注明“处理”二字，如蓝宝石（处理），翡翠（处理）；应尽量在相关质量文件中附注说明具体处理方法，如：扩散处理、漂白、充填处理。

② 不能确定是否经处理的珠宝玉石，在名称中可不予表示，但应该在相关质量文件中附注说明“可能经××处理”。

③ 经处理的人工宝石可直接使用人工宝石基本名称定名。

④ 经多种方法处理或不能确定具体处理方法的珠宝玉石按① 或② 进行定名。也可在相关质量文件中附注说明“××经人工处理”，如，钻石（处理），附注说明“钻石颜色经人工处理”。

（3）拼合宝石的定名方法

① 逐层写出组成材料名称，在组成材料名称之后加“拼合石”三字，如“蓝宝石、合成蓝宝石拼合石”，或以顶层材料名称加“拼合石”三字，如“蓝宝石拼合石”，或拼合蓝宝石、合成蓝宝石。

② 由同种材料组成的拼合石，在组成材料名称之后加“拼合石”三字，如“锆石拼合石”。

③ 对于分别用天然珍珠、珍珠、欧泊或合成欧泊为主要材料组成的拼合石，分别用拼合天然珍珠、拼合珍珠、拼合欧泊或拼合合成欧泊的名称即可，不必逐层写出材料名称。

④ 再造宝石的定名方法。在所组成天然珠宝玉石基本名称前加“再造”二字。如“再造琥珀”“再造绿松石”等。

2

优化处理宝石的鉴定仪器和鉴定要点

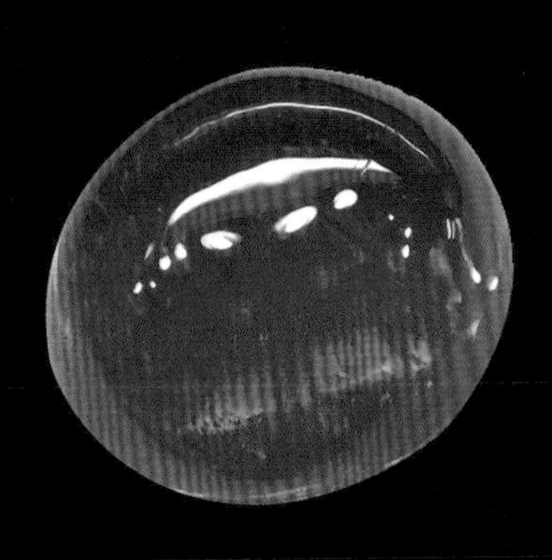

经过优化处理后的珠宝玉石，在出售时必须出示权威机构宝石改善品检测证书。其目的十分明确，就是通过肉眼鉴定及各种检测方法和仪器手段的检查，根据宝石的内外部特征，确定宝石是否经过人工处理，主要鉴定方法及内容有以下几个方面：

（1）宝石经过人工处理的各种特征的识别和确认

宝石经过优化处理后，会产生颜色、结构、成分等方面的变化，通过肉眼鉴定及仪器检测，确定宝石优化处理特征。

（2）人工处理方法可能是哪一种

根据优化处理后宝石的内外部特征及测试数据，分析宝石可能经过哪种优化处理方式，根据优化处理特征来判断宝石优化处理方式。

（3）优化处理品物理化学性质的稳定性

优化处理后的宝石，不但要美丽、安全，还要具备稳定的物理化学性质，提升宝石的美学价值及经济价值，才能作为珠宝首饰品进入市场。在市场上出售时，经过优化的宝石可以不标注，但经过处理的宝石必须要标注出经过哪种处理方式，否则，会引起市场的混乱和消费者的恐慌。

2.1 优化处理宝石鉴定方法和步骤

为了能准确而又快速地鉴定出优化处理宝石，仅仅靠肉眼观察是不够的，人们制造出多种仪器来鉴定宝石。在优化处理宝石鉴定过程中，需要使用宝石鉴定仪器来观察其内部和外部特征，判断宝石优化处理的具体方法。在实际鉴定中，任何单一的仪器都不是万能的，需要几种仪器配合使用，相互印证。选择宝石仪器时要求使用方便，测定快速且不会损坏宝石样品。常见的检测方法和步骤如下：

（1）对宝石进行细致的肉眼观察

宝石的某些性质可以通过肉眼观察的方法来确定，如颜色、形状、透明度、光泽、特殊光学效应、解理、断口及某些切工特征。如果是晶体原石，要根据晶体形态，判断所属晶族或晶系。在光源照明下可观察宝石中比较明显的包裹体。

（2）放大检查

将样品擦洗干净，利用放大镜或显微镜观察宝石中的微小内外部特征。用反射光观察样品的外部特征，用透射光或强光源观察样品的内部特征，特殊情况下可附加散射白板或油浸观察内部生长纹理、颜色分布特征。从各个角度观察，并记录观察现象，作为分辨天然宝石、合成宝石或人工优化处理宝石的证据。

（3）光学性质的检测

对宝石的光学性质进行测定，如宝石的折射率、偏光性、多色性、荧光特征、吸收光谱特征等。不同宝石具有特征的折射率或折射率范围，通过测定折射率和双折射率，可判断宝石是均质体还是非均质体，一轴晶还是二轴晶等。有些优化处理后的宝石也可用折射率区别，比如用两种不同宝石材料组成的拼合石，可根据拼合石两种材料不同的折射率来确定；合成尖晶石的折射率大于天然尖晶石的折射率。

（4）物理性质的检测及化学检测

例如注油处理的红宝石或祖母绿，用热针探触时有油析出；琥珀灼烧时发出芳香味，而塑料仿制品灼烧时有辛辣气味；铜盐染色处理的宝石经过擦拭可以褪色等；经过充填处理的宝石相对密度一般低于天然宝石的相对密度。

（5）大型仪器测试

有些经过优化处理的宝石不能靠常规宝石仪器和方法鉴定，可以采用大型仪器测试，如利用红外光谱法、拉曼光谱法、紫外可见光光谱法等来确定宝石的种类或优化处理方式。

因此要掌握宝石鉴定仪器种类、结构、原理及使用方法和注意事项，在鉴定优化处理宝石时可以选择合适的鉴定仪器，正确地掌握使用方法。

2.2 放大镜

放大镜是宝石鉴定中最常用的一个工具，放大倍数一般为10倍。放大镜体积小，携带方便，应用广泛。放大镜用来观察宝石的表面和内部比较明显的特征，如表面生长纹理、裂隙、断口、内部生长纹理、深色包裹体等。

2.2.1 手持放大镜结构

在宝石鉴定中，常用的放大镜是凸透镜（图2-1）。最简单的构造是单镜片，一般适用于低倍放大。结构较复杂的是双合透镜和三合透镜，二者都是经过两次或三次放大，消除了凸透镜曲率加大的情况，可以防止球面色差和畸变。

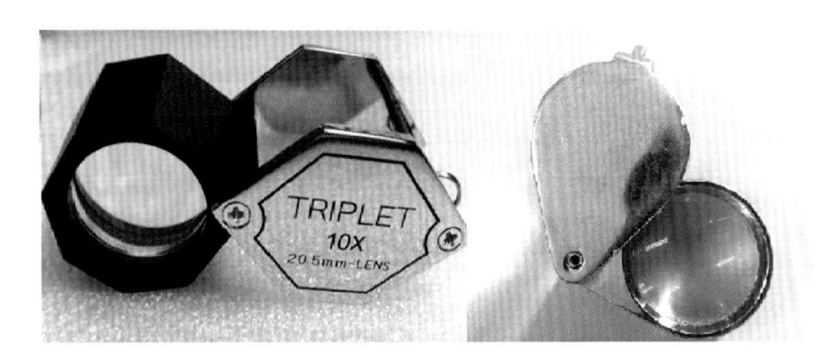

图2-1 手持放大镜

选购放大镜时，可以用方格纸来确定放大镜的质量。在手持放大镜下检查方格纸的各边是否有畸变现象，畸变程度越小，放大镜质量越好。

2.2.2 放大镜的作用

宝石放大镜可用于观察宝石内外部比较明显的特征，是一种有效而又便捷的宝石鉴定工具。一般在肉眼观察宝石的颜色、透明度、光泽等基本特征后，可使用放大镜进一步观察宝石的外部特征和内部特征，如宝石的裂隙、生长纹理、内部包裹体等。

观察者的姿势和习惯、光源、背景等因素都会影响观察结果。使用放大镜观察时，正确的方法是使放大镜尽量贴近眼睛，近距离观察。为了避免放大镜晃动，应将拿宝石的手接触到握放大镜的手，并将肘部放在桌子上，让放大镜、眼睛与宝石保持一定的距离。

2.3 宝石显微镜及其应用

有时宝石中的包裹体非常小，用常规放大镜无法观察，这时可以选择使用放大倍数更高的仪器——显微镜。用宝石显微镜观察宝石，比用放大镜观察得更清楚。因为显微镜不但放大倍数范围广，可以放大到200倍，而且还可以避免手持放大镜产生的抖动。它的缺点是体积大，携带不方便。显微镜是用来观察在十倍放大镜下难以看到的内部包裹体的特征，放大倍数大，视域广，可以观察优化处理宝石的一些典型特征，比如热处理红宝石内部包裹体的变化、琥珀热处理后由气泡破裂产生的“太阳光芒”、祖母绿经过有色油充填后可看到的闪光效应等。

2.3.1 宝石显微镜的类型和结构

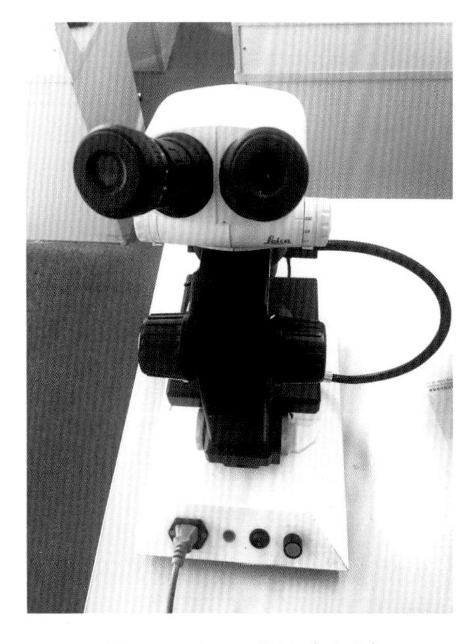

图2-2 宝石显微镜（立式）

宝石显微镜是一台双目显微镜，还有一些辅助设备如宝石夹、照明系统、浸油槽等。在优化处理宝石鉴定中，主要用来观察宝石中用肉眼或十倍放大镜难以观察到的内部和外部特征。常见的显微镜种类有立式显微镜和卧式显微镜。根据宝石的性质及观察的不同方式，选择不同的显微镜。

① 立式显微镜 宝石鉴定中最普通、使用最广泛的一种显微镜（图2-2）。特点是光源与显微系统同为一体，从上面观察宝石。

② 卧式显微镜 光源与放大系统是分立的，显微镜、宝石和光源在同一水平线上，观察宝石是横向观察。主要特点是可以使用油槽容器观察宝石的内部结构。

2.3.2 宝石显微镜的照明

立式宝石显微镜一般具有两个光源，顶光源和底光源。顶光源为荧光光源或白炽光光源。底光源为白炽光光源。常用的照明方式有九种。

（1）暗视域照明

在宝石与光源之间用一块黑色的板相隔，无反射背景，光线从边部衍射，使浅色明亮包裹体与黑色衬底形成明显的对比。这种类型最常用［图2-3（a）］。主要用于观察透明宝石中的浅色包裹体和生长结构，如宝石中的晶体包裹体及生长纹理等。

（2）亮视域照明

光线在底部直接照在宝石上，锁光圈常常锁成针光。使宝石中的暗色包裹体与明亮的视域形成明显对比，也适用于弯曲条纹或低突起包裹体的观察［图2-3（b）］。

（3）垂直照明（用顶光源）

光线从顶部照射，用反射光观察宝石表面特征［图2-3（c）］。主要用于观察宝石表面是否有裂隙、划痕、凹凸不平的现象等。

（4）散射照明

在宝石与光源之间放一块表面纤维或其他半透明的物质，使光线散射并变得柔和，有助于观察宝石中的色环和色带构造［图2-3（d）］。

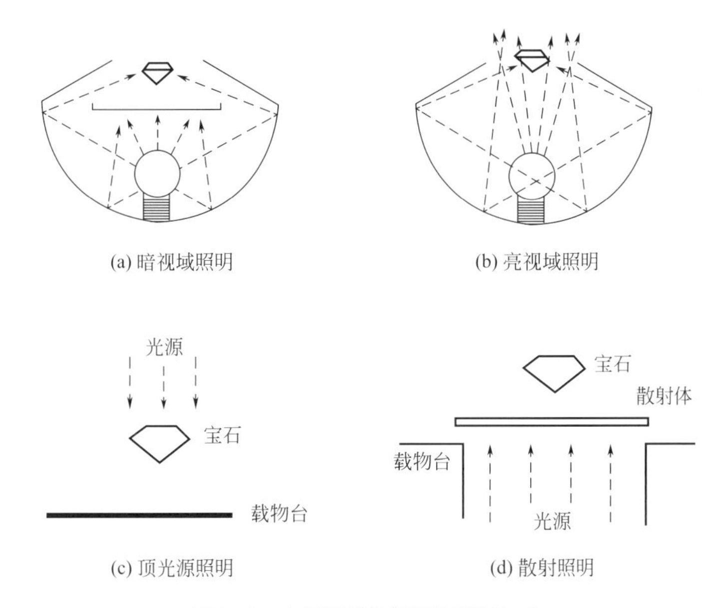

图2-3 宝石显微镜常见的照明方式

（5）水平照明（用任意照明体）

窄的光束从边部直接射向宝石，在宝石的上方观察，便于观察明亮针状晶体和气泡（笔光技术）。

（6）针光源照明

把宝石与光源之间的锁光圈锁紧，只让垂直的光线射在宝石上，便于观察弯曲的条纹和色带、解理、裂理等构造。

（7）偏光照明（用任意偏光片和检偏器）

将宝石放在交叉的两个偏光片之间，可观察是否是均质体，有无多色性、异常消光和其他用偏光镜观察的效应（图2-4）。

（8）斜照明（用任意纤维光源）

在一个倾斜的角度，用一个窄的光束照在宝石上，如在垂直和水平之间角度照明便于观察解理中的液体包裹体造成的薄层效应（如晕色）。

（9）暗边技术

在宝石和光源之间插入部分不透明的挡板，使光线不直接照在宝石上，使包裹体呈现明显的立体感，有助于观察生长构造的位置，如弯曲条纹、双晶（图2-5）。

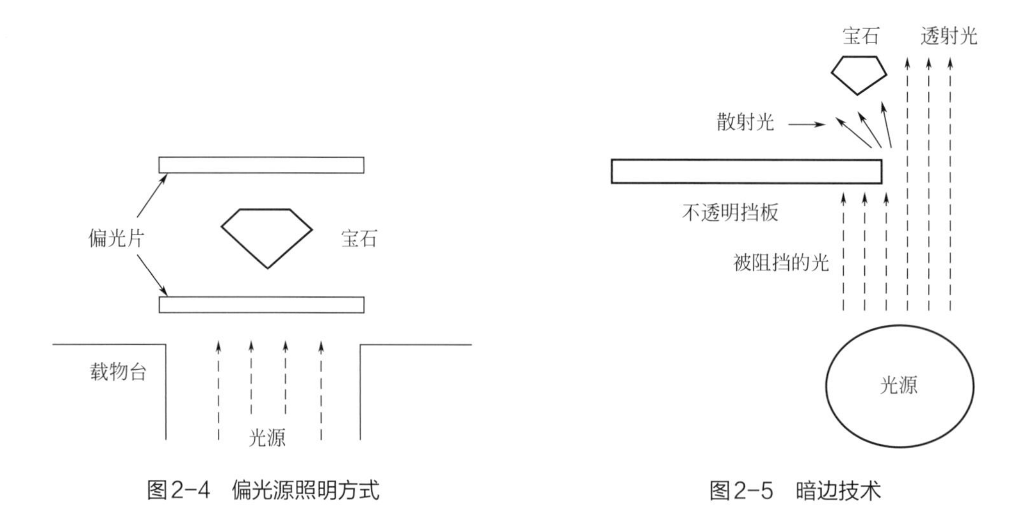

图2-4　偏光源照明方式

图2-5　暗边技术

2.3.3　宝石显微镜常用的浸液

（1）常用浸液

宝石常用的浸液是油质液体，立式和卧式显微镜中均带有浸液槽。宝石在浸液中可观察宝石内部包裹体、生长纹理等特征，以减少宝石表面或小面的反光干扰，可以有效地观察宝石内部特征。将宝石放入与宝石折射率相近的浸液中，观察效果更为明显。理想的浸液要求其挥发性好，透明度好，无毒无异味，也可以配制出与所观察宝石相近的密度值或折射率值的混合浸液。宝石显微镜中常用的浸液有甘油、液态石蜡、氯代萘、二碘甲烷等，其折射率值见表2-1。

表2-1 各种浸液的折射率

浸液名称	折射率
水	1.33
松节油	1.47
甘油	1.47
氯代萘	1.63
液态石蜡	1.47
二碘甲烷	1.74

（2）使用浸液注意事项

可用于宝石显微镜中的浸液种类较多，观察不同宝石所选取的浸液也不同。选择浸液的要求有以下几个方面：

① 选取浸液时，要求浸液与宝石的折射率接近，有利于观察宝石的内部特征。

② 多孔宝石和有机宝石、拼合宝石的胶结物不能置于浸液中。

③ α- 氯代萘和二碘甲烷有强烈的气味，浸入的宝石取出后要清洗。

④ 在调节焦距时，避免物镜接触到浸液或因为镜头过低受到浸液蒸气影响。

⑤ 立式的显微镜，浸液槽是放在物镜下方、光源的上方，观察时间不宜过长。

2.3.4 宝石显微镜使用注意事项

在观察宝石时，要正确使用显微镜，避免因为操作失误引起观察结果错误或造成显微镜损伤。使用时要注意以下几个方面：

① 在观察宝石内部和外部特征时，选择合适的光源。观察宝石内部特征时一般选用透射光，观察外部特征时一般选用反射光。

② 调整物镜焦距时，缓慢升降镜筒，要避免大幅度下降镜筒，以防物镜被宝石刮伤或压破。

③ 保持显微镜清洁，镜头不要用手指触摸，可用镜头纸擦拭。

④ 显微镜使用结束后，关闭电源，将物镜调至最低处，使用完毕后要盖上显微镜罩。

2.3.5 宝石显微镜在宝石鉴定中的作用

宝石显微镜在宝石鉴定中应用非常广泛，主要用于观察宝石表面及内部的特征。常见的外部特征如表面的缺陷（划痕、磨损、生长纹理、酸蚀网纹等）和琢型（刻面形状、对称性等）；常见的内部特征如包裹体类型及分布特点、颜色分布、生长纹理、是否有双折射、是否为材料不同的拼合石等。

在显微镜下通过观察一些典型特征也可以确定宝石是否经过人工处理。例如，经过充填处理的祖母绿，显微镜下可看到充填处颜色、光泽、透明度与祖母绿主体的差异。

2.3.5.1 宝石表面与宝石内部包体的区别

如何区分宝石表面与内部特征在宝石鉴定中非常重要。一般来说，宝石表面特征对宝石质量的影响小于宝石内部特征。例如在钻石净度分级中，钻石内部包体对钻石净度的影响要大于钻石表面的凹坑、生长纹理等因素对钻石净度的影响。在宝石显微镜下观察，区分宝石表面与内部特征的方法有反射光法、焦平面法和摆动法。

（1）反射光法

光线从观察宝石的方向上照明，把显微镜的焦距调节到具有反射面的位置即表面来观察宝石。如果是内部包体，则表面清晰时包体不清晰；如果是外部特征，则二者同时清晰。

（2）焦平面法

调节焦距旋钮，使宝石表面的大部分同时清晰。与上面的反射光法相似，当宝石表面同时清晰时，内部包体则不清晰。反之，当内部包体清晰时，表面不清晰。

（3）摆动法

调节焦距的某一个位置，在目镜中观察内部和外部特征摆动时的幅度大小，同时转动宝石，其中内部包体摆动的幅度小于表面上某一特征摆动的幅度。

2.3.5.2 表面特征的观察

在宝石鉴定中，首先要观察宝石的表面特征，如表面光泽、裂隙、断口特征等，根据这些特征初步判断宝石的种类。如果观察的是宝石原石，要重点观察宝石晶型、晶面条纹、解理等特征。

（1）矿物晶体或原石的表面特征

① 晶面条纹　在矿物晶体表面上表现为直线状条纹，它反映了晶面生长发育情况。不同晶型的矿物，晶体表面具有不同的生长条纹。例如α-石英晶体表面具有横纹；金刚石的表面具有典型的三角形条纹；电气石晶体表面具有竖纹（图2-6）。

(a) 水晶

(b) 金刚石

(c) 电气石

图2-6　不同矿物晶体表面的生长纹理

② 双晶　两个或两个以上的同种晶体，彼此按照一定的对称关系形成的连生体称为双晶，又称孪晶。按双晶个体连生方式分为接触双晶、穿插双晶和环状双晶。接触双晶又分为简单接触双晶和聚片双晶。双晶纹是双晶结合面在晶面、解理面或宝石切磨平面上呈现的线状条纹。双晶是宝石矿物的一个鉴别标志，比如水晶的穿插双晶，钻石的三角薄片双晶（图2-7），金绿宝石的三连晶，以及尖晶石的接触双晶等。

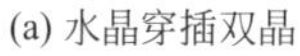

(a) 水晶穿插双晶　　(b) 钻石接触三角薄片双晶

图2-7　宝石双晶

③ 解理和裂隙　解理是矿物在外力作用下，沿一定方向规则裂开，形成光滑的平面，不同的晶体解理方向和数量皆不同。裂隙的断裂面是不规则的，且表面不光滑，与晶体种类无关，仅与其受外力作用有关。

④ 生长丘　在晶体的生长过程中形成的，具有规则外形而略微高出晶面的几何形状称为生长丘。如天然的金刚石与合成的金刚石的生长丘特征明显不同（图2-8）。

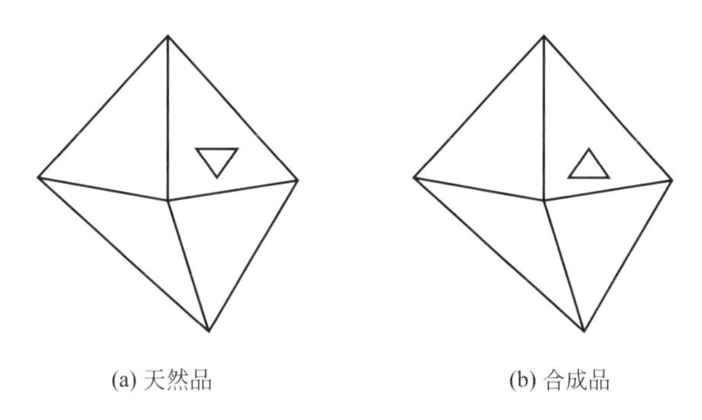

(a) 天然品　　(b) 合成品

图2-8　金刚石的生长丘

（2）琢型宝石

宝石经过优化处理后，其琢型加工与天然宝石也会有所不同，相对于天然宝石，优化处理后的宝石琢型比例较差，表面会产生凹凸不平的现象。对于优化处理宝石，主要观察琢型的比例、棱角的搭配、抛光质量、有无擦痕和表面缺陷等。

（3）拼合石（组合石）

拼合宝石也是优化处理宝石中的一种改善方式，是由两种或两种以上不同材料宝石拼合在一起的。通过在显微镜下观察，拼合宝石会有以下几个特征：

① 拼合石的结合缝　在拼合宝石不同材料结合部分会出现一条明显的结合缝，结合缝上下两部分会出现颜色、光泽等差异。

② 拼合石各部分的光泽变化　由于拼合石是由不同材料组成的，不同材料具有不同的折射率及透明度，因此在显微镜下会观察到不同材料产生的光泽变化（图2-9）。

(a) 拼合层上下颜色差异

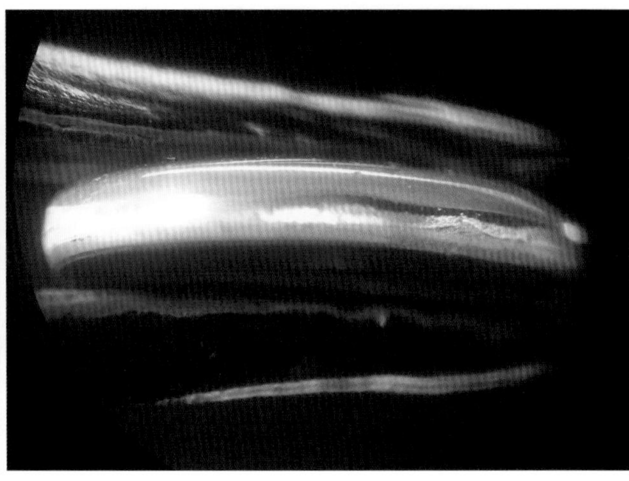

(b) 拼合层上下光泽差异

图2-9　红宝石拼合石与欧泊拼合石的显微镜下特征

③ 粘接部分是否有气泡　例如，以石榴石为顶的拼合石，放大检查会观察到拼合层处的气泡以及由于石榴石和玻璃颜色之间的差异而产生的红环效应。

（4）涂层、镀膜和附生品

经过涂层、镀膜的宝石，表面膜层一般较薄，硬度较低。利用显微镜观察其表面的差异，如刻划、碰撞的痕迹和气泡、涂层表面部分脱落现象等（图2-10）；经过高温处理的宝石，还可

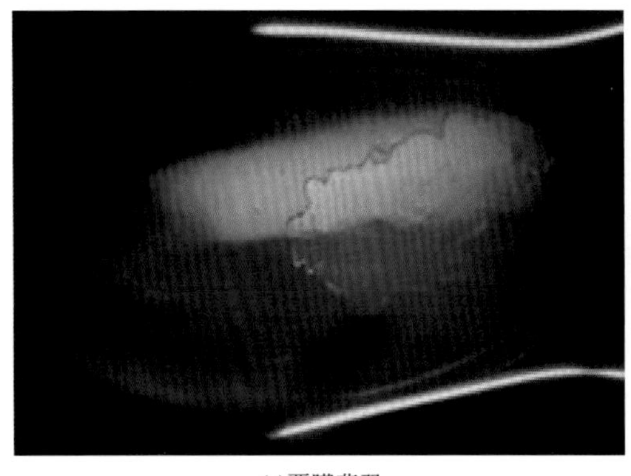

(a)覆膜翡翠

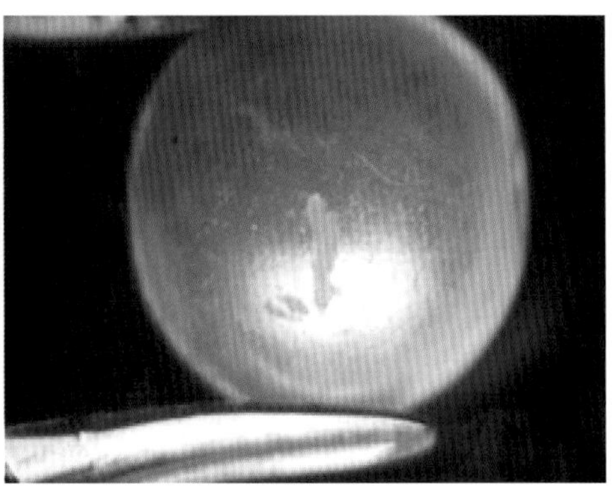

(b)覆膜仿珍珠

图2-10　表面涂层的部分脱落现象

以找到高温特征。镀膜宝石表面一般为多晶质薄膜，透明度、光泽较低；附生宝石表面为合成宝石，一般具有合成宝石特征，如生长纹、气泡等。

（5）染色和着色品

经过染色或着色的宝石，一般具有很多的天然裂隙。放大镜或显微镜下可以观察到宝石裂隙、坑槽中的染色剂和着色剂。这些色料的存在增加了宝石的颜色种类，在显微镜下观察，颜色分布极不均匀，裂隙处颜色较深，结构致密处颜色较浅（图2-11）。

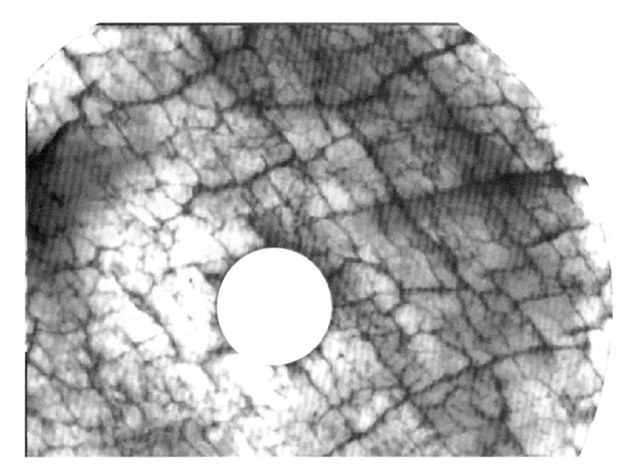
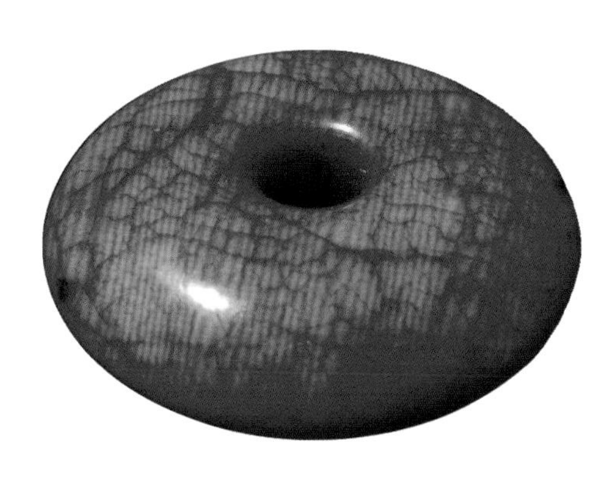

图2-11　染色岫玉——“血丝玉”在显微镜下的特征

2.3.5.3　内部特征的观察

（1）颜色观察

天然宝石的颜色不一定是均匀分布的；染色处理的宝石颜色分布与宝石的结构有关系，如染色翡翠是沿着纤维状结构分布，结构疏松的地方颜色深，结构致密处颜色较浅；由于天然红宝石裂隙较多，染色红宝石大多裂隙中颜色较深。

（2）生长线观察

天然宝石与合成宝石的生长规律不同，一般天然宝石的生长线是直的，如天然蓝宝石的角状生长色带，而焰熔法合成蓝宝石的生长线是弧形生长纹。当然也有不同的情况，如助熔剂法合成红宝石中的生长线是平直的，而天然珍珠的生长线是同心圆形的。

（3）包裹体的观察

包裹体特征是区分天然宝石、合成宝石及优化处理宝石最重要的鉴定依据。在不同生长环境下，包裹体种类有所不同。

① 天然宝石的包裹体　天然宝石中含有丰富的包裹体。包裹体（简称包体）类型与宝石的产出成因相关。

a.产于基性和超基性岩中的宝石，主要包体为针铁矿、赤铁矿、磁铁矿、金红石等固态深色包体。

b.伟晶岩中的宝石含有大量的气、液包体。一般以泪滴形、椭圆形或平行的管状出现。例

如，新疆阿勒泰的海蓝宝石猫眼是由一组密集的微细管状包体所致。

c.与热液作用有关的宝石中常有气、液包体和固态矿物包体，有时也会出现两相、三相包体共存的情况。例如，哥伦比亚祖母绿中就发育三相包体（图2-12）。

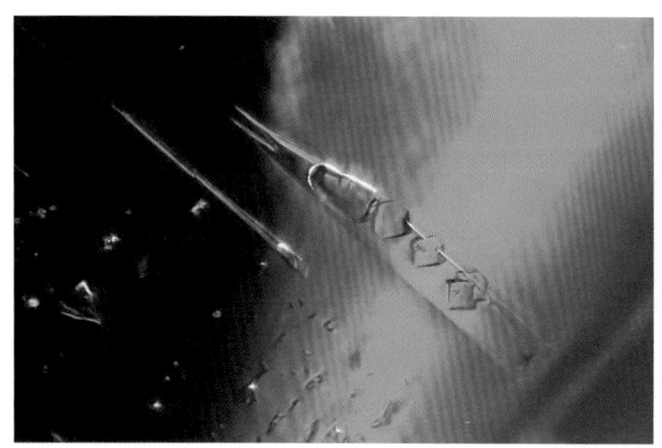
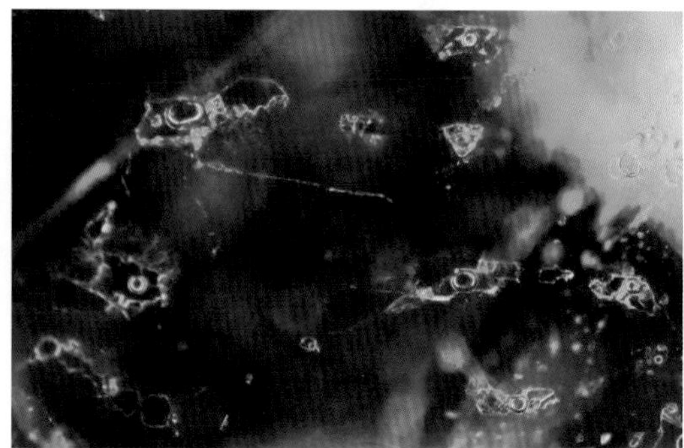

图2-12　哥伦比亚祖母绿中的三相包体特征

d.包体的产地标志及其影响。由于宝石的生成条件的差异，宝石中包体有明显的区别。一些宝石也有其特征的包体。例如，电气石中的管状包体；黄玉中的两相不混溶液态包体；祖母绿中的三相包体及矿物包体等。

② 人工合成宝石的包体

a.焰熔法　这种方法可以合成红宝石、蓝宝石、尖晶石、金红石和钛酸锶等。合成的宝石由于是边堆积边结晶生长的，一般可见堆积生长线的弧形结构，也可能见到未熔化的原料粉末和圆形的气泡（图2-13）。

图2-13　焰熔法合成红宝石中的弧形生长纹

b.助熔剂法　这种方法可以合成红宝石、祖母绿、金绿宝石。由于使用了铂容器，有可能有铂片包体，如果温度稍控制不好就会出现原料的包体，最典型的为帚条状或云朵状的气泡集合体，如合成祖母绿中的面纱状包体（图2-14）。

c.热液法　最初用于合成光学水晶，后来用于合成红宝石，合成紫晶，最近用于合成祖母绿。比较典型的是内部具有晶种的包体，如合成祖母绿中的钉状氧化铍固态包体，此外还有液态包体和气态包体（图2-15）。

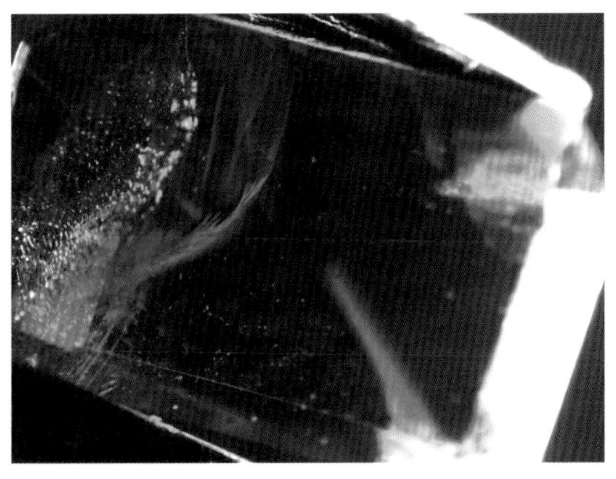
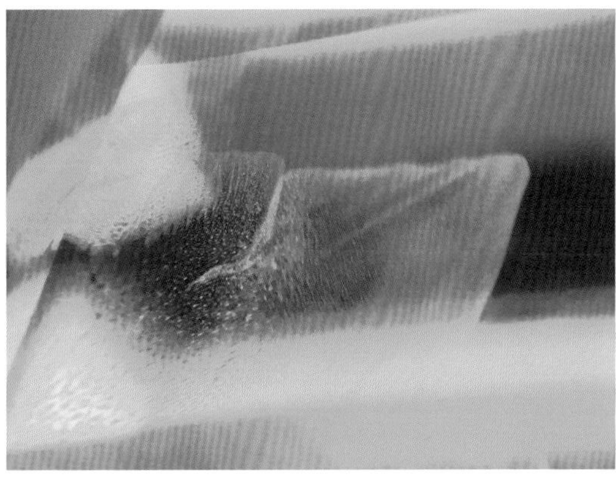

图2-14　助熔剂法合成祖母绿中的面纱状包体

图2-15　热液法合成祖母绿中水波纹特征

③ 人工改善宝石

a. 无色物质填充　用显微镜观察充填宝石的折射率和光泽，有时会出现气泡和光泽及折射率分布不均等现象，如充填处理红宝石中可观察到气泡，由于填充物与红宝石折射率不同而造成的光泽及宝石表面明暗不同的差异（图2-16）。

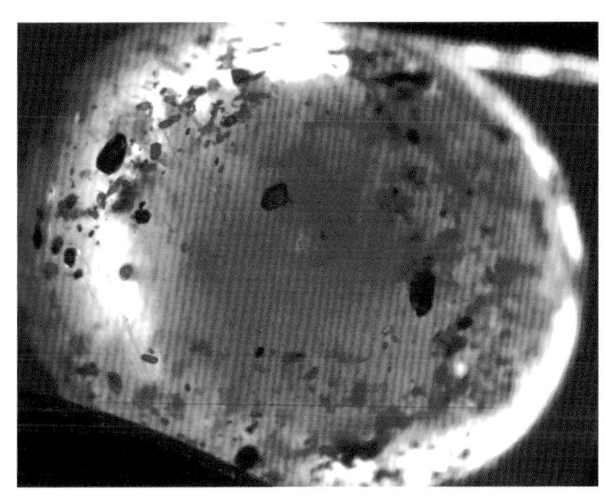
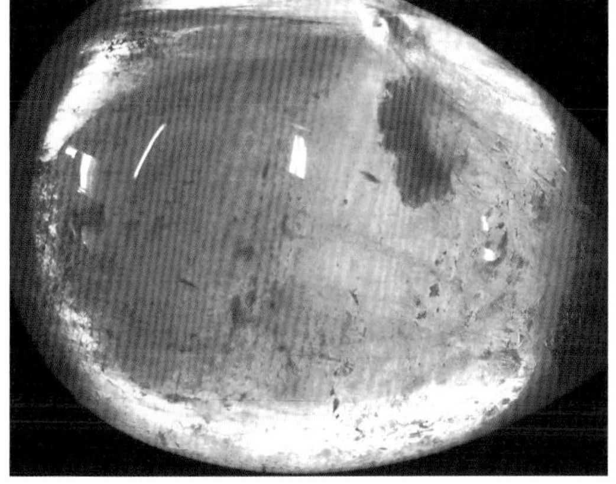

图2-16　传统充填处理红宝石的鉴别：气泡和折射率差异

b.染色和着色　染色处理可应用到很多种类的宝石如红宝石、翡翠、玛瑙、珍珠、水晶等。由于天然宝石往往具有很多裂隙，采用色彩鲜艳的有机染料或无机颜料进行染色可改善天然宝石的颜色。

染色处理后的宝石在显微镜下观察，可通过宝石裂隙或粒间是否存在致色物质或颜色分布来判断。如染色水晶（图2-17），放大条件下可看到颜色集中在宝石裂隙中；用白纸或棉花擦拭宝石的表面，染色效果差的宝石就会在白纸或棉花上留下所呈现的颜色。

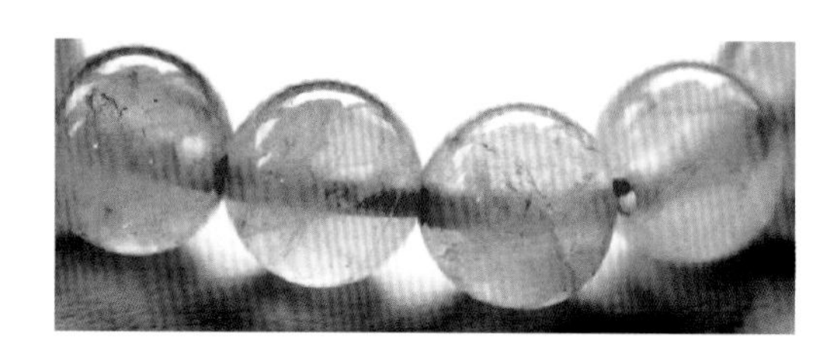

图2-17　染色水晶

c.镀膜、附生和衬底　镀膜是一种常见的处理方法，如在水晶、黄玉或其他无色宝石的表面利用真空镀膜法，镀一层合成金刚石薄膜来仿制钻石，在显微镜下可观察到表面呈金刚光泽，由于合成金刚石是多晶质的，时间久了表面可能会产生裂纹或磨损。在宝石的台面或亭部镀一层金属，反光效果比较好，颜色也很鲜艳。在显微镜下放大检查可看到彩虹表面。

附生常用于无色或颜色浅的绿柱石。在绿柱石的表面利用合成方法，生长一层绿色的合成祖母绿充当祖母绿，由于热张力不同，在合成祖母绿薄层与绿柱石接触的界面易产生裂纹，在显微镜下可观察到层间的裂痕；衬底常应用于颜色浅的宝石，如在较薄的欧泊下做一个黑色的衬底可加深其整体颜色。在显微镜下可观察到层与层之间的颜色差异。

d.拼合石　将两种或两种以上的材料利用黏合剂有机地胶结在一起，形成整体宝石的外观称为拼合。拼合宝石常用于钻石、欧泊、祖母绿、红蓝宝石及石榴石等。利用显微镜放大检查可观察拼合石中是否有拼合石分界面；层与层之间是否有黏合剂的存在；上下两层各部分中的包裹体特征差异以及在拼合面上是否存在气泡等特征。

2.4　折射仪

宝石折射仪是应用全反射定律设计制造的。光波传播经由光密介质进入光疏介质时，当入射角度达到一定程度时将会发生全反射现象。发生全反射临界角的大小，与介质的折射率有关。当光线从折射仪的前方照射到高铅玻璃上，透过高铅玻璃半球，到高折射率浸油与宝石的接触部位，产生全反射，光线反射到法线另一侧的高铅玻璃、透镜、标尺及棱镜到达目镜，观察者直接读出所测宝石的折射率值（图2-18）。

折射仪适用于具有光滑面的珠宝玉石，样品无光滑面、过小或样品与折射仪接触面过小时均不能测出折射率和双折射率。有机宝石、多孔宝石及折射率大于1.78的样品也不能测试出折射率和双折射率。

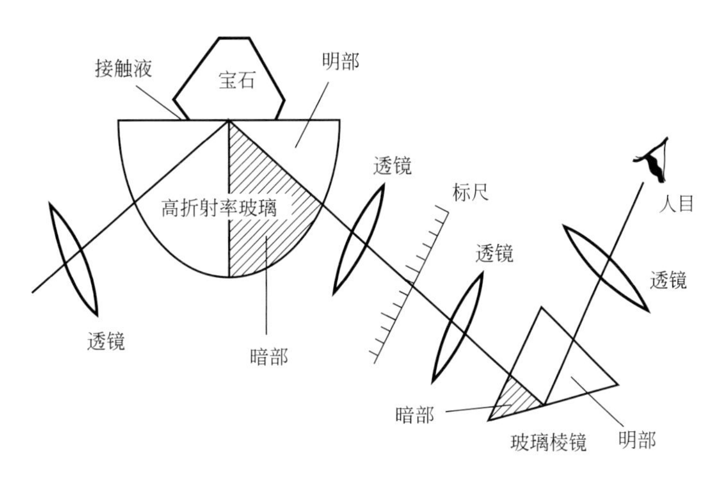

图2-18 宝石折射仪的光学原理图

2.4.1 折射仪使用前提条件及局限性

除折射仪外，测折射率时还需要两个条件：一是照明光源，一般选用589nm的黄色光源，可以通过钠光灯获得，也可以在光源或目镜上加黄色滤色片获得；二是接触液，接触液是玻璃台和宝石样品之间良好接触所必需的，要求其折射率值大于宝石样品。值得注意的是，折射仪所用的接触液具有毒性，为避免样品漂浮或对观察者产生不必要的危害，接触液使用量尽可能少，并且使用后将瓶子盖紧。使用时注意以下几点：

① 选取的浸油与高铅玻璃的折射率必须相近，一般为1.80 ~ 1.81。

② 宝石的折射率必须小于浸油和玻璃半球的折射率，才能产生全反射，从而测量出其折射率。宝石的折射率如果大于浸油的折射率，在折射仪上测不出宝石的折射率值。

③ 各种宝石的临界角基本是固定的，所以根据光线全反射区域不同，可以描述不同宝石折射率值（也就是无论入射角如何变化，最终全反射的光线只有一个最大入射角度值，超过这个最大值后的所有光线都不反射）。这样就形成了视域中的明区域和暗区域。全方位转动样品和偏光片，并观测目镜读出明暗交界线的刻度，即为宝石的折射率。

2.4.2 折射仪操作步骤

① 清洗或擦拭被测样品，将适量的接触油滴在测量台上。

② 将样品的抛光面或晶面朝下，轻放于测量台的接触油上。

③ 全方位转动样品和偏光片，并由观察目镜读出明暗交界线的刻度值即折射率。

④ 均质体只能测出一个折射率数值，非均质体可测得一个最大值和一个最小值，两个数值之差即为样品的双折射率。

⑤ 依据明暗交界线的变化情况，可判断样品的光性特征。

2.4.3 折射仪的用途

折射仪在宝石鉴定中起着重要的作用。折射仪可以帮助鉴定优化处理宝石。例如两种材料不同的拼合宝石，折射率往往不同。还可以判断宝石的各向异性或各向同性。主要用于宝石鉴定的以下几个方面：

① 判断宝石的各向同性、各向异性，测定各向同性宝石的折射率。

② 测定各向异性宝石的折射率的最大值、最小值及双折射率。

③ 判断各向异性宝石的轴性，是一轴晶还是二轴晶以及光性正负。

④ 判定组合宝石。由于拼合宝石上下层材料不同，折射率会有差异，可有助于判断是否有拼合现象。

2.5 宝石分光镜

分光镜可用来观察宝石的吸收光谱，帮助鉴定宝石品种，推断宝石中的致色元素，尤其是对具有典型光谱的宝石，可以用来确定宝石的亚种，还可以用来鉴别宝石是否经优化处理。分光镜在鉴定优化处理的宝石时比较有用，如辐照钻石与天然钻石的区分，天然刚玉与改善刚玉和人工合成刚玉的区分，天然翡翠与染色翡翠的区分，各种组合宝石的区分等都可以利用分光镜来完成。

2.5.1 分光镜的原理

分光镜是通过透过宝石或从宝石表面反射的光线观察其吸收一定波长的光波来鉴定宝石。每种宝石都有自己独特的内部结构，即使是具有相同着色离子的宝石，由于内部结构不同，所产生的颜色也大不相同。例如，祖母绿、红宝石都是由于晶体中含有致色元素铬而呈色的，一个是绿色，另一个是红色。每种宝石都有自己特征的吸收谱，这就构成了测试鉴定宝石的基础。如透明宝石的颜色是其对光选择性吸收的结果。

（1）色散

当一束白光通过透明物体（如棱镜）的斜面时，会分解成它的组成波长，出现光谱色，即红、橙、黄、绿、青、蓝、紫七种颜色。可见光中常见颜色的波长如下：红色770 ~ 640nm；橙色640 ~ 595nm；黄色595 ~ 575nm；绿色575 ~ 500nm；青色500 ~ 450nm；蓝色450 ~ 435nm；紫色440 ~ 400nm。

（2）选择性吸收

所有物体对可见光都有不同程度的吸收，当把这些通过物体的光分解后，可以看到被吸收的波长，光波全部被吸收后，在光谱中呈现为黑色；光波全部透过时，呈现的是光谱色。若部分光波被物体吸收，则物质呈现特定的颜色，这种吸收作用往往与物质中的特定元素有关。

2.5.2 分光镜的类型和作用

无论是原石还是镶嵌好的宝石都可以利用分光镜进行测试。通过检查其吸收光谱来研究揭示宝石致色的原因。这样用分光镜对某些宝石进行鉴定比较方便快捷，特别是对于那些用测定密度和折射率的方法无法鉴别的宝石，如镶嵌好的宝石不能测定密度，折射率在1.81以上的宝石折射仪失去作用等，采用分光镜观察测试来鉴定宝石尤为重要。

鉴定宝石用的分光镜，构造一般十分简单，为筒状，便于随身携带（图2-19）。分光镜按结构可分为棱镜式和衍射光栅式两种。

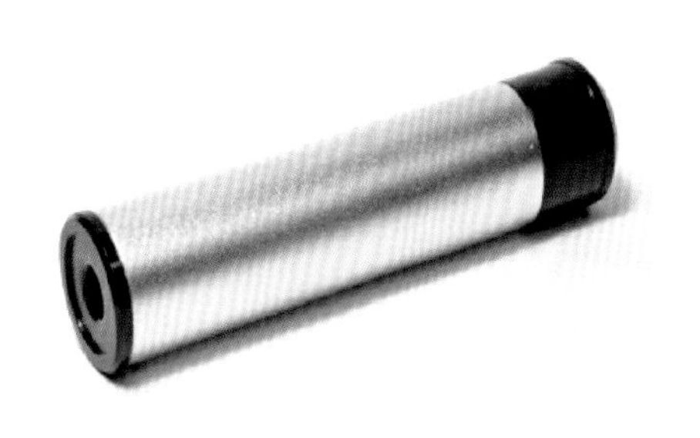

图2-19 宝石鉴定常用分光镜（衍射光栅式）

2.5.3 分光镜的结构和特点

（1）棱镜式分光镜

棱镜式分光镜由一组棱镜系列组成，产生较直的光径，这些棱镜呈光学接触。棱镜式分光镜的特点是蓝紫光区相对扩宽，红光区相对压缩，在光谱上的色区呈不均一分布。优点是透光性好，在光谱中可出现一段明亮的光谱，有利于观察蓝紫光区光谱。

① 构造 棱镜式分光镜是由狭缝、透镜、一组棱镜、标尺及目镜组合而成（图2-20）。

② 棱镜的材料 棱镜材料的选择必须具备三个条件：具有不吸收可见光特定波长的特性；色散色不能太宽，也不能太窄；必须是单折射，否则会产生两套光谱。

棱镜通常由含铅或无铅玻璃制造，采用三棱镜或五棱镜组合为佳，而且必须按犬牙交错的形式排列。

③ 狭缝 用来控制逆光量的窗口。对于透明的宝石，狭缝几乎完全闭合；对于半透明或透光弱的宝石狭缝应开得稍大些。

④ 调焦滑管式目镜 根据每个人眼睛的焦距不同来调节目镜的焦距。

⑤ 光谱特点 光谱明亮，属非均等色谱，波长刻度不等分，紫色、蓝色区相对扩宽，红色区、黄色区缩小，适用于颜色较深的宝石，有利于观察蓝紫光区吸收的宝石。

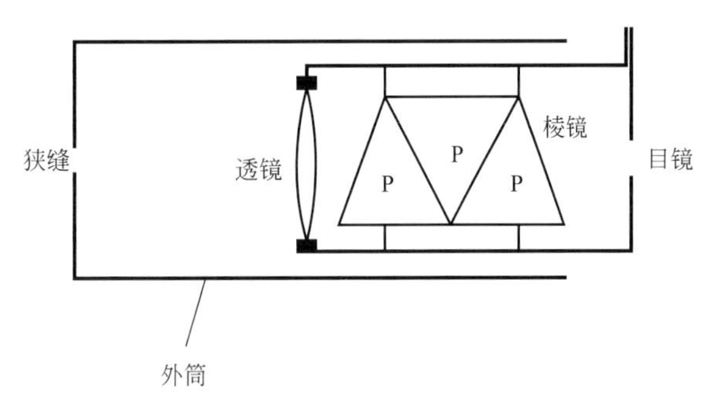

图2-20 棱镜式直视分光镜的构造图

（2）光栅式分光镜

光栅式分光镜主要由衍射光栅组成。光栅式分光镜的特点是色区大致相等，红光区分辨率比棱镜式高，与棱镜式分光镜相比，透光性差，须用强的光源（图2-21）。

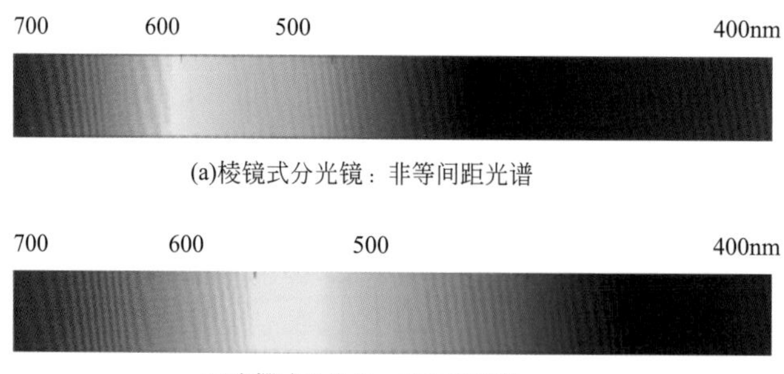

图2-21　不同类型分光镜谱线特征对比

① 构造　光栅式分光镜是由准直透镜、衍射光栅和目镜构成（图2-22）。

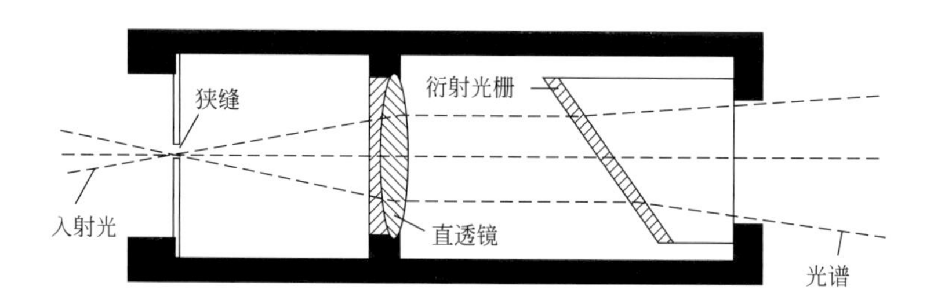

图2-22　光栅式分光镜构造图

② 光谱特点　与棱镜式分光镜光谱相比，光栅式分光镜光谱稍暗，光谱均匀，波长刻度均匀等。适用于透明度好的宝石和在红区有吸收线的宝石。

2.5.4　使用分光镜的注意事项

① 分光镜使用的光源必须是强聚光的白色光源（白炽灯），一般使用聚光笔式电筒、显微镜光源或偏光镜的光源。

② 光源有热辐射，样品不要久放在光源下照射，以免宝石过热影响光谱。长时间照射可能会导致吸收线模糊，甚至消失。

③ 不要用手直接拿着观察宝石，因为人体血液会产生592nm的吸收线。

④ 某些宝石的吸收可能具有方向性，必须在各个方向上仔细观察。多色性较强的宝石因方向不同吸收光谱可能会有差异。

⑤ 对于组合宝石要在不同的方向上仔细观察，不同的部分吸收谱可能不同。

⑥ 佩戴变色眼镜的人在进行分光检查时，应摘下眼镜，以免眼镜中钕的吸收线与测试宝石的吸收线混同。

2.5.5 宝石的致色离子与适用范围

当白光透过含着色离子的透明宝石或光从不透明的宝石表面反射时，一部分光被吸收，就会使我们观察到宝石呈现颜色。

宝石的颜色与所含着色离子有关。不同的金属离子致色的宝石，吸收光谱特征均不相同。但同种金属离子致色的宝石吸收光谱特征相似。根据金属离子的特征吸收谱线，可有助于判断宝石品种或宝石是否经过优化处理。

分光镜的用途十分广泛，可以用来判断宝石的致色元素，主要适用于有色宝石，无色宝石除锆石、钻石、顽火辉石外无明显的吸收光谱。在鉴定中仅适用于具有典型光谱的宝石。具有典型光谱的宝石，可作为诊断性鉴定特征，需要重点掌握。

（1）铬离子致色宝石的吸收光谱

铬离子是常见贵重宝石中最重要的致色元素。由铬离子致色的常见宝石有红宝石、红色尖晶石、变石、祖母绿、翡翠等，这些宝石的特征吸收谱线如图2-23所示（光栅式分光镜下观察）。

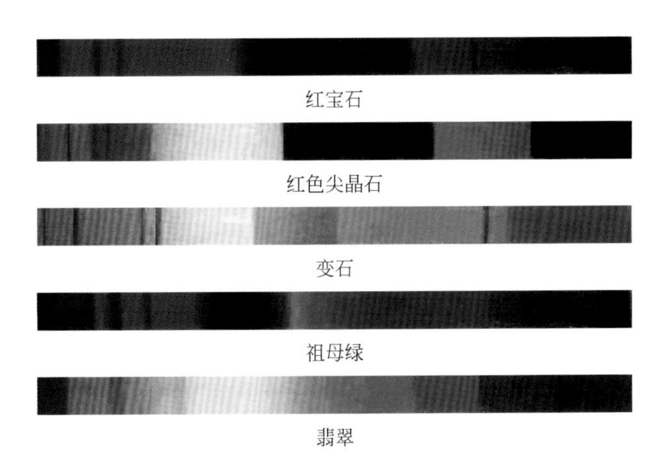

图2-23 铬离子致色宝石的吸收谱线

图2-23中的宝石虽然均为铬离子致色，但它们的吸收谱线相似，却不完全相同。红宝石的吸收谱线是红区有3条吸收线，黄绿区有宽吸收，蓝区有3条吸收线，紫区全吸收；红色尖晶石的吸收谱线是红区有吸收线，黄绿区有吸收带，紫区全吸收；变石的吸收谱线是红区有吸收线，黄绿区有吸收带，蓝区有1条吸收线，紫区全吸收；祖母绿的吸收光谱是红区有吸收线，橙黄区有弱吸收带，蓝区有弱吸收线，紫区全吸收；翡翠的吸收谱线是红区有3条阶梯状吸收线（630 ~ 690nm），紫区437nm处有吸收线（绿色鲜艳无杂质时，437nm吸收线有可能缺失）。

（2）铁离子致色宝石的吸收光谱

由铁离子致色的常见宝石有蓝宝石、橄榄石、金绿宝石、铁铝榴石等，这些宝石的特征吸收谱线如图2-24所示（光栅式分光镜下观察）。

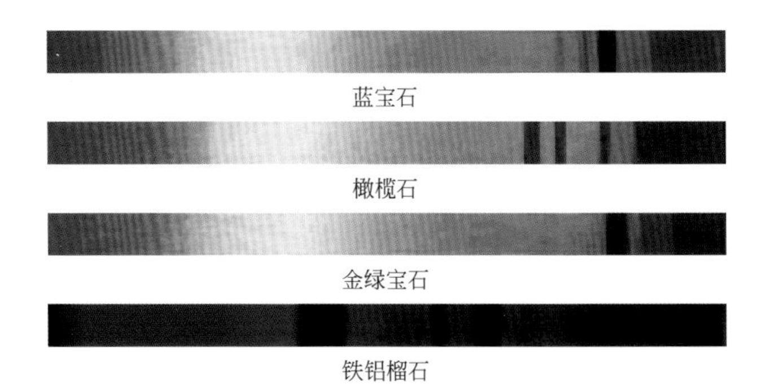

图2-24 铁离子致色宝石的吸收谱线

蓝宝石、橄榄石、金绿宝石、铁铝榴石都是由铁离子致色的，吸收光谱却不相同。蓝宝石的吸收谱线是蓝区450nm、460nm、470nm有3条吸收窄带；橄榄石的吸收谱线是蓝区453nm、473nm、493nm有3条吸收窄带；金绿宝石的吸收谱线是蓝区444nm处有一个强的吸收窄带；铁铝榴石的吸收谱线是黄绿区有3条强的吸收窄带（505nm、527nm、576nm），蓝区和橙黄区有弱带。

（3）钴离子致色宝石的吸收光谱

钴离子致色的常见宝石有合成蓝色尖晶石、钴玻璃等。这些宝石的吸收谱线见图2-25所示。合成蓝色尖晶石的吸收谱线是绿、黄和橙黄区有3条强的吸收带，绿区吸收带最窄；钴玻璃的吸收谱线是绿、黄和橙黄区有3条强的吸收带，黄区吸收带最窄。

图2-25 钴离子致色宝石的吸收谱线

（4）其他常见宝石的吸收光谱

其他常见的宝石有钻石、锆石、锰铝榴石等。这些宝石的吸收光谱见图2-26。

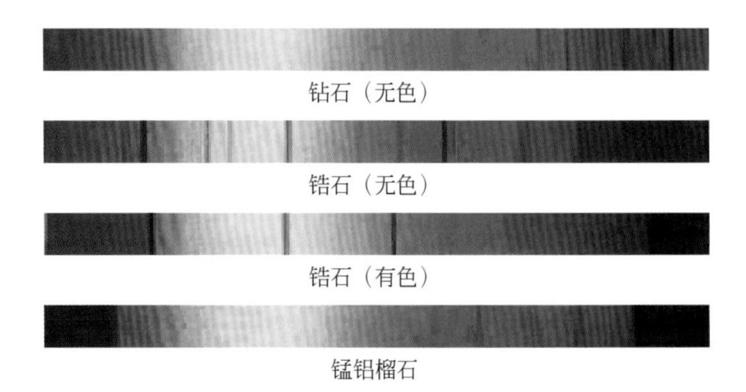

图2-26 其他常见宝石的吸收谱线

无色钻石的吸收光谱是紫区415nm处有一个吸收线；无色锆石的红区653.5nm吸收线为诊断性吸收线；彩色锆石的吸收谱线是红区653.5nm吸收线，1 ~ 40条吸收线均匀分布在各个色区；锰铝榴石的紫区432nm吸收窄带是诊断性吸收带。

2.5.6 优化处理宝石的吸收谱线特征

（1）热处理宝石

天然宝石经过热处理后，宝石中所含有的致色元素发生价态变化或转化为其他致色离子，从而使宝石的颜色发生改变或增加透明度。

例如澳大利亚的蓝宝石90%以上都要经过热处理，改善前450nm、460nm、470nm处的吸收线几乎彼此相连，改善后470nm处的吸收线明显分离出来，而且三条线较为清晰；如黝帘石的吸收带中以595nm处的最强，经过热处理后，595nm处的可能不是最强的。

（2）辐照宝石

辐照可以使宝石致色，主要是使宝石产生缺陷，形成色心。这种方法致色的宝石一般没有特征吸收谱，只有少数出现吸收谱。如中子轰击显色的金刚石，在498nm和504nm处出现一对吸收谱线。

（3）染色宝石

天然的绿色硬玉在630nm、660nm、690nm处有三条吸收线，而染色的硬玉在630 ~ 670nm出现一条宽的吸收带，褪色后，谱线可能比较浅，而且稍窄一些或只出现一条吸收线；染色翡翠红光区650nm处有一个模糊的吸收带（图2-27），是比较典型的鉴定特征。

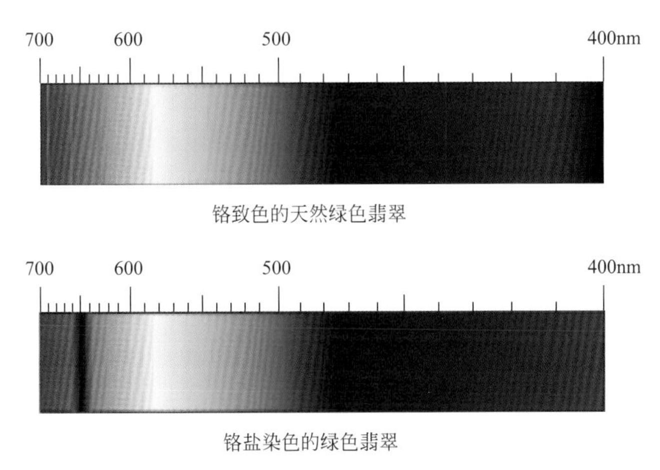

图2-27 天然绿色翡翠和染色翡翠的吸收谱线对比

（4）充填宝石

充填处理常用于结构疏松的宝石，如绿松石常因颜色较浅，质地松软而用有色塑料填充，填充后的绿松石没有特征吸收谱线，而天然绿松石用反射光观察可见460nm处的弱吸收线和432nm处的强吸收线。

2.6 宝石密度的测定

密度是宝石鉴定的一个重要物理参数，每种宝石都有其固定的密度值，因此，根据密度可以判断宝石品种。不同珠宝玉石因化学组成和晶体结构不同，具有不同的密度或密度范围，同种珠宝玉石因化学组成的差异或杂质的混入密度也有一定的差异。

针对优化处理宝石，密度测试也是一种比较有效的鉴定方法。大多数经过充填处理后的宝石比天然宝石密度低，如充填后的绿松石密度低于天然绿松石，但有些优化处理后的宝石不能用测试密度来鉴定，如有机宝石、组合宝石等。目前常用的测量密度的方法有天平称重法和重液法。

天平是一种称量物体质量的工具，在宝石学中不仅用于宝石的称重，而且还可测定宝石的密度。对于宝石质量（重量）的称量，国家标准要求天平精确到万分之一克。宝石的质量（重量）与密度是鉴定及评价宝石的一个重要的依据，因此正确地使用天平是一项重要的技能。

常用的天平是电子天平。无论哪种天平，要保证称重的准确性，必须做到以下两点：使用前应校准并调至零位；称重时保证环境的相对静止，如防止天平台的震动、空气的对流等。

2.6.1 天平测定宝石相对密度的方法

（1）测试原理

宝石的密度常用单位是g/cm^3，表示体积为$1cm^3$的宝石的质量。密度的测定十分复杂，因为相对密度与密度数值十分接近，二者的换算系数仅为1.0001，在宝石学中，通常把测定的相对密度值作为密度的近似值，宝石中相对密度常用d来表示。

相对密度的测定方法（也称静水称重法）的依据是阿基米德定律。当物体浸入液体中时，液体作用于物体的上浮力等于所排开液体的重量。若液体为水，水温对单位体积水的质量影响忽略不计。根据阿基米德定律，样品的密度（ρ）可用样品在空气中的质量（m）和在液体介质（ρ_0）中的质量（m_1）根据式（2-1）计算得出。

$$\rho=\rho_0\times\frac{m}{m-m_1} \tag{2-1}$$

式中 ρ——样品在室温时的密度，g/cm^3；

m——样品在空气中的质量，g；

m_1——样品在液体介质中的质量，g；

ρ_0——液体介质的密度，g/cm^3。

常用的液体是水，由于水的密度近似于$1g/cm^3$，空气对宝石的浮力可以忽略不计，宝石的质量也就是物体在空气中的质量。要得出密度值，只需称出物体在空气中和在水中的质量。

（2）测试步骤

测试相对密度所需要的设备包括天平、玻璃烧杯、木架、铜丝。

① 清洗宝石，使宝石表面无杂质。

② 调整天平在水平位置，测量空气中宝石的质量m。

③ 在架子上放上装有水的烧杯，将宝石放在丝篮之中并称得宝石在水中的质量m_1。

④ 计算宝石的相对密度（d）= 宝石在空气中的质量m/（宝石在空气中的质量m-宝石在水中的质量m_1）。

（3）注意事项

静水称重法测定相对密度，适用于单一品种珠宝玉石材料的检测，测量时注意以下几点：

① 待测的宝石必须是非吸水性的，充填宝石、有机宝石等不能照此方法测试相对密度。

② 在水中测定时要平稳，尽量避免有气泡。

③ 用镊子拿放宝石要十分轻，尽量不要晃动。

④ 周围环境要安静，以免影响测量精度。

⑤ 样品过小时，测量误差较大；样品过大超过天平称量范围时，不能测定其相对密度。

⑥ 测试结果保留小数点后两位数。

称量水中宝石的质量时一定要注意排除周围物体对称量数据的影响。如宝石周围不能附着气泡，支架、烧杯不能与天平托盘接触，铜丝不能与烧杯接触等。

2.6.2 重液法测定宝石相对密度

宝石鉴定中常利用宝石在重液（浸油）中的分布状态来估测宝石的相对密度范围，根据不同重液的相对密度，判断宝石相对密度大小。

此方法是测量物质相对密度的最简易、最方便的一种方法，不需用天平称量，而是用一套相对密度不同的重液与物质相对密度相比较的方法。将宝石放入已知相对密度的液体之中观察沉浮现象，如果沉入液底则表明宝石的相对密度大于液体的相对密度；如果浮在液体的表面则宝石的相对密度小于液体的相对密度；只有悬浮在液体之中，两者的相对密度才相似。通常用的重液有三溴甲烷、四溴乙烷、杜列液、二碘甲烷和克列里奇液等，它们都有自己固定的相对密度，使用时需要用不同的溶液稀释才能配成系列重液，如表2-2。

表2-2　常用重液的相对密度

重液名称	相对密度	稀释液	稀释范围
三溴甲烷	2.89	苯，二甲苯，溴萘	2.5~2.88
四溴乙烷	2.95	二甲苯	2.67~2.95
杜列液	3.19	水	2.2~3.19
二碘甲烷	3.34	苯，二甲苯	3.1~3.3
克列里奇液	4.15	水	3.33~4.15

用重液可以测定部分优化处理宝石，例如经过充填处理的宝石相对密度低于天然宝石的相对密度，测定宝石的相对密度应注意以下几点：

① 重液多有毒性，测定时间不能过长，用后要封闭，避光保存。

② 尽量避免挥发和污染，否则会使重液相对密度产生误差。

③ 对易溶的物质如天然有机宝石和人造塑料以及人为的涂层、二层石和三层石等避免使用重液测量。

重液法常用于测定相对密度相差较大的几种宝石，如钻石与其仿制品，在流动环境中是最有效的鉴定手段之一。

2.6.3 重液（浸油）测试优化处理宝石的特征

重液可用于测试部分优化处理宝石的特征，主要用于以下几个方面。

（1）检测拼合石

将拼合宝石放置于浸液中，沿平行于腰平面的方向观察，可以看到各种拼合宝石的拼合特征，如拼合层结合缝、上下两层颜色变化等。

（2）与显微镜配合观察宝石结构

当宝石的折射率与浸油的折射率相近时，宝石表面的反射光、漫反射光减少，有利于对宝石的内部特征如生长带、色带、包体等进行观察和研究。

（3）检测复式生长处理和扩散处理

利用重液（浸油）可以观察合成祖母绿的复式生长层和扩散处理宝石等。

2.7 长波和短波紫外光鉴定

紫外荧光灯（以下简称紫外灯）是一种重要的辅助性鉴定仪器，主要用来观察宝石的发光性特征。某些宝石受到紫外光辐照时，会受到激发而发出可见光，称为紫外荧光。虽然荧光反应很少能作为判定宝石种属的决定性证据，但在某些方面可以快速地区分宝石品种。如鉴别钻石与其仿制品如立方氧化锆、红宝石与石榴石等。紫外荧光特征也可以用于判断宝石是否经过优化处理。

紫外光位于可见光范围之外，波长范围大约在100 ~ 380nm之间。不同宝石在紫外光下呈不同的颜色。部分经过优化处理的宝石在紫外光下会产生特定的颜色，有助于鉴定宝石是否经过优化处理。紫外光分为长波紫外光和短波紫外光，长波紫外光范围在380 ~ 300nm；短波紫外光在300 ~ 200nm。

2.7.1 紫外灯工作原理

长波紫外灯通常可发出365nm波长的光，短波紫外灯发出光的波长通常是253.7nm（图2-28）。

图2-28 常见的紫外荧光灯

紫外灯灯管能辐射出一定波长范围的紫外光波，经过特制的滤光片后，仅射出波长为365nm的长波或253.7nm的短波的紫外光。根据宝石在长波紫外光和短波紫外光下的荧光特性可以帮助鉴定宝石。

2.7.2 紫外灯使用方法

目前市场上有各种各样的紫外灯，内部结构及工作原理相同，均是由紫外光源、暗箱和观察窗口三部分组成。有的还带有眼睛防护镜，以防止紫外光对眼睛的损伤。

将待测宝石置于紫外灯下，打开光源，选择长波（LW）或短波（SW），观察宝石的发光性。观察时除了注意荧光的强弱外，还需注意荧光的颜色和荧光的发出部位。荧光的强弱常分为无、弱、中、强四个等级。有时由于宝石刻面对紫外光的反射，会造成宝石发出紫色荧光的假象，此时只需将宝石放置方位稍加改变即可。此外，荧光是宝石整体发出的光，而刻面反光是局部发光，光强不均匀，并且显得呆板。宝石在长波下的荧光强度通常大于短波下的荧光强度。如需观察样品磷光，关闭开关，继续观察。

2.7.3 紫外灯在宝石鉴定中的作用

（1）紫外荧光用于鉴定宝石品种

某些宝石品种在颜色外观上较为接近，如红宝石与石榴石、某些祖母绿与绿玻璃、蓝宝石与蓝锥矿，但它们之间荧光特性有明显差异，因此可借助荧光检测将它们区分开。

（2）帮助区分部分天然宝石和合成宝石

天然红宝石由于或多或少含一些铁元素，在紫外灯下荧光颜色不如合成品鲜艳明亮。天然祖母绿的荧光颜色，也常不如合成祖母绿鲜艳；焰熔法合成黄色蓝宝石在长波下呈惰性或发出红色荧光，而某些天然黄色蓝宝石却呈黄色荧光；焰熔法合成蓝色蓝宝石呈浅蓝白或绿色荧光，而绝大多数天然蓝色蓝宝石却呈惰性。

（3）帮助鉴定钻石及其仿制品

钻石的荧光强度变化非常大，可以从无到强，也可呈现各种各样的颜色。有强蓝色荧光的钻石通常具有黄色磷光。常见仿制品如合成立方氧化锆在长波紫外光下呈惰性或发浅黄色荧光，人造钇铝榴石呈现黄色荧光，人造钆镓榴石则常呈粉红色。在短波下合成无色尖晶石发出蓝白色荧光，无色合成刚玉呈浅蓝色荧光。因此，紫外灯对于鉴定群镶钻石十分有用，因为若都为钻石，其荧光发光强度和颜色不会均匀，而合成立方氧化锆、人造钇铝榴石等，其荧光强度则较为一致。

（4）帮助判断宝石是否经过人工优化处理

优化处理后的宝石有时会产生与天然宝石不同的荧光特征。如有些拼合石的胶层会发出荧光，注油的宝石和玻璃填充宝石其充填物可能会发出荧光，硝酸银处理的黑珍珠无荧光，而有些

天然黑珍珠却可发出荧光。

B货翡翠有时会发出较强的荧光（图2-29）。天然翡翠也有可能产生局部荧光，经过处理的B货翡翠或B+C货翡翠产生整体均匀的荧光。如果经过强酸侵蚀后再注胶染色，也可能会使染色剂将荧光掩盖而看不到荧光。在检测时要配合其他方法一起综合判断。

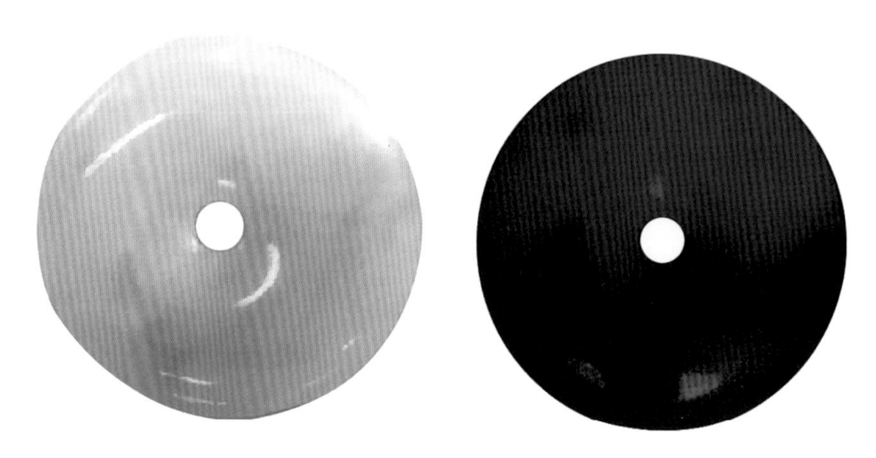

图2-29　B货翡翠在长波紫外灯下的荧光

2.7.4　荧光观察注意事项

宝石的荧光观察非常方便，根据荧光颜色、强弱可有助于判断宝石的种类及是否经过优化处理。在观察过程中要注意以下几点：

① 短波紫外线会对眼睛和皮肤造成伤害，严重者可导致失明，应避免直视荧光灯灯管。同时也不要将手放在短波紫外光下，最好用镊子代替手，防止灼伤。

② 宝石的荧光反应仅作为一种辅助性的鉴定证据。如果样品局部发光，尤其是多种矿物组成的玉石，荧光可能发自其中某一矿物。如青金岩中的方解石有荧光；有的是因为宝石表面的油或者蜡发出的荧光，应擦净样品，重新测试。

③ 在判断宝石的荧光时应考虑样品的透明度，透明样品与不透明样品的荧光有差异。

④ 宝石的荧光颜色可能与宝石本身的颜色不同，同类宝石不同样品的荧光可能存在明显的差异。

⑤ 观察荧光时应将宝石放置于深色的环境中，黑色背景有利于宝石荧光的观察。

2.7.5　部分宝石长波紫外光下特征

（1）钻石

优质的无色钻石在自然光下观察时，往往呈蓝色色调。钻石由于所含的杂质不同，表现的荧光有粉红色、蓝白色、黄色、绿色、橙色等。

带有黄褐色的钻石，大部分荧光微弱，颜色混浊或根本无荧光。高温高压处理Nova钻石具有强黄绿色荧光，有些钻石拼合石也会发出与天然钻石不同的荧光。

（2）祖母绿

祖母绿由于产地不同，表现的荧光特性也有差异。哥伦比亚祖母绿，有包体的深绿色则常表现为暗红色荧光，包体较少的艳绿色则往往显示鲜红色荧光；而有些产地的祖母绿则不具荧光或荧光极弱。

合成祖母绿一般都呈现较强的鲜红色荧光。一般合成祖母绿的荧光较天然祖母绿的荧光强。大多数经过油充填的祖母绿在长波下荧光较强，荧光强度根据充填油的性质而定，有些荧光不明显或无荧光。

（3）红宝石

天然红宝石一般在长波紫外线照射下呈鲜红色荧光，其荧光特性根据质量和颜色的不同也有微弱的差异，质量差的或颜色浅的荧光也弱；合成红宝石则呈较鲜艳的红色荧光；染色红宝石、无色油或有色油充填红宝石也可能出现不同的荧光现象。

（4）蓝宝石

天然蓝宝石多数不具荧光，但斯里兰卡产的黄色、浅色和近于无色的蓝宝石可呈橙色、粉色至暗红色荧光。

合成蓝宝石及粉红色、橙色、紫罗兰色和变色蓝宝石表现为红色荧光，镍着色的合成黄色蓝宝石一般无荧光，蓝色的合成蓝宝石均无荧光。

2.7.6 部分宝石短波紫外光下特征

（1）刚玉宝石

天然红宝石在短波紫外光下呈暗红色荧光，合成红宝石呈鲜红色荧光；天然蓝宝石一般不具荧光，而合成的蓝宝石一般呈乳白色荧光；经热处理的天然蓝宝石呈现乳白色的荧光，染色的红宝石在短波紫外光照射下呈现鲜红色荧光。

（2）钻石

天然钻石在短波紫外光下无荧光或呈较弱的荧光；合成钻石在短波紫外光下根据其颜色不同而产生不同的荧光效应。

（3）黄玉（帝国黄玉）

帝国黄玉在短波紫外光下显示混浊的黄绿色或者蓝白色荧光。

（4）锆石

无色的天然锆石在短波紫外光下呈混浊的淡黄色荧光，而褐色的锆石则显示出强的浊黄色荧光。市场上中低档宝石配镶的“白锆”等都是人工合成的立方氧化锆，都不具有荧光性，利用荧光特征很容易将锆石与钻石区分出来。

2.8 查尔斯滤色镜

滤色镜常用于检测某些由于特殊的选择性吸收而产生不同颜色的宝石，可以用来检测某些绿色、蓝色、经染色处理的宝石，是一种宝石鉴定辅助仪器。查尔斯滤色镜由两片仅允许深红色和黄绿色光通过的明胶滤色镜片组成（图2-30）。当入射光从宝石反射至滤色镜片上时，光的波长在560nm范围时，则有少量绿色光可被透过；而光波长在700nm范围时，则有大量近红外光被透过，其他波长范围的光则被滤色镜片吸收滤掉而不能透过。

图2-30 查尔斯滤色镜

在透明宝石中，由铬离子致色的宝石大多数呈鲜艳的红色和绿色。如检测祖母绿时，大多数天然产出的祖母绿在滤色镜下呈红色，如果原宝石色彩好，滤色镜下则显示出红宝石般的美丽色彩；原宝石色淡则显淡红色。而人工合成的祖母绿在滤色镜下显示出艳红色或亮红色。查尔斯滤色镜在检测绿色、蓝色和红色宝石时很有效，尤其是对祖母绿、蓝宝石、翡翠、尖晶石和缅甸红宝石的鉴别尤为成功。在使用查尔斯滤色镜观察时，眼睛和滤色镜应尽量贴近，避免外来光线的干扰。

2.8.1 查尔斯滤色镜使用方法

① 清洁样品。
② 将样品放在黑色板上（不反光或不影响观察背景上）。
③ 将样品置于阳光充足处或强白炽灯光下，使光线从待测宝石样品的表面反射出来。
④ 手持滤色镜尽量靠近眼睛，滤色镜距离样品30cm左右处观察。

2.8.2 查尔斯滤色镜的应用

20世纪90年代，随着国内人们对翡翠的日益喜爱，仿制天然高翠色染色翡翠进入了市场。

大部分染色翡翠是用铬盐染色，由于宝石内部含有铬离子，在查尔斯滤色镜下呈红色，利用这个特征可以与天然翡翠区分。因此查尔斯滤色镜有时也被称为翡翠滤色镜。特别强调的是，不是所有的染色翡翠在滤色镜下都呈红色，用镍盐染色的翡翠在查尔斯镜下不变色。

查尔斯滤色镜主要用于鉴定绿色、蓝色宝石和某些经染色处理的宝石。翡翠、欧泊、绿碧玺、海蓝宝石、天然蓝色尖晶石（Fe致色）、蓝宝石、蓝色托帕石、某些祖母绿等在滤色镜下颜色基本不变。某些祖母绿、翠榴石、铬钒钙铝榴石、水钙铝榴石、青金石、东陵石等在滤色镜下变红色。经过铬盐染色处理的绿色或蓝色宝石在滤色镜下变红色。

2.8.3　查尔斯滤色镜使用注意事项

滤色镜体积小，携带方便，可以用于区分部分天然绿色、蓝色宝石及染色处理宝石，使用时要注意以下几点：

① 观察时选择合适的光源，弱手电、荧光灯不可用，直射阳光效果也差。

② 经滤色镜观察所见到颜色的深度取决于样品的大小、形状、透明度及其本身的颜色。

③ 由于染色剂的类型和含量的差异，每个样品的反应可以不同。

④ 滤色镜鉴定只是辅助手段，还需要综合其他鉴定结果来判断。

2.9　大型仪器在宝石优化处理鉴定中的应用

随着现代科学技术的发展，新的优化处理方法、宝石品种也不断出现，一些优化处理后的宝石表面和内部特征与天然宝石也非常相似，使得在宝玉石鉴定中出现一些难题，常规的宝石鉴定仪器很难区分。近年来一些大型分析仪器的引进和运用，解决了很多用常规仪器鉴定不出的难题，因此，大型仪器在宝石优化处理鉴定中起着越来越重要的作用。

2.9.1　傅立叶红外光谱分析

红外光谱仪通常由光源、单色器、探测器和计算机处理信息系统组成（图2-31）。根据分光装置的不同，分为色散型和干涉型。对色散型双光路光学零位平衡红外分光光度计而言，当样品吸收了一定频率的红外辐射后，分子的振动能级发生跃迁，透过的光束中相应频率的光被减弱，造成参比光路与样品光路相应辐射的强度差，从而得到所测样品的红外光谱。

图2-31　红外光谱仪

红外光谱分析可用于研究分子的结构和化学键，也可以作为表征和鉴别化学物种的方法。红外光谱简称FTIR，具有高度特征性，可以采用与标准化合物的红外光谱对比的方法来做分析鉴定。已有几种汇集成册的标准红外光谱集出版，可将这些图谱存储在计算机中，用以对比和检索，进行分析鉴定。

（1）基本原理

能量在4000 ~ 400cm^{-1}的红外光使分子产生振动能级和转动能级的跃迁，分子在振动和转动过程中，当分子振动随着偶极矩改变时，分子内电荷分布变化产生交变电场，当其频率与入射辐射电磁波频率相等时才会产生红外吸收。因此，产生红外光谱的条件有两个：辐射应具有能满足物质产生振动跃迁所需的能量；分子具有偶极矩。

红外谱线根据波数不同划分为三类：远红外，50 ~ 400cm^{-1}；中红外，400 ~ 4000cm^{-1}；近红外，4000 ~ 7500cm^{-1}。矿物的吸收光谱图是指不同频率的红外光辐射到矿物上，导致不同透射比，以纵坐标为透光率，横坐标为频率，形成矿物变化曲线，则这条曲线称为该矿物的红外吸收光谱图。根据组成物质的离子基团在红外光范围内的吸收谱带，对物质进行定性和定量分析。

（2）测试方法

用于宝石红外光谱测试的方法分为透射法和反射法两类。

① 透射法（粉末压片法） 透射法是一种有损鉴定，主要研究宝石矿物中的水、有机物及杂质。制备方法是溴化钾（KBr）压片法，因此为减少对测定的影响，KBr最好应为光学试剂级，至少也要为分析纯级。使用前应适当研细（200目以下），并在120℃以上烘至少4h后置于干燥器中备用。如发现结块，则应重新干燥。制备好的空KBr片应透明，透光率应在75%以上。压片法取用的供试品量一般为1 ~ 2mg，压片时KBr的取用量一般为200mg左右。

② 反射法 反射法是目前在宝玉石优化处理鉴定中最常用的一种方法。根据透明或不透明宝石的红外反射光谱特征，有助于充填处理材料、染色剂等有机高分子材料的鉴定，是一种准确无损的鉴定方法。

（3）在宝石学研究中的应用

红外光谱特征取决于宝石的物质成分与结构，没有哪两种宝石的红外光谱是完全相同的。红外光谱分析不损坏样品，仪器操作简单，反应灵敏，测试结构准确。通过宝石的红外光谱特征可以确定宝石的种类，是否合成宝石及优化处理宝石。

① 区分天然宝石和合成宝石 天然宝石和合成宝石在成分和物理化学性质上相同，但由于生长环境的差异，在结构上会产生不同的变化。例如天然紫晶和合成紫晶，除颜色、透明度、内部包裹体有差异外，红外光谱也不同，合成紫晶的红外光谱在3450cm^{-1}处有一个吸收峰，而天然紫晶则没有这个吸收峰（图2-32）。

② 人工充填处理宝玉石的鉴别方法 有两个或两个以上环氧基，并以脂肪族、脂环族或芳香族等官能团为骨架，通过与固化剂反应生成三维网状结构的聚合物类的环氧树脂，多以充填物的形式，广泛应用在人工充填处理翡翠、绿松石及祖母绿等宝玉石中。环氧树脂的种类很多，并且新品种仍不断出现。常见品种为环氧化聚烯烃、过氧乙酸环氧树脂、环氧烯烃聚合物、环氧氯

丙烷树脂、双酚A树脂、环氧氯丙烷-双酚A缩聚物、双环氧氯丙烷树脂等。

通过获得物质中分子的振动，FTIR可以有效地分析晶体中的水分子、氢氧基、树脂或油。例如，用傅里叶变换红外光谱仪测试裂隙充填祖母绿一般用反射法，让宝石的台面向下放在样品台上，光线从宝石的亭部射进贯穿整个宝石，并且反射到镜面上，再次从背后穿过宝石并且到检波器。在检测样品时应该在镜面上360°旋转宝石，因为裂隙中充填树脂或油仅仅在宝石中占很小的部分，而产生的光必须要穿透充填的区域。

用傅里叶变换红外光谱仪可以区分天然翡翠和充填翡翠。天然翡翠中会出现很宽的吸收峰，而充填翡翠的谱线在很窄的波段（3200～2800cm^{-1}）中有明显的树脂的红外吸收峰（图2-33）。

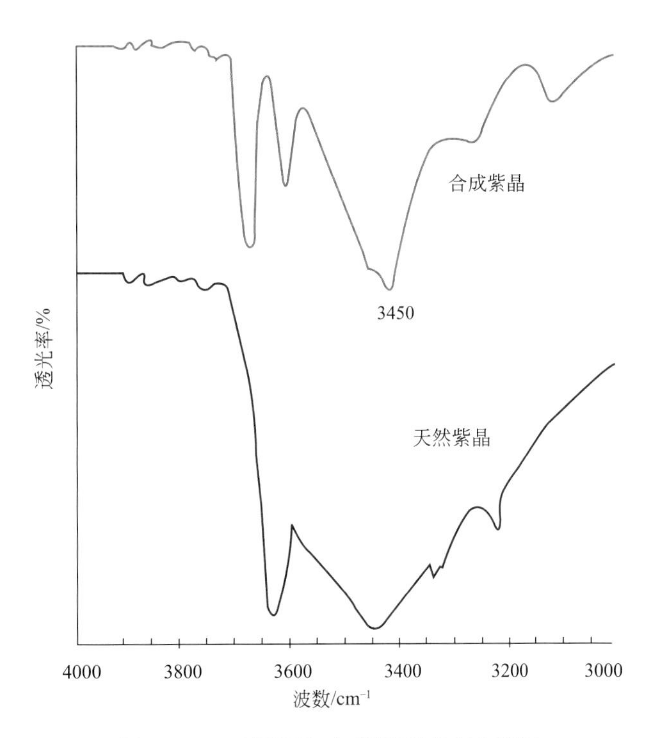

图2-32 天然紫晶和合成紫晶的红外光谱图

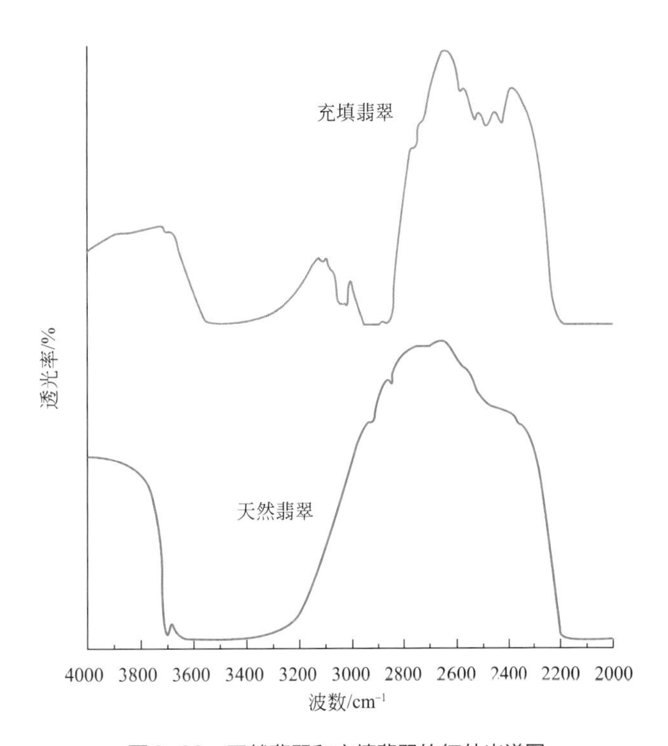

图2-33 天然翡翠和充填翡翠的红外光谱图

2.9.2 拉曼光谱分析

（1）基本原理

拉曼光谱是一种散射光谱。拉曼光谱分析法是基于印度科学家C.V.拉曼（Raman）所发现的拉曼散射效应，对与入射光频率不同的散射光谱进行分析得到分子振动、转动方面的信息，并应用于分子结构研究的一种分析方法。通过对拉曼光谱的分析可以知道物质的振动、转动能级情况，从而可以鉴别物质、分析物质的性质。拉曼光谱具有非破坏性、检测速度极快、成本低等

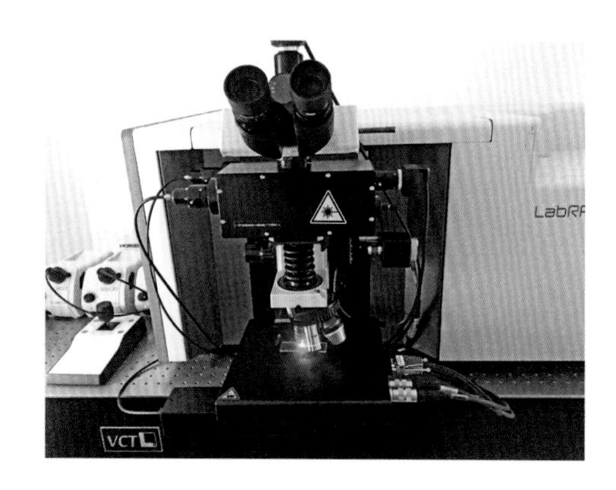

图2-34 拉曼光谱仪

优点。它也对具有很少或没有天然偶极运动的高对称共价键敏感。拉曼光谱仪的基本结构如图2-34所示。

拉曼光谱可以根据不同来源的宝石的拉曼光谱ID比较来识别宝石的化学特性和起源。拉曼光谱仪为所有类型的含硼酸盐、碳酸盐、卤化物、天然元素、氧化物、磷酸盐、硅酸盐、硫酸盐和硫化物的矿物产生精确和独特的光谱数据。

（2）拉曼光谱在宝石学上的应用

① 可用于鉴定钻石与其仿制品　例如钻石与碳硅石、石英，不同宝石具有不同的拉曼光谱特征。钻石在1332cm^{-1}处具有单个C—C拉曼位移；碳硅石的最强拉曼谱峰是788cm^{-1}，其次是965cm^{-1}、766cm^{-1}处的特征峰；石英的主要拉曼特征峰是475cm^{-1}处的吸收峰。钻石、碳硅石和石英之间的拉曼光谱差异如图2-35所示。

② 天然鸡血石仿制品　天然鸡血石和仿造鸡血石的拉曼光谱有本质的区别：前者主要是地开石和辰砂的拉曼光谱，后者主要是有机物的拉曼光谱，利用拉曼光谱可以区别二者。天然鸡血石“地”的主要成分为地开石，天然鸡血石样品“血”既有辰砂又有地开石，实际上是辰砂与地开石的集合体。仿造鸡血石“地”的主要成分是聚苯乙烯-丙烯腈，“血”是红色有机染料。

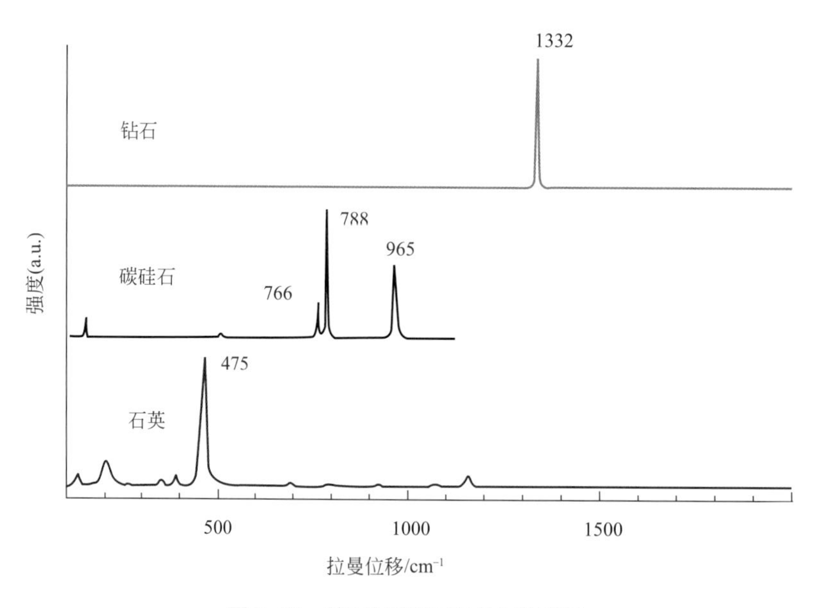

图2-35 钻石与仿制品的拉曼光谱图

（3）在宝石优化处理鉴定中的应用

① 拉曼光谱可用于鉴定充填处理的宝石　例如人造树脂充填处理的翡翠、祖母绿、绿松石和铅玻璃充填处理的红宝石、钻石等。宝石裂隙中的各类充填物质给珠宝鉴定带来一定的困难，利用拉曼光谱分析测试技术有助于正确地鉴别出充填物的种类。

a.充填红宝石的鉴别　低温充填一般都是对裂隙达到表面的红宝石进行的，而且是低熔点的物质，如果是胶或蜡可以用拉曼光谱分析，可明显观察到有机成分在2800 ~ 3000cm^{-1}处显示C—H键的伸缩振动吸收峰（图2-36）。

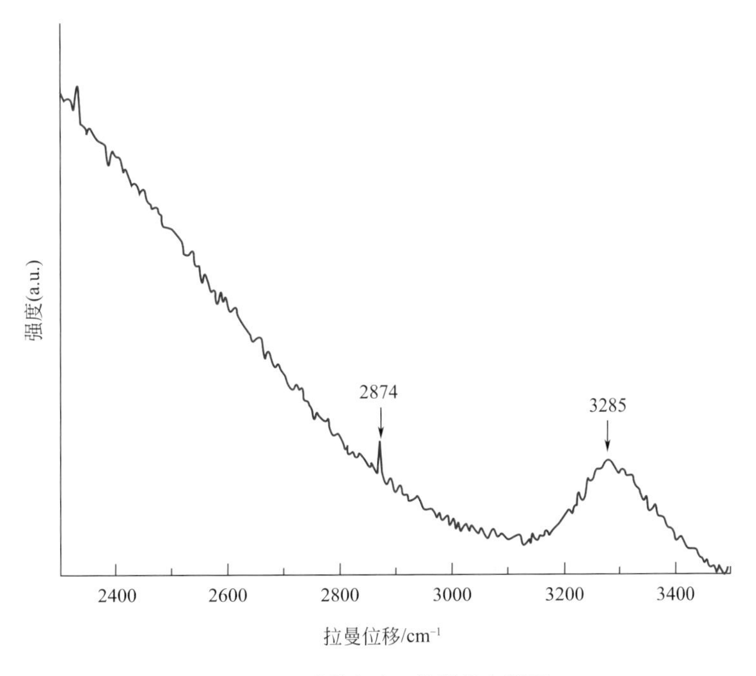

图2-36　充填红宝石的拉曼光谱图

b.充填祖母绿的鉴别　用拉曼光谱仪可以区分天然祖母绿和充填祖母绿。天然祖母绿中会出现很宽的吸收峰，而充填祖母绿的谱线在很窄的波段（3200 ~ 2400cm^{-1}）中有明显的树脂和油的红外吸收峰（图2-37）。

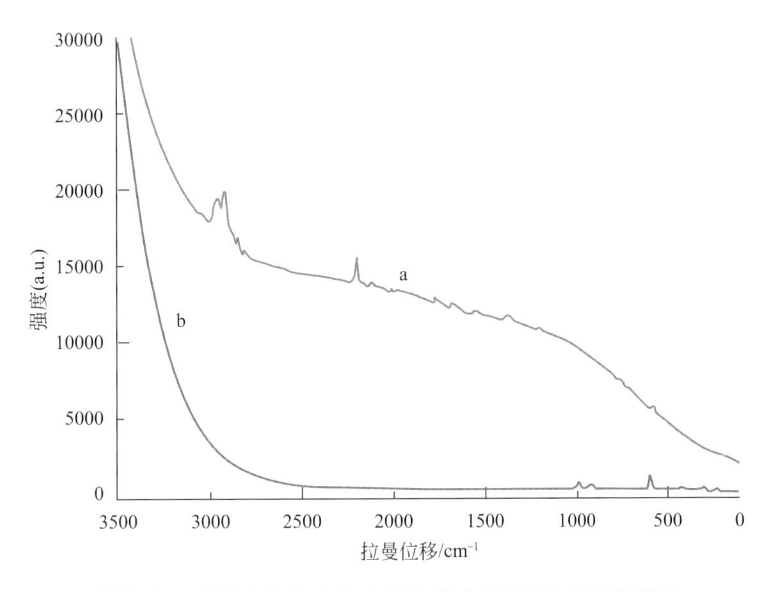

图2-37　树脂充填（a）和未处理（b）祖母绿的拉曼光谱图

② 天然红珊瑚与染色珊瑚之间的鉴别　天然红珊瑚的拉曼光谱峰为1129cm^{-1}和1517cm^{-1}，染色的红珊瑚在1089cm^{-1}处有一个单一的高强度光谱峰（图2-38），二者的拉曼光谱图有显著的不同。

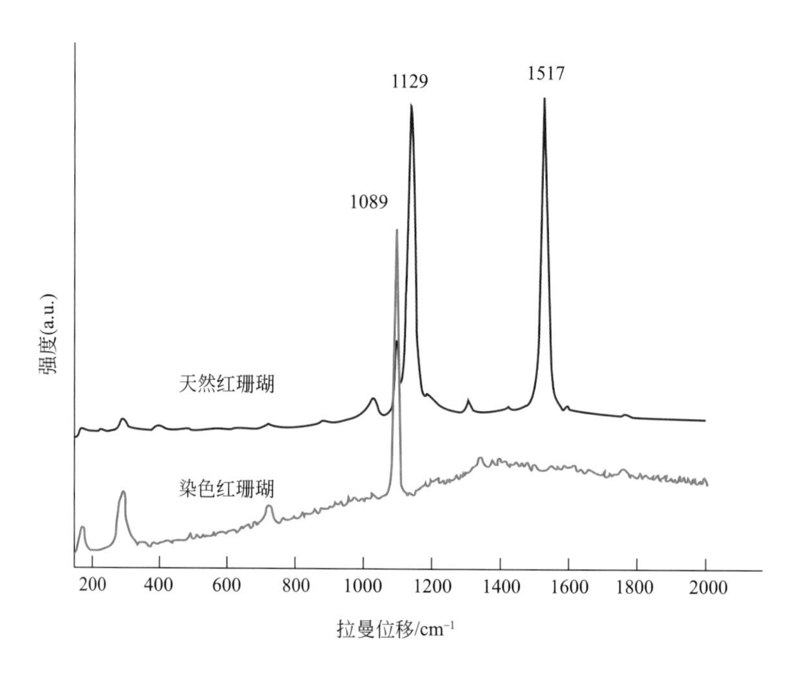

图2-38　天然红珊瑚与染色红珊瑚的拉曼光谱图

2.9.3　紫外-可见分光光度分析

2.9.3.1　基本原理

紫外-可见吸收光谱是在电磁辐射作用下，由宝石中原子、离子、分子的价电子和分子轨道上的电子在电子能级间的跃迁而产生的一种分子吸收光谱。具有不同晶体结构的各种彩色宝石，内部所含的致色杂质离子对不同波长的入射光具有不同程度的选择性吸收，由此可产生不同的吸收谱线。按所吸收光的波长区域不同，紫外-可见分光光度法分为紫外分光光度法和可见分光光度法。

在宝石晶体中，电子是处在不同的状态下，并且分布在不同的能级组中，若晶体中一个杂质离子的基态能级与激发态能级之间的能量差，恰好等于穿过晶体的单色光能量时，晶体便吸收该波长的单色光，使位于基态的一个电子跃迁到激发态能级上，在晶体的吸收光谱中产生一个吸收带，便形成紫外-可见吸收光谱。

2.9.3.2　测试方法

用于宝石的测试方法可分为两类，即直接透射法和反射法。

（1）直接透射法

将宝石样品的光面或戒面（让光束从宝石戒面的腰部一侧穿过）直接置于样品台上，获取天然宝石或某些人工处理宝石的紫外-可见吸收光谱。直接透射法虽属无损测试方法，但从中获得有关宝玉石的相关信息十分有限，特别是在遇到不透明宝石或底部包镶的宝石饰品时，则难以测其吸收光谱。由此限制了紫外-可见吸收光谱的进一步应用。

（2）反射法

利用紫外-可见分光光度计的反射装置（如镜反射和积分球装置），有助于解决直接透射法在测试过程中所遇到的问题，由此可以拓展紫外-可见吸收光谱的应用范围。

2.9.3.3 在优化处理宝石检测上的应用

（1）区分天然钻石与辐照处理钻石

利用紫外-可见吸收光谱，能有效地区分天然蓝色钻石与人工辐照处理蓝色钻石。天然蓝色钻石的颜色是由杂质B原子致色，紫外-可见吸收光谱表征为从540nm至长波方向，可见吸收光谱的吸收率递增。辐照蓝色钻石则出现特征的GR1（741nm）色心（图2-39）。

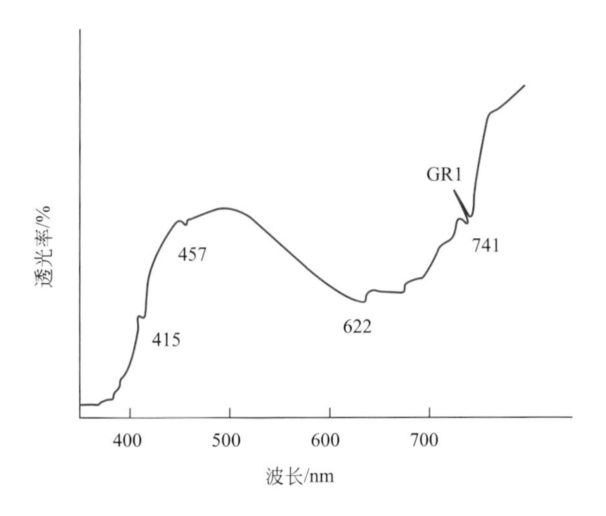

图2-39 辐照蓝色钻石的紫外-可见吸收光谱

（2）区分天然黄色蓝宝石、热处理黄色蓝宝石及辐照黄色蓝宝石

紫外-可见吸收光谱也可有效地区分天然黄色蓝宝石、热处理黄色蓝宝石及辐照黄色蓝宝石。天然黄色蓝宝石的呈色机理是由三价铁离子的电子跃迁产生的，在紫外-可见光中的吸收带是375nm、387nm和450nm处的吸收窄带；热处理后的黄色蓝宝石几乎看不到这三个吸收带；辐照后的黄色蓝宝石在387nm和450nm处有很弱的吸收，因为此时的蓝宝石致色机理主要是色心致色（图2-40）。

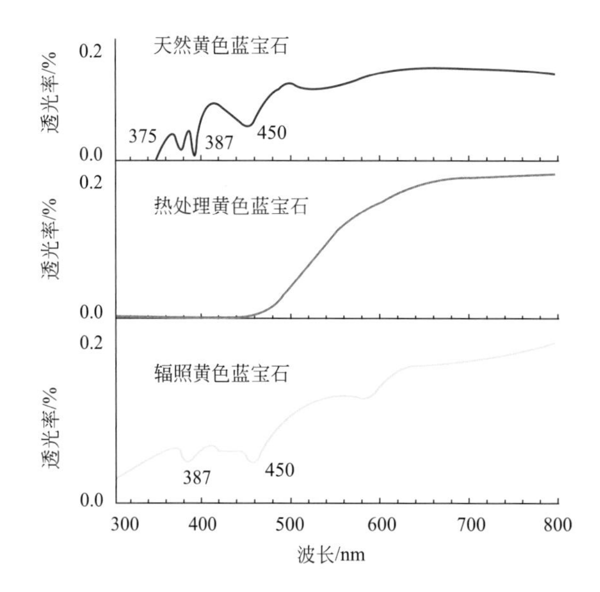

图2-40　天然黄色蓝宝石、热处理黄色蓝宝石及辐照黄色蓝宝石的紫外-可见吸收光谱

随着科学技术的发展，宝石的优化处理方法和技术也与日俱增，优化处理后的宝石与天然宝石也很难用常规的鉴定方法区分。宝石优化处理的新方法、新手段不断出现与更新，用一些常规仪器不能区分的宝石优化处理手段，可以采用大型仪器测试来确定，因此大型仪器测试在宝石鉴定中起着非常重要的作用。仅仅运用这些常用仪器只能对宝玉石做一个比较初步的观察与鉴定。大型仪器往往会给予我们更多、更加详细的资料和数据，有助于我们更加深入、更加准确地观察和了解宝石。

3

宝石颜色呈色理论

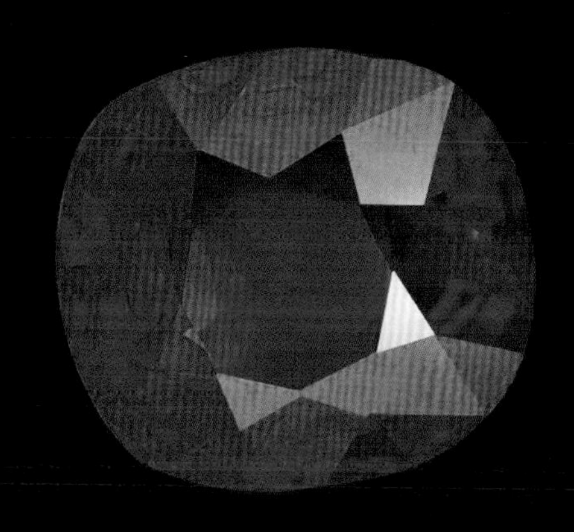

宝石的颜色丰富多彩，具有独特的魅力，一直以来备受人们的喜爱。宝石的质量在很大程度上取决于颜色。宝石的颜色是宝石评价的一个重要指标，宝石的优化处理大多数是改变或改善宝石的颜色，因此了解宝石的颜色成因是宝石优化处理的一个重要前提。只有掌握了宝石是如何致色的，才能够确定这种宝石是否能够进行优化处理、采用哪种优化处理方案以及确定哪种实验方案等。目前常见的宝石呈色理论有五种：经典矿物学理论、晶体场理论、分子轨道理论、能带理论及物理光学效应。这些理论构成了常见天然宝石的致色理论，下面对这五种致色理论逐一介绍。

3.1 颜色及宝石颜色的测量

宝石的颜色丰富多彩，如何确定宝石的颜色种类对宝石的价值评价至关重要。不同的颜色级别也影响宝石的价值，因此，正确评价各种宝石的颜色，是确定宝石价值的一个基本前提。在评价彩色宝石时，颜色是最重要的因素。一般来说，宝石的颜色越吸引人，其价值就越高。明亮、丰富和强烈的色彩通常比那些太暗或太亮的颜色更令人垂涎。当然也有例外，比如钻石，钻石颜色白度越高，价值也越高。

3.1.1 研究宝石颜色的意义

自古以来宝石以其独特的魅力得到人们的喜爱，尤其是宝石丰富多彩的颜色，如鸽血红色的红宝石、阳绿色的祖母绿和翡翠等，都给人留下了难忘的印象。颜色是宝石质量评价的一项重要指标，对宝石的质量评价起着重要的决定性作用，其意义主要体现在以下三个方面。

（1）宝石矿物的颜色是评价宝石的重要依据

宝石的颜色是评价宝石的基础，决定着宝石的价值。如钻石，颜色相差一级价格大约相差5%，白度越高，钻石的级别越高，相反，带黄色、褐色调的钻石级别越低，价格就要猛跌，彩色钻石的价格则不同，不同的彩色钻石价格也不同。但一般来说，罕见的彩色钻石价格则要倍增。对于其他彩色宝石如红宝石、蓝宝石、祖母绿等，也要根据颜色划分成不同的级别，不同级别的宝石价值相差很大。

（2）宝石的优化处理常常是对宝石颜色的改善

宝石的优化处理方法通常是改变或改善宝石的颜色，所以也可以把宝石的改善称为宝石改色，随着宝石颜色的改善，透明度也随之发生变化。因为透明度也是与颜色有关的性质，如山东昌乐产出的蓝色蓝宝石，肉眼观察会有很多不透明的黑颜色，但切成薄片就可以看到透明的蓝颜色了，透明度的改善往往也伴随着颜色的改善。因此，只有确定宝石的颜色成因，才能够确定宝石改善方法，了解颜色成因是研究宝石优化处理的前提。

（3）宝石颜色成因的研究为合成宝石和改善宝石提供了理论依据

宝石的颜色如石榴石、孔雀石、橄榄石等是由其自身固有成分致色的，这些宝石是不能用常规的优化处理方法来改变颜色的。大部分宝石的颜色是他色，即颜色是由杂质离子致色的，如红宝石、蓝宝石、祖母绿、翡翠、玛瑙等，根据宝石的颜色成因，改善宝石时可对某些致色杂质离子的含量和价态进行改变，以改变或改善宝石的颜色，从而提高改善宝石的质量。因此，宝石颜色的成因研究是改善宝石的理论依据。

3.1.2 颜色的物理学

（1）颜色与光波

光的能量是由光子微粒携带的，光子传到人的眼睛里就形成了感觉上的颜色。颜色是眼睛和神经系统对光线的感觉，它是光线在眼睛的视网膜上形成的讯号刺激大脑皮层产生的反应。颜色知觉的形成有三个主要组成部分：光源、物体及人的眼睛。三者中改变一个或多个，颜色的知觉则会发生变化。宝石和光线相互作用，光在宝石的表面发生了反射、折射、透射、干涉、衍射等现象造成了宝石颜色的不同。

电磁辐射光谱的能量范围相当大，它可以从非常长的无线电波的光子变化到非常短的射线光子，其能量变化范围从不到千亿分之一电子伏特，延伸到一亿电子伏特以上。

人眼所能接受和感觉到的可见光是电磁波谱中很小一部分，波长范围在400 ~ 700nm，能量约为1.7 ~ 3.1eV。如果观察条件足够好可将范围扩大至380 ~ 760nm（图3-1）。可见光包括我们所看见的颜色，即红色、橙色、黄色、绿色、青色、蓝色、紫色等各种颜色。不同波长的可见光产生不同颜色，波长最长、能量最低的可见光颜色是红色，波长范围是647 ~ 760nm；波长最短、能量最高的可见光是紫色，波长范围是400 ~ 425nm，其他的可见光颜色处于425 ~ 647nm之间。可见光各种颜色波长与其补色见表3-1所示。

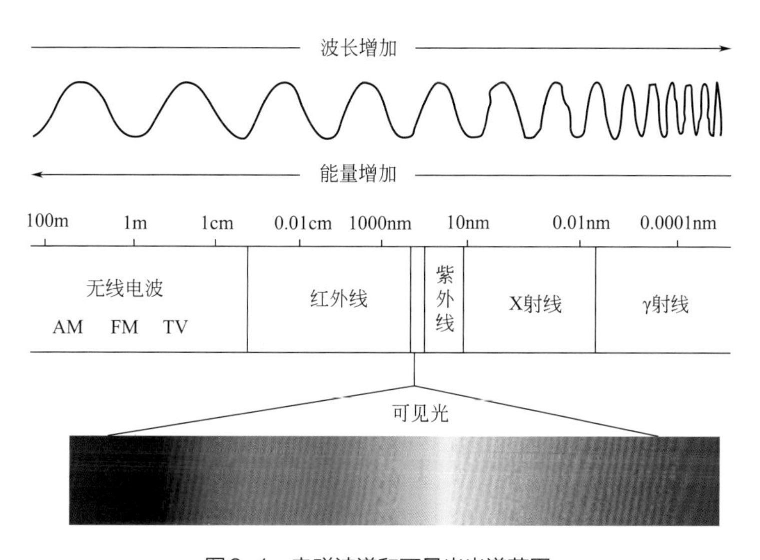

图3-1 电磁波谱和可见光光谱范围

表3-1 可见光各种颜色波长与其补色

波长/nm	光谱色	补色
400~425	紫	黄绿
425~455	蓝	黄
455~490	绿蓝（青）	橙
490~500	蓝绿	红
500~560	绿	紫红
560~580	黄绿	紫
580~595	黄	蓝
595~647	橙	绿蓝（青）
647~760	红	绿

物体颜色形成的本质，是物体对不同波长的可见光选择性吸收的结果。物体对不同波长可见光选择性吸收的实质，就是对不同能量可见光光子的吸收。当自然光照到宝石上，宝石吸收一部分光，也透射出一部分光，宝石所呈现的颜色是所吸收光色的补色，即与透过光的颜色一致（图3-2）。例如，红宝石，当白光穿过红宝石时，红宝石中所含铬离子就通过吸收全部紫色和绿色光子以及大多数蓝色光子而获得能量，以红色为主的其他颜色光子就透过红宝石，而使宝石显示出红色。

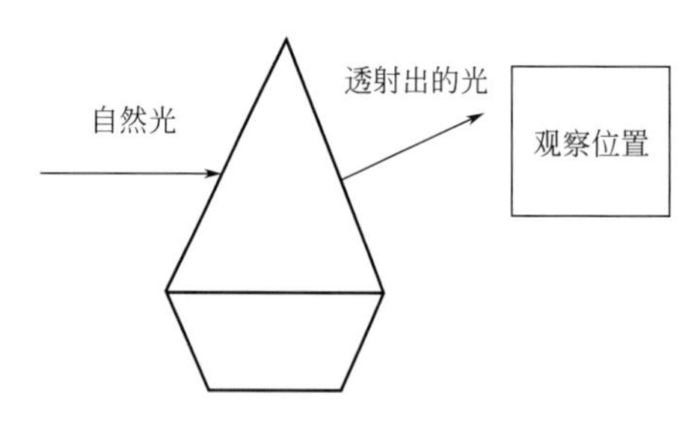

图3-2 宝石颜色形成过程

物体形成的颜色并不只是由单一波长的光产生的，物体辐射是多种能量不同的光子的混合物，其中比例最大的能量带就决定了物体的颜色。白色光是各种颜色的光均匀地混合形成的。宝石颜色的产生都是对不同波长可见光光子选择性吸收的结果，白色光透过宝石时，宝石吸收的一部分光及透射出的光均为混合物，宝石呈现的颜色取决于透出的光的比例最大的那一种。例如红宝石，当白光照射到红宝石时，它所透过的光是以红色为主加上少量的蓝紫色，因此，红宝石常呈现带有蓝紫色调的红色。

（2）光源的种类和性质

宝石的颜色具有一定的主观性，与观察者所在的环境有关，受光源的影响最大。在不同光源下观察宝石的颜色会有差别，如变石在日光下为绿色，而在白炽灯光下就呈现红色。通常人们以自然日光下所见到的颜色为准，这种日光和白昼光通称白光。

为了获得比较准确的宝石颜色，最初的宝石市场营业都是在特定的时间进行。例如斯里兰卡宝石城（ratnapura）中的宝石店铺多年来都是在上午10点至12点营业，这段时间的光源与白光最为接近。日光和白昼光并不是等能光，由于观测条件不同，不同光源的各波段辐射能的相对差别很大，图3-3中列出了常见的五种光源的能量分布曲线，这五种的光源能量差别很大。

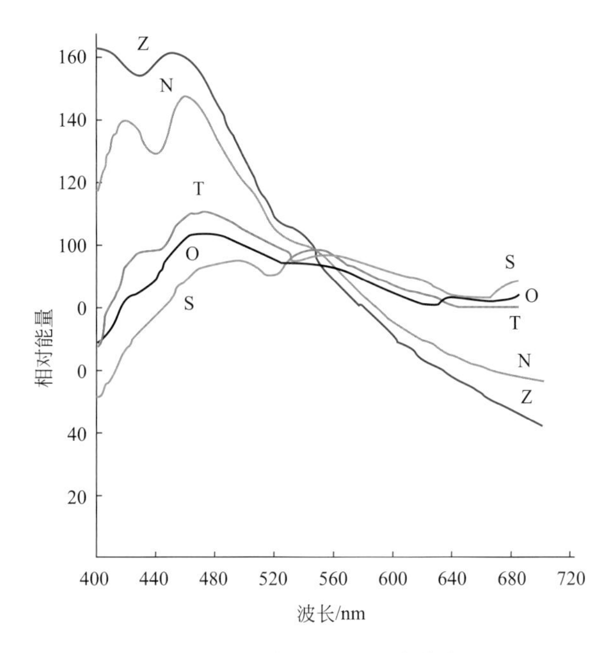

图3-3　五种光源的能量分布曲线图

S—直接阳光；O—阴天光线在水平面上空的照明；T—日光和明朗天空在水平面上的照明；

N—北部明朗天空光线；Z—天顶光线

直接日光的颜色特征表述，常以色温（单位是K）表示。色温相同表示光源的颜色相似。现在公认的白昼光色温为D6500K、D5500K和D7500K。国际上规定了三种灯光作为颜色测量工作中的标准光源。S_A代表充气钨丝灯的平均人工照明，色温为2854K；S_B代表平均的日光，色温为4900K；S_c代表平均白昼光，色温为6700K。宝石测试中以S_c光源为标准光源。

（3）感光和感色效应

宝石颜色的观察具有主观性，除了客观条件外，宝石的颜色也与观察者自身的感官有关，在相同的光源下，人的眼睛对不同颜色的敏感度有差异，不同的人对颜色的敏感度也有区别。颜色的观察是主观性的，若要尽可能地做到客观，就要对颜色进行表征，以相对客观的方式进行表述。

① 感光效应　在一般条件下人的眼睛可观察到的可见光源的波长范围为400 ~ 700nm。改善观察条件，感光范围可以延伸到380 ~ 780nm。对于不同波长的光波，人的眼睛具有不同的敏感度。白昼视觉，对于波长为555nm的绿色光是最敏感的，而黄昏视觉的最灵敏波长则移到507nm。马路上的红绿灯就是依据人眼最敏感的颜色来设计的。

② 感色效应　颜色是人对于可见光范围的不同光谱成分辐射能所引起的感觉。正常人的视觉可将单纯的光谱色分辨成150种以上的色调。光波与颜色虽有单一的对应关系，但是颜色与光波的对应关系并不是单一的，往往一种色光可以由另外两种以上的色光配合而成。基本独立的颜色只有红、绿、蓝三种，称为三原色。其他颜色则是由三原色的两种或两种以上的颜色按不同比例混合而成，人的眼睛对颜色很敏感，可以分辨出多种颜色。

3.1.3 表征颜色的三要素

颜色是由宝石对光选择性吸收的结果，不同的宝石会呈现不同的颜色。目前颜色理论认为颜色特征取决于明度、色相和饱和度三要素（图3-4），通过对不同颜色的三要素的表述，可以确定宝石的颜色种类。

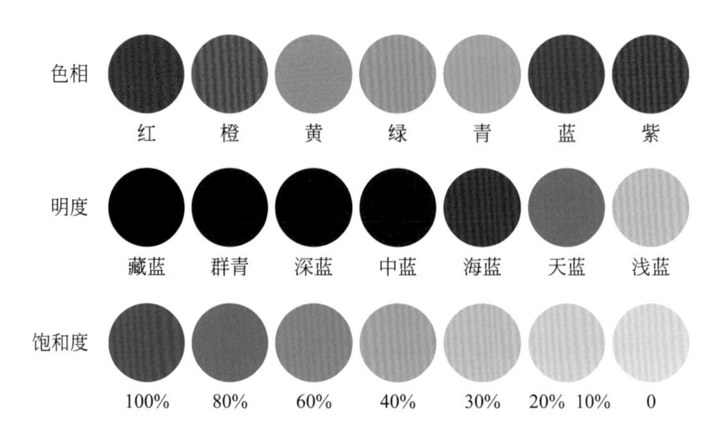

图3-4 颜色三要素示意图

（1）明度

明度是光作用于人的眼睛所引起的明亮程度，是指色彩明暗深浅的程度，也可称为亮度。明度很大程度上依赖于眼睛对光源和物体表面的明暗程度的感觉，主要是由光线强弱决定的一种视觉经验。明度不仅取决于物体照明程度，而且取决于物体表面的反射程度。

明度可以简单理解为颜色的亮度，不同的颜色具有不同的明度，任何色彩都存在明暗变化。明度有两种特点，同一物体因受光不同会产生明度上的变化，强度相同的不同色光，明度也有不同。

在无色彩中，明度最高的色为白色，明度最低的色为黑色，中间存在一个从亮到暗的灰色系列。在彩色中，任何一种纯度都有着自己的明度特征。例如：黄色为明度最高的色，紫色为明度最低的色。绿色、红色、蓝色、橙色的明度相近，为中间明度。另外，在同一色相的明度中还存在深浅的变化。如绿色中由浅到深有粉绿、淡绿、翠绿等明度变化。

（2）色相

色相是指不同颜色之间的差异，是色彩中最显著的特征。色相是由入射光经过物体后透射到人眼的光谱成分决定的，取决于透射光的波长。物体的色相是由入射光源的光谱和物体本身反射或透射光决定。

所谓色相是指能够比较确切地表示某种颜色色别的名称。如玫瑰红、橘黄、柠檬黄、钴蓝、紫红、翠绿等。从物理光学上讲，各种色相是由射入人眼的光线的光谱成分决定的。对于单色光来说，色相的种类完全取决于该光线的波长；对于混合色光来说，则取决于各种波长光线的相对量。物体的颜色是由光源的光谱成分和物体表面反射（或透射）的特性决定的。它与光的波长有关。例如，主波长为470nm的颜色就称为470nm波长的蓝色，常为蓝宝石的蓝色。

（3）饱和度

颜色的饱和度是指色彩的纯净程度和鲜艳程度，它表示颜色中所含有色成分的比例。含有色成分的比例越大，则色彩的纯度越高，含有色成分的比例越小，则色彩的纯度也越低。当一种颜色掺入黑、白或其他彩色时，饱和度就产生变化。当掺入的颜色达到很大的比例时，在眼睛看来，原来的颜色将失去本来的光彩，看到的颜色就变成掺入的颜色了。当然这并不等于说原来的颜色不存在，而是由于大量的掺入其他彩色而使得原来的颜色被同化，人的眼睛已经无法感觉出来了。

可见光光谱中的各种单色光饱和度最高也最鲜艳。通常将单色光作为100/100 = 1，颜色变淡则数值逐渐变小，纯白色的饱和度为零。以纯净的蓝墨水冲淡为例，纯净的蓝墨水颜色的饱和度为1，逐渐冲淡至完全无色时，饱和度则变为零。

3.1.4 宝石颜色的测量

定量表示颜色的体系称为表色系。常用两类表色系：一类是按标准色样对比的表色系，另一类是用现代测色仪器测量的一套颜色标准系统的表色系。

3.1.4.1 标准色样的表色系

这类表色系是用纸片制成标准颜色样品的各种“色卡”，汇编成册。使用时，与宝石样品进行比较，选出与宝石颜色相同的“色卡”。

（1）孟塞尔表色系

孟塞尔表色系是最早也是最经典的一种颜色表征体系，目前还有机构在使用这个体系，是由美国的教育家、色彩学家孟塞尔于1905年创立的色彩表示法，并且直接以他的名字命名的。它是通过色彩立体模型表现颜色的一种方式。经美国光学学会（OSA）修订出版的《孟塞尔颜色图册》，分光泽版和无光泽版。

光泽版包括1450种颜色样品，附有一套37块非彩色样品；无光泽版包括1150种颜色样品，附有32块非彩色样品。

在孟塞尔图册中，每种颜色都用一组符号表示。符号给出表征颜色的三要素色相（hue）、明度（value）和饱和度（chroma）的等距指标，表示方法为HV/C=色调明度/纯度。

色相分为红（R）、红黄（YR）、黄（Y）、黄绿（GY）、绿（G）、绿蓝（BG）、蓝（B）、蓝紫（PB）、紫（P）、紫红（RP）五种主色调与五种中间色调，其中每种色调又分为10级（1 ~ 10），其中第五级是该色调的中间色（图3-5）。

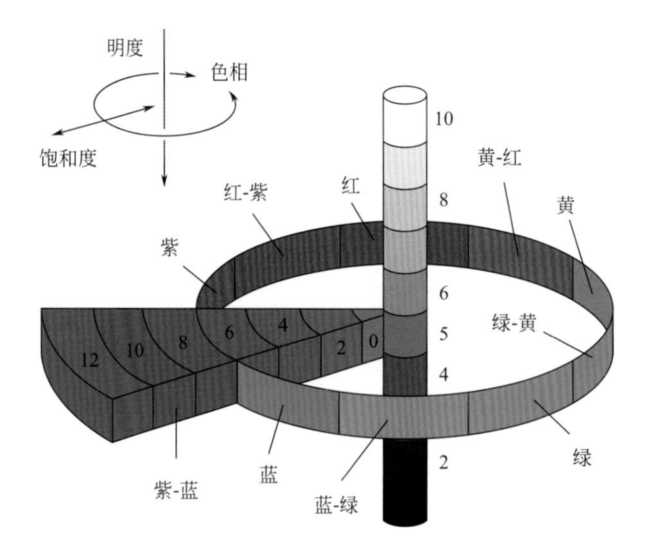

图3-5　孟塞尔表色系示意图

明度分为11个等级，数值越大表明明度越高，最小值是0（黑色），最大值是10（白色）。饱和度分为12个等级。全图册共包括40种色相标样。例如，5GY 8/7代表一种明度8、饱和度7的黄绿色。对于非彩色（黑白灰）系列的命名方式为NV/=中性色明度值，例如标号为N5/的颜色，表示明度值为5的灰色。

（2）DIN 6164表色系

德国的DIN 6164手册也是一种重要的表色体系。许多欧洲和英国的宝石学家使用这一体系。这个表色体系是在孟塞尔体系基础上发展而来的。

DIN 6164色卡有24种颜色，各种颜色的背面标有相应的孟塞尔颜色标志。表示方法为色相：饱和度：明度。例如6 ：6 ：2表示色相6（红色）、饱和度6（鲜艳的）和明度2（浅色）的标准色卡。

（3）ISCC-NBS表色系

ISCC（Inter Society Colour Council）作为美国国内色彩协会成立于1931年，它的表色系的目的是发展一种颜色定名体系。它收集了在孟塞尔和DIN 6164中处于相同色相、明度位置的18种色相。

ISCC-NBS（National Bereau of Standand）美国国家标准体系颜色标样很少，但却收集了一些不常见的样品。在结构上也与孟塞尔体系有些不同，颜色不是按感觉上的等距指标排列。ISCC-NBS体系对于颜色科学最重要的贡献在于其定义了颜色名称。

（4）OSA色标

OSA（Optical Society of America）均匀颜色标度委员会制备了一批实用的丙烯光泽色卡，这批色卡共有558种颜色，其中424种颜色组成一套，这套色卡称为OSA色标。OSA色标的缺点是色卡是一种纸或塑料制作的有色样品，质感与宝石有一定差异，色卡的表面光泽与宝石经刻面反射的光线有所不同，使用时要非常小心。受褪色影响，大多数色卡的使用时间不会超过4 ~ 5年。

3.1.4.2 色度坐标和色度图

（1）1931 CIE-XYZ表色系统

该表色系在RGB系统的基础上，用数学方法选用三个理想的原色来代替实际三原色，以虚拟三原色为轴，不同波长的可见光投图。三原色的数值，称三刺激值。这个系统要求三刺激值不为负值，且y值等于光通量。以x为横轴，y为纵轴，构成色度坐标，将各单色光的色度坐标值投图，得到色度图。图3-6是1931年国际上规定的（XYZ）系统标准色度图。色度图具有以下几个特点：

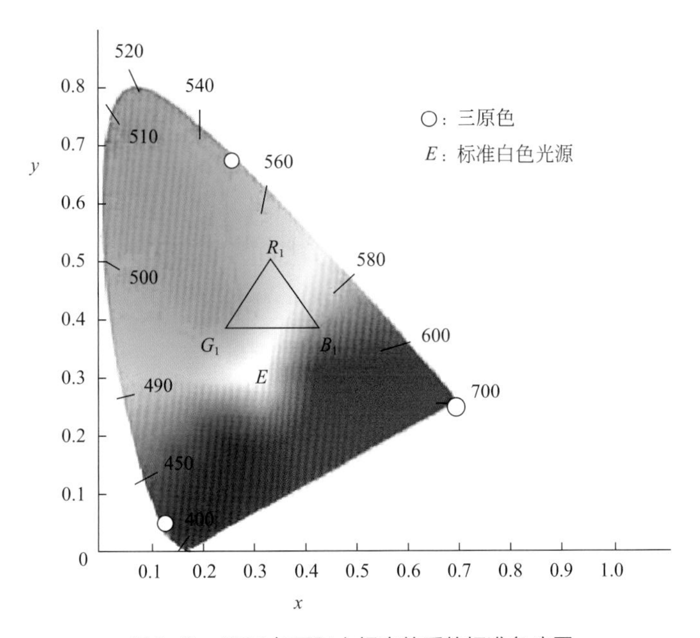

图3-6 1931年国际上规定的系统标准色度图

① 本系统的三原色刺激值是虚拟的。

② 所有代表光谱色的点都落在舌形曲线上，这条曲线称为光谱色。将曲线两端用直线连接，则所有实际的颜色，都包含在舌形曲线和直线所包围的范围之内。

③ 坐标值为x = 0.333，y = 0.333的E点，代表理论上的白色。不同的白色光源，其光谱成分也略有差异。现在常用的白色灯光分S_A、S_B、S_C、S_E等。

④ 颜色的色度坐标，越接近光谱色轨迹，饱和度越高。光谱色轨迹上各点饱和度最高；白点上饱和度最低。从白点作颜色色度坐标的连线并延长与光谱色轨迹相交，这一连线上的各点具有相同的色相。

⑤ 可用作图方法得出任意二色求合成色。在色度图中投入二色的色度坐标，则合成色必在二色坐标点的连线上。投图至二色点的距离，与二色的颜色强度有关，按重心分配律决定。

⑥ 在光谱色曲线两端点之间直线上的各点并不代表光谱色，而是由380nm处的紫色和780nm处的红色按不同比例相混合而得到的各种混合色。

⑦ 在光谱色轨迹范围内任选三点合成色。例如选取R_1、G_1、B_1，作为配色的三种颜色，则由此三种色相配而成的各种颜色都包含在以R_1、G_1、B_1三点作顶点的三角形以内。

（2）主波长和饱和度表示法

在色度图中，颜色除了可用色度坐标（x、y）表示外。还有一种方法是由赫姆霍尔兹提出的用主波长λ_d和饱和度（刺激纯度）ρ_e表示。λ_d和ρ_e是利用色度图中的色度坐标得出具体的数值（图3-7）。主波长粗略地代表人眼看到的颜色感觉。

设这点在色度图中的位置为C（x、y）。将C点与白色E连接，并延长与光谱轨迹相交于λ_d。则λ_d点在光谱轨迹上的波长数，即为这一颜色光的主波长λ_d。

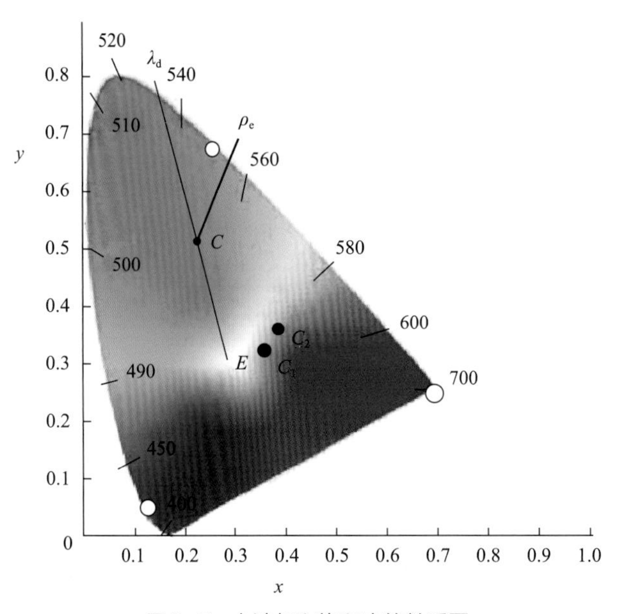

图3-7　主波长和饱和度的关系图

C点在W点与λ_d连线上的位置，代表这一颜色的饱和度。W点为纯粹的白色（E）或某一具体的白色光源。当某一颜色的色度坐标由白点W沿某一方向逐渐向光谱轨迹移动时，颜色的饱和度逐渐增加，直至到达光谱轨迹，饱和度最大为1。

采用主波长和饱和度来表示颜色，易于对比颜色的差异。即颜色的微小差异，用λ_d和ρ_e表示的数值变化，可以明显地显示出来。

如对于两种颜色C_1、C_2，在同一照明下的色度坐标、主波长和饱和度分别如表3-2所示，可以看出C_1、C_2颜色主波长相差0.052nm，饱和度相差7%。

表3-2　C_1与C_2的颜色数据对比

颜色投点	x	y	λ_d	ρ_e
C_1	0.368	0.416	0.592	0.35
C_2	0.392	0.355	0.540	0.28

3.1.5　测量宝石颜色的仪器

（1）分光光度计

工作原理：由于仪器内标准光源的光谱能量分布是已知的，因此只需测得不发光物体的光谱反射比就可得到物体的三刺激值。

（2）三刺激值色度计

它是直接测量物体颜色三刺激值的光电积分型仪器，主要通过滤光片与光电转换器的适当组合来模拟标准观察者对颜色的三种响应。

目前对宝石颜色的判断主要靠人眼观察来完成。如祖母绿、红宝石、钻石等，由于受到环境因素的影响，仪器测量准确性不高，因此，仪器测量颜色在宝石鉴定中应用较少。

3.2 宝石矿物学颜色成因理论

宝石矿物有多种颜色，但其颜色产生的原因也有所不同。根据经典矿物学理论，宝石矿物的颜色成因可分为自色、他色和假色。

3.2.1 经典矿物学颜色成因理论分类

经典矿物学理论是研究宝石矿物颜色最基础的理论，按照矿物颜色是否由矿物自身致色可分为自色、他色、假色三类。

（1）自色

宝石的颜色是由组成矿物的固有化学成分形成的颜色，称为自色。这种宝石称自色宝石。自色宝石所产生的颜色是由其固有的成分引起的，因此颜色稳定性好，不易褪变。例如，绿松石的化学成分为$CuAl_6(PO_4)_4(OH)_8 \cdot 5H_2O$，它所呈现的蓝色或蓝绿色是由$Cu^{2+}$所引起的；蓝铜矿的化学成分为$2CuCO_3 \cdot Cu(OH)_2$，它的蓝色也是$Cu^{2+}$引起的；橄榄石的绿色是由其化学组成中的铁离子产生的（图3-8）。

绿松石

蓝铜矿

橄榄石

图3-8　常见自色宝石

在天然宝石矿物中，自色宝石种类不多，主要宝石品种有绿松石、孔雀石、蓝铜矿、橄榄石、石榴石、菱锰矿等。自色宝石常见的颜色、致色元素及化学成分见表3-3。

表3-3 自色宝石常见的致色元素、化学成分及颜色

致色元素	宝石名称	化学成分	颜色
铁	橄榄石 铁铝榴石	$(Mg,Fe)_2(SiO_4)$ $Fe_3Al_2(SiO_4)_3$	绿色 红色
铬	钙铬榴石	$Ca_3Cr_2(SiO_4)_3$	绿色
铜	孔雀石 硅孔雀石 绿松石 蓝铜矿	$Cu_2Co_3(OH)_2$ $(CuAl)_2H_2Si_2O_5(OH)_4 \cdot nH_2O$ $CuAl_6(PO_4)_4(OH)_8 \cdot 5H_2O$ $2CuCO_3 \cdot Cu(OH)_2$	绿色 绿色~蓝色 天蓝色~绿色 蓝色
锰	锰铝榴石 菱锰矿 蔷薇辉石	$Mn_3Al_2(SiO_4)_3$ $MnCO_3$ $(Mn,Ca,Fe) \cdot 5(Si_5O_{15})$	橙色 粉红色~红色 粉红色~红色

有些自色矿物宝石颜色在一定条件下会发生变化。如绿松石和孔雀石颜色遇高温会因成分中的水分子蒸发而改变；菱锰矿是碳酸盐型宝石矿物，遇酸(盐酸、硫酸）等会发生分解，颜色也会随之发生改变。

（2）他色

宝石颜色是由组成矿物固有化学成分以外的少量或微量杂质元素所引起的颜色，称为他色。这种宝石称为他色宝石。

在宝石矿物中，他色致色的宝石品种非常多。当宝石化学成分中无杂质存在时为无色透明，当含有不同的致色元素杂质时，可产生不同的颜色。

如纯净的刚玉为无色，当含有少量铬离子时，为红宝石；当含有少量铁和钛时，成为蓝色或绿色宝石。类似的宝石还有祖母绿、尖晶石、电气石、翡翠、玉髓、软玉等，他色宝石常见的致色元素、化学成分及颜色见表3-4。

表3-4 他色宝石常见的致色元素、化学成分及颜色

致色元素	宝石名称	化学成分	颜色
铬	红宝石 祖母绿 变石 尖晶石 玉髓	Al_2O_3 $Be_3Al_2Si_6O_{18}$ $BeAl_2O_4$ $MgAl_2O_4$ SiO_2	红色 绿色 红色~绿色 红色 绿色
铁	海蓝宝石 碧玺 尖晶石 软玉	$Be_3Al_2Si_6O_{18}$ $(Na,K,Ca)\ (Al,Fe^{3+},Cr)_6(BO_3)_3Si_6O_{18}(OH)_4$ $MgAl_2O_4$ $Ca_2(Mg,Fe^{2+})_5(Si_4O_{11})_2(OH)_2$	蓝色 绿色~褐色 黄色 绿色
钒	坦桑黝帘石 绿色绿柱石	$Ca_2Al_3(SiO_4)_3(OH)$ $Be_3Al_2Si_6O_{18}$	紫色~蓝色 绿色
钛	蓝锥矿 蓝宝石	$BaTiSi_3O_9$ Al_2O_3	蓝色 蓝色
锰	红色绿柱石 菱锰矿	$Be_3Al_2Si_6O_{18}$ $MnCO_3$	红色 粉色
钴	天然尖晶石 合成尖晶石	$MgAl_2O_4$ $MgAl_2O_4$	蓝色 蓝色
镍	绿玉髓	SiO_2	绿色

（3）假色

假色所产生的颜色与宝石矿物所含的化学成分无关，而是由机械混合物或矿物形成后的结构、构造变化引起的颜色。假色不是矿物本身的颜色，而是由外界作用形成的特殊构造引起的颜色。例如，由反射光与入射光干涉而产生的漂亮的干涉色，如拉长石的拉长石效应、欧泊的变彩效应等。包裹体致色也属于假色，如黑色钻石是由钻石中含有大量的黑色不透明的石墨包裹体所致。

3.2.2 宝石矿物的致色离子

产生宝石颜色的化学元素，可以是成分中的主要元素或次要元素。过渡金属元素特别是第4周期过渡金属钛、钒、铬、锰、铁、钴、镍、铜，它们的离子常被称为致色离子或着色离子。这8个元素在元素周期表中所占据的位置是连续的，它们的原子序数从22（Ti）到29（Cu）。这些元素的基本性质见表3-5。

表3-5 八种过渡元素的基本性质

元素名称	钛	钒	铬	锰	铁	钴	镍	铜
元素符号	Ti	V	Cr	Mn	Fe	Co	Ni	Cu
原子序数	22	23	24	25	26	27	28	29
主要氧化数	+2,+3,+4	+2,+3,+4,+5	+2,+3,+6	+2,+3,+4,+6	+2,+3,+6	+2,+3	+2,+3	+1,+2
价电子构型	$3d^24s^2$	$3d^34s^2$	$3d^54s^1$	$3d^54s^2$	$3d^64s^2$	$3d^74s^2$	$3d^84s^2$	$3d^{10}4s^1$

这8个过渡金属元素具有以下几个特点：

① 价电子依次充填在次外层的d轨道中，过渡元素原子的价电子构型通式为$(n-1)d^{1-10}ns^{1-2}$，因此这些元素也称为d区元素。

② 在过渡金属中，由于次外层的d轨道和最外层的s轨道相连，且d轨道还未达到稳定的结构，使s电子和d电子都可以部分或全部参加成键，从而出现了过渡金属的一系列可变氧化数，不同的氧化物在宝石中呈现的颜色不同。

③ 离子一般都呈现颜色，这是因为d轨道上有未成对的单电子，这些电子的激发态和基态的能量比较接近，一般可见光的能量就可以使它们激发。激发条件不同也可能使宝石产生不同的颜色。

如果离子中的自旋电子都已配对，例如价电子构型为d^0、d^{10}、$d^{10}s^2$等类型的离子，电子呈稳定态，不易被激发，离子没有颜色，故Cu^+、Cr^{6+}等都没有颜色，在宝石中也不能产生颜色。

这8种过渡金属元素构成了常见天然他色宝石中的颜色成因。不同致色离子在不同宝石中产生的颜色不同，同种致色离子在不同宝石中产生的颜色也可能不同。常见天然宝石与致色离子见表3-6所示。

表3-6 过渡金属离子在常见天然宝石中呈现的颜色及宝石品种

致色离子	常见颜色	宝石品种
钛（Ti）离子	蓝色	蓝宝石，蓝锥矿，黄玉
钒（V）离子	绿色	合成变色刚玉，钙铝榴石，祖母绿
铬（Cr）离子	红色、绿色	红宝石，变石，祖母绿，镁铝榴石，翡翠
锰（Mn）离子	粉红色、红色	锰铝榴石，蔷薇辉石，红色绿柱石
铁（Fe）离子	蓝色、绿色、黄色	蓝宝石，橄榄石，海蓝宝石，电气石，尖晶石
钴（Co）离子	蓝色	合成尖晶石，钴致色的十字石
镍（Ni）离子	绿色	绿玉髓
铜（Cu）离子	蓝色、蓝绿色	孔雀石，绿松石，蓝铜矿

不同的致色离子，由于在宝石中产生的颜色不同，所产生的吸收光谱具有不同的特征。对于常见的致色离子，吸收光谱具有典型的鉴定意义。

（1）铬离子吸收光谱特征

铬离子的吸收光谱主要表现在红区有许多吸收窄线，最强的两条位于深红区，另有2条位于橙区，在黄绿区有1个宽的吸收带，这个吸收带的宽度、位置、强度与宝石的颜色深浅有关。蓝区可有几条窄带，紫区全吸收。铬离子主要形成红色和绿色，在不同的宝石中产生的颜色不同，吸收光谱有一些差异。如红宝石在红区有3条吸收线，黄绿区有1个宽的吸收带，蓝区有3条吸收线，紫区全吸收；祖母绿在红区有吸收线，橙黄区有弱吸收带，蓝区有弱吸收线，紫区全吸收；变石在红区有吸收线，黄绿区有吸收带，蓝区有1条吸收线，紫区全吸收。这3种宝石的吸收光谱见图3-9。

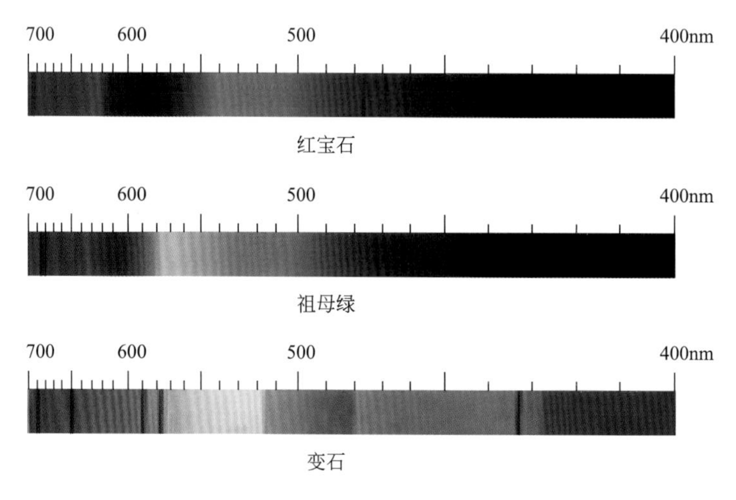

图3-9 铬离子致色宝石吸收谱线

（2）铁离子吸收光谱特征

铁离子在不同宝石中产生不同的颜色，具有很强的致色作用，但是铁离子的吸收光谱变化较大。当宝石呈绿色时产生红区吸收，宝石呈红色时产生蓝区为主的吸收特征，主要特征吸收线位于绿区和蓝区。例如铁离子在橄榄石中呈橄榄绿色，吸收光谱主要表现在蓝区453nm、473nm、493nm有3条吸收窄带；红色铁铝榴石具有典型的铁吸收光谱，黄绿区有504nm、520nm和573nm三条强吸收窄带，行业内称为“铁窗”。另外在423nm、460nm、610nm、680 ~ 690nm处有弱吸收窄带；黄色蓝宝石的吸收光谱是在蓝区450nm、460nm、470nm有3条吸收窄带（图3-10）。

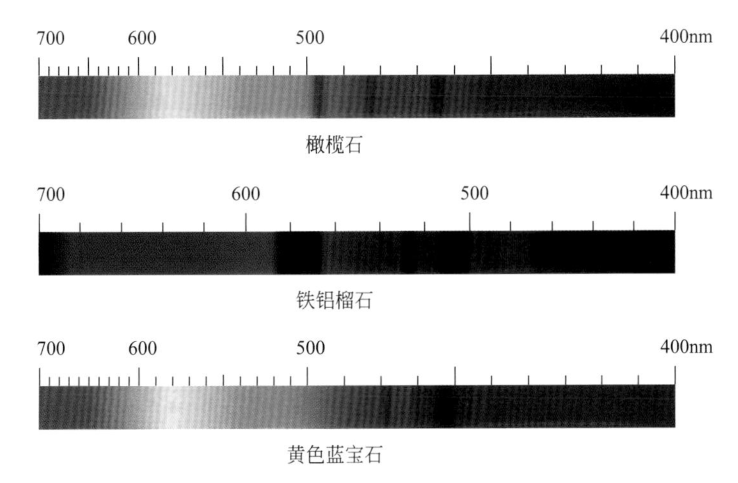

图3-10　铁离子致色宝石吸收谱线

（3）锰离子吸收光谱特征

锰离子在宝石中主要形成粉色、橙色及红色，吸收光谱主要表现在紫区强吸收，可以延伸到紫外区，部分蓝区有吸收。例如粉红色菱锰矿的吸收光谱特征是在410nm、450nm、540nm有三条吸收带；锰铝榴石的吸收谱线主要有410nm、420nm、430nm三条吸收带和460nm、480nm、520nm三条吸收线，有时可有504nm、573nm两条吸收线（图3-11）。

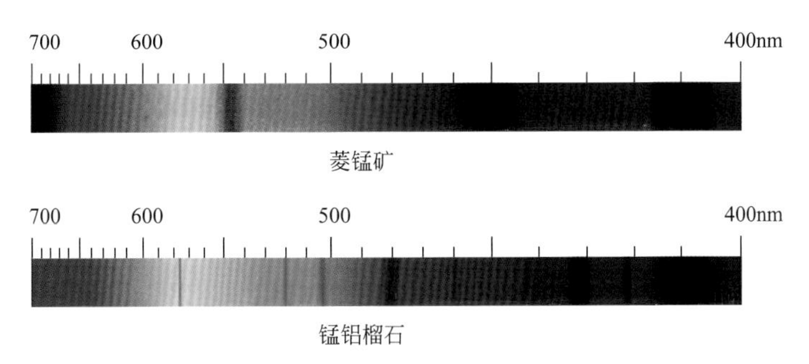

图3-11　锰离子致色宝石吸收谱线

（4）钴离子吸收光谱特征

钴离子具有很强的致色作用，在宝石中通常呈鲜艳的蓝色，吸收光谱主要表现在黄绿区三条强而宽的吸收带。由于地壳中钴的丰度很低，很少有钴离子致色的天然宝石，钴离子吸收光谱也对合成宝石有指示作用，如合成蓝色尖晶石、钴玻璃等。合成蓝色尖晶石在黄绿区及橙黄区有三条强吸收带，其中绿区吸收带最窄；钴玻璃的吸收谱线主要在黄绿区和橙黄区有三条强吸收带，黄区吸收带最窄（图3-12）。

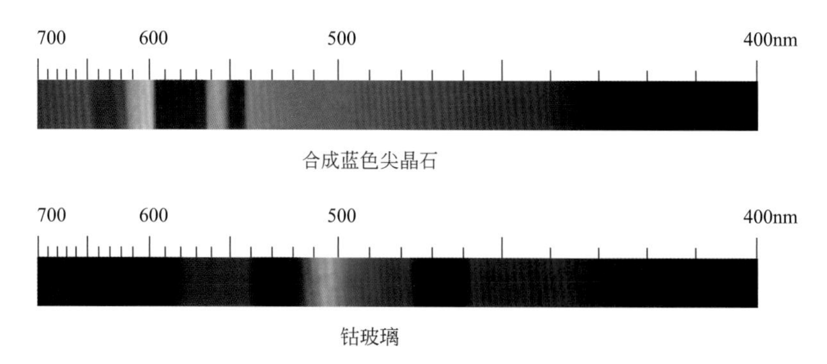

图3-12　钴离子致色宝石吸收谱线

3.2.3　稀土元素致色

目前人们研究宝石中痕量的稀土元素对颜色的影响也日益深入。稀土元素所呈现的颜色更加鲜艳，物理化学性质也很稳定，天然宝石也可由稀土元素致色，如磷灰石、萤石等。在合成宝石和优化处理宝石中也可添加不同的稀土元素得到不同颜色的宝石。如铈的黄色，钕的蓝色等。

在宝石中致色的稀土元素主要是化学元素周期表中的镧系和锕系元素，它们可产生的颜色见表3-7。

表3-7　常见宝石中的稀土元素及呈色

元素符号	La	Ce	Nd	Pr	Dy	Sm	Er	Tm	U
中文名称	镧	铈	钕	镨	镝	钐	铒	铥	铀
颜色	无色	黄色	蓝色	绿色	淡黄色	淡黄色	粉红色	淡绿色	银白色

稀土元素具有特征的吸收光谱，常形成特有的细线，如黄色的磷灰石常含有稀土元素Ce，在黄区含有特征的吸收细线；铀虽然不能产生鲜艳的黄色却能产生明显的吸收谱线，例如在绿色锆石中可以在各色色区中出现10条以上的吸收线（图3-13）。

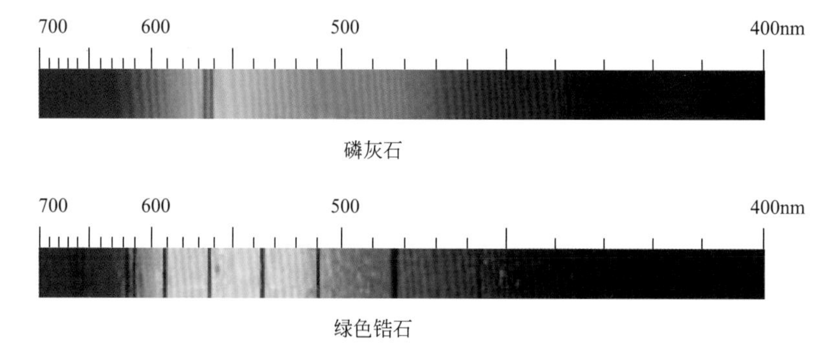

图3-13　稀土元素致色宝石吸收谱线

3.3 晶体缺陷及色心产生的颜色

自然界矿物按照不同的结晶程度分为晶体和非晶体，大部分宝石如红宝石、蓝宝石、钻石、祖母绿、水晶等都是晶体；有些有机宝石如琥珀、珊瑚等是非晶质体。晶体结构具有格子状构造，是其内部质点（原子、离子或分子）在三维空间做有规律的周期性重复排列的固体，晶体能自发形成多面体晶型；非晶体是具有非格子构造的无定形体，不能形成多面体晶型，如玻璃、松香、树脂等。

晶体与非晶体区别最典型的例子就是水晶和玻璃。天然水晶是岩浆里熔融态的SiO_2侵入地壳内的空洞冷却形成的。常见水晶球的外层是看不到晶体外形的玛瑙，内层才是呈现晶体外形的水晶。玻璃和水晶的主要化学成分均为SiO_2，水晶是晶体，硅离子与氧离子有序排列，而玻璃是非晶体，硅离子与氧离子杂乱排列，没有规则，如图3-14所示。

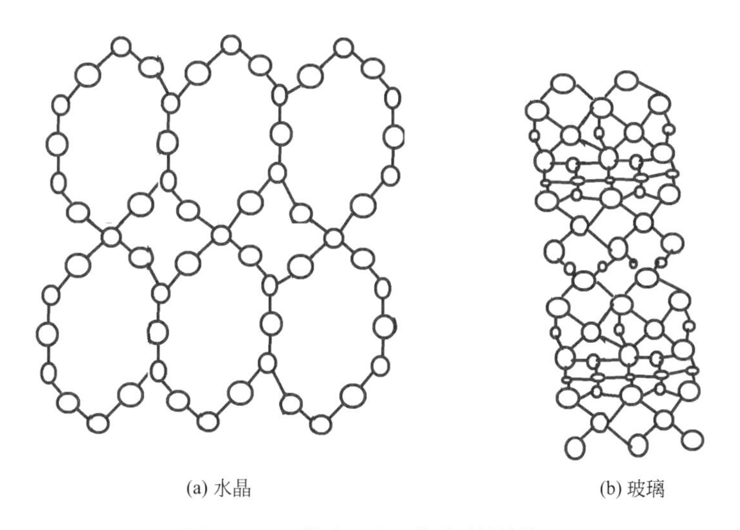

图3-14 天然水晶和石英玻璃的结构图

大部分宝石晶体是由于含有杂质离子而呈色，如红宝石、祖母绿、碧玺等。有一部分宝石中虽然没有致色离子，但由于晶体结构中产生缺陷而呈色。自然界中产出的天然宝石由于外界条件的影响，如辐照、电离等作用，晶体结构发生变化而产生颜色。最常见的例子是烟晶，在外界辐射作用下产生空穴色心而致色。人工辐照烟晶跟天然烟晶形成原理相似，只不过人工辐射是在短时间内形成颜色。

3.3.1 晶体缺陷及类型

在宝石晶体结构中的局部范围内，质点的排列偏离其格子构造规律（质点在三维空间做周期性的平移重复）的现象，称为晶格缺陷。产生原因与宝石晶体内部质点的热振动、外界的应力作用、高温高压、辐照、扩散、离子注入等条件有关。

例如，在上地幔高温高压环境中结晶出来的钻石晶体，被寄主岩浆（金伯利岩或钾镁煌斑岩岩浆）快速携带到近地表时，温压条件的迅速改变和晶体与周围岩石的相互碰撞，则易导致侵位金刚石晶体的结构局部发生改变，并发生晶格缺陷，使原本无色的金刚石的颜色发生改变，形成褐黄、棕黄色及粉红色的钻石。

晶体缺陷的存在对晶体的性质会产生明显的影响。实际晶体或多或少都有缺陷。适量的某些点缺陷的存在可以大大增强半导体材料的导电性和发光材料的发光性，起到有益的作用；而位错等缺陷的存在，会使材料易于断裂，比近于没有晶格缺陷的晶体的抗拉强度，降低至几十分之一。

在理想完整的晶体中，原子按一定次序严格地处在空间有规则的、周期性的格子点阵上。但在晶体实际生长及形成过程中，由于受生长环境如温度、压力、介质组分浓度等条件的影响，晶体生长后的晶型有时会偏离晶体理想结构。任何偏离晶体理想结构的方式均可称为晶体缺陷。晶体缺陷对晶体的物理化学性质影响很大，目前很多学科均与晶体缺陷有关，如材料科学中的离子掺杂等。宝石的颜色在很大程度上也与宝石中晶体缺陷有关。这就是宝石的一种致色成因——色心。

晶体结构缺陷种类较多，按照晶体结构缺陷在三维空间延伸的展布范围，分为点缺陷、线缺陷、面缺陷及体缺陷四类。

（1）点缺陷

理想晶体中的一些原子被其他原子代替，或掺入一些原子，或产生空位。晶体中的一些原子被外界原子代替或缺失，这些变化破坏了晶体规则的点阵周期性排列，引起质点势场的变化，造成晶体结构的不完整性，仅限于某些位置，只对附近的几个原子产生影响。点缺陷对晶体的影响程度最小，常见的点缺陷方式有晶格位置缺陷、组成缺陷、电荷缺陷等（图3-15）。

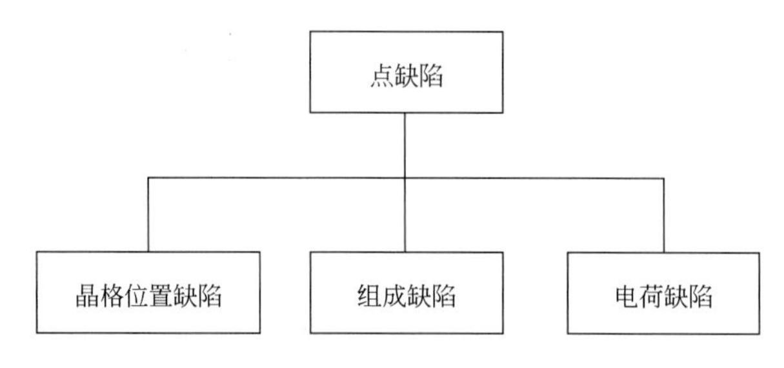

图3-15　点缺陷种类划分

（2）线缺陷

线缺陷在两个方向上尺寸很小，主要在另外一个方向上延伸较长，也称一维缺陷，主要为各种类型的位错。位错可看成是局部晶格沿一定的原子面发生滑移的产物。滑移不贯穿整个晶格，晶体缺陷到晶格内部即终止，在已滑移部分和未滑移部分晶格的分界处造成质点的错乱排列，即位错。这个分界处，即已滑移区和未滑移区的交线，称为位错线。位错有两种基本类型：晶体受到压缩作用后，质点滑移面与未滑移面形成位错线，位错线与滑移方向垂直，称为刃位错，也称棱位错；由于剪应力作用，产生面与面之间的滑移，且晶体中滑移部分的相交位错线和滑移方向平行，则称螺旋位错（图3-16）。

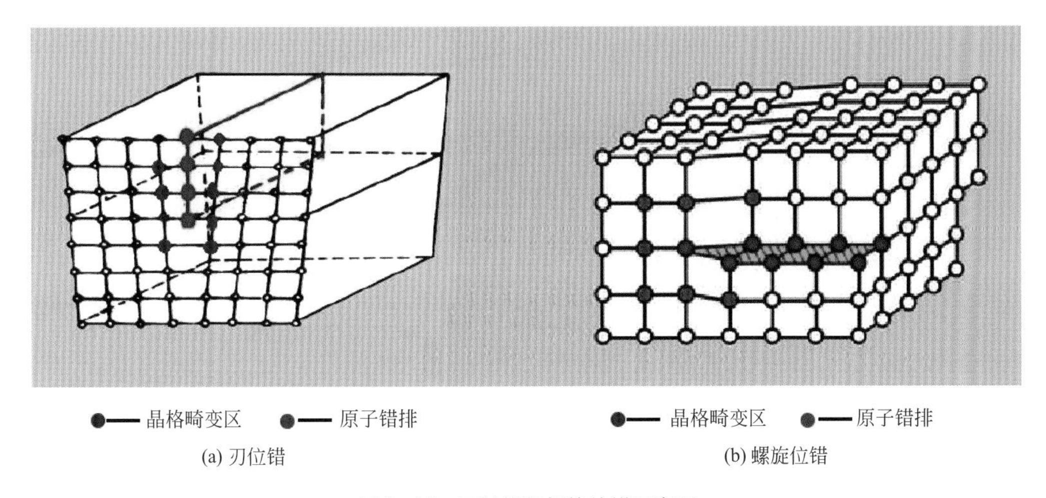

图3-16 刃位错和螺旋位错示意图

（3）面缺陷

面缺陷中最简单的是层错，分为内减层错（晶体内移走一个晶面）和外加层错（晶体内插入一个原子层），是沿着晶格内或晶粒间的某个面两侧大约几个原子间距范围内出现的晶格缺陷。主要包括堆垛层错以及晶体内和晶体间的各种界面，如小角晶界、畴界壁、双晶界面及晶粒间界等。

（4）体缺陷

体缺陷是指在三个方向上都存在着不同程度的缺陷，也就是三维缺陷，如镶嵌裂隙、网格结构、系属结构、双晶及各种宝石包裹体等。

3.3.2 色心致色的宝石

色心是晶格缺陷的一种特例，泛指宝石中能选择性吸收可见光能量并产生颜色的晶格缺陷，属最典型的结构呈色类型。在一些情况下，产生颜色的未成对电子，也出现在非过渡元素离子或因缺少电子而形成的晶体缺陷中，这就是色心。离子晶体中的点缺陷可以引起可见光的吸收，使原来透明的晶体出现颜色，这类能吸收可见光的点缺陷通常称为色心。由色心产生颜色的天然宝石种类较多，如紫色萤石、烟色水晶、绿色钻石等。

在宝石优化处理工艺中，一些天然和人工宝玉石也都可以由辐射产生色心，如辐射改色的蓝色、黄色、红色、绿色钻石，蓝色托帕石等，其中一些颜色较稳定，只有在加热时才消失；一些颜色不稳定，在常温下也会褪色。这种致色的色心与宝玉石的晶体结构密切相关，如绿色钻石，颜色的产生原因是晶体结构中出现空位，但这种结构缺陷也可以采用辐照的方式去除，使钻石颜色变成无色。在宝石中常见的色心类型是“电子色心”和“空穴色心”。

（1）电子色心（F心）

电子色心是电子存在于晶体缺陷的空位时所形成的色心，是由宝石晶体结构中阴离子空位引起的。阴离子缺位时，空位就成为一个带正电的电子陷阱，它能捕获电子。如果一个空位捕获一

个电子，并将其束缚于该空位，这种电子呈激发态，并选择性吸收了某种波长的能量而呈色。因此，电子色心是由一个阴离子空位和一个受此空位电场束缚的电子所组成的。

紫色萤石即是由电子色心产生的颜色。萤石（CaF_2）属等轴晶系，每个Ca^{2+}与两个F^-相连[图3-17（a）]。在某些情况下，萤石中的F^-可能离开它正常的位置。在原来F^-的位置上就出现了空位，为保持晶体的电中性，必须有一个负电体占据这个空位。晶体中某个原子的电子就成了占据这个空位的负电体[图3-17（b）]。从而产生了“色心”，称电子色心。在萤石中，电子色心吸收可见光，产生紫色。

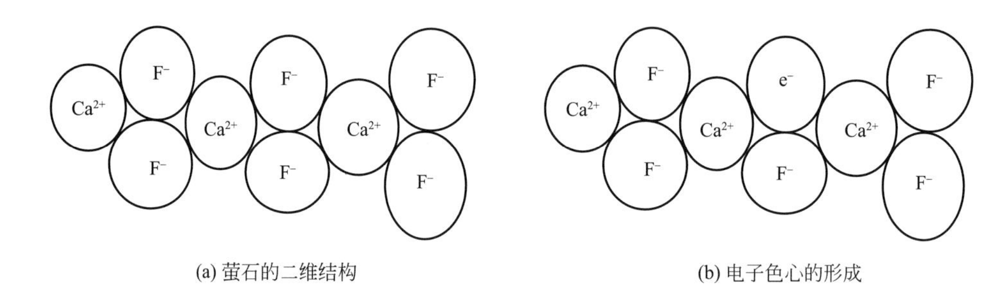

图3-17　紫色萤石电子色心形成过程示意图

（2）空穴色心（V心）

空穴色心是在外界因素影响下，阳离子产生电子空位。即电子从原来的位置抛出，剩下一个未成对电子。产生颜色的原因是当晶体中阳离子空位形成后，为了达到电价平衡，阳离子空穴附近的阴离子在外界能量作用下释放出电子，形成未成对电子，这些未成对电子吸收可见光而产生颜色。如辐照处理钻石，蓝色黄玉等，辐照的本质是提供激活电子，晶格中离子或原子发生位移的能量，从而形成因辐照产生的结构缺陷色心。

空穴色心典型的例子是烟水晶的呈色。水晶的晶体结构是硅氧四面体，硅为四次配位，它的二维结构图解见图3-18（a）。每一万个Si^{4+}就有一个被Al^{3+}替代，当水晶中杂质Al^{3+}代替了Si^{4+}，为保持晶体的电中性，Al^{3+}周围必须有一些碱（如Na^+或H^+）存在，但这个离子往往离Al^{3+}有一定的距离。

当水晶受到X射线、γ射线等辐射源辐照时，与Al^{3+}相邻氧原子的能量增大，它的一对电子中的一个就能从正常位置抛出，这个电子会被H^+俘获而形成H，高能辐射使含价电子较多的O^{2-}释放一个电子，形成$[AlO_4]^{4-}$空穴色心，$[AlO_4]^{4-}$原子团吸收可见光而产生颜色，形成烟水晶。

$$[AlO_4]^{5-} \longrightarrow [AlO_4]^{4-} + e^- \quad (3\text{-}1)$$

$$H^+ + e^- \longrightarrow H \quad (3\text{-}2)$$

H^+俘获电子成为H，不吸收可见光，无色。如果辐照强度较大并且晶体中有足够的Al^{3+}，水晶可辐照成黑色。由于在抛出一个电子的位置常有一个空穴，这种色心称被为“空穴色心”。

天然烟水晶大多是在地质历史中经长期小剂量放射物质辐照而成。加热可以使颜色消除，当将这种烟水晶加热到400℃左右时，那些被抛出的电子会重新回到它原来的位置，所有的电子都配成对，水晶又恢复无色；若再重新辐照，又可变为烟色[图3-18（b）]。

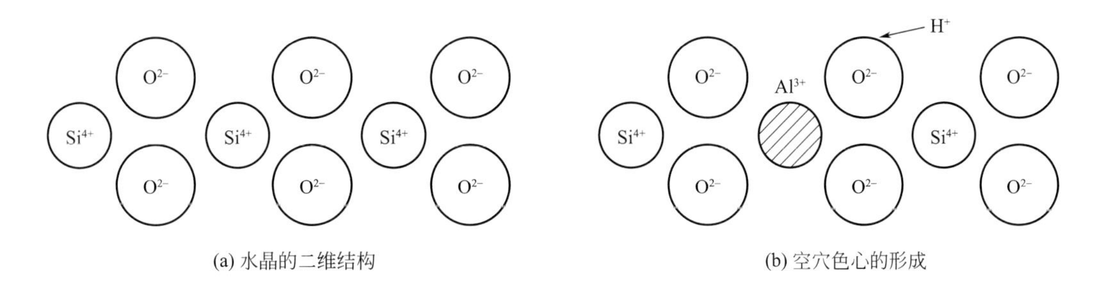

(a) 水晶的二维结构　　(b) 空穴色心的形成

图3-18　烟水晶空穴色心的产生示意图

紫水晶具有同样的空穴色心，只是其杂质是铁而不是铝。当水晶中杂质Fe^{3+}代替Si^{4+}时，受到高能射线辐照时，会发生以下变化：

$$[FeO_4]^{5-} \longrightarrow [FeO_4]^{4-} + e^- \tag{3-3}$$

$$H^+ + e^- \longrightarrow H \tag{3-4}$$

与烟水晶形成原理相似，由于受到辐照后形成$[FeO_4]^{4-}$空穴色心而产生紫色。当这种紫水晶受热时会转变为黄色，成为黄水晶，进一步加热，会褪色成无色。一般加热温度较低，在400℃左右。热处理后的紫水晶，经辐照色心又可产生，紫色也就随之恢复了。合成紫色水晶也是根据这个原理来合成的。

在一些宝石中，少数杂质原子团也可以形成色心而呈色。例如，CO_3^{2-}在绿柱石生长时可以混入其结构中，受放射性辐照，它可以失去一个电子成为CO_3^-，形成红绿吸收带而产生蓝色。钻石中色心致色的类型较多，大多数都是由于在外界条件下，结构中产生空位或错位而产生的颜色，并且颜色都很稳定。

研究色心致色的难度较大，需采用光谱及顺磁共振等多种技术，经过前人的研究，一些典型的色心致色的特征比较明确。表3-8中总结了常见宝石中色心致色的颜色及成因。

表3-8　常见宝石色心致色的颜色及成因

宝石种类	颜色	成因
钻石	绿色	钻石中碳空位GR1色心
	黄色	钻石N3集合体结构缺失
	橙色	N原子和H3、H4色心缺陷
水晶	烟色	Al^{3+}替代Si^{4+}产生的空位，与辐射有关
	黄色	与Al^{3+}有关，也可由辐射产生
	紫色	Fe^{3+}替代Si^{4+}产生的空位
刚玉宝石	黄色	颜色不稳定，结构缺陷原因不明
黄工	蓝色	颜色稳定，结构缺陷原因不明
	黄色	颜色稳定，结构缺陷原因不明
	棕红色	颜色不稳定，结构缺陷原因不明
电气石	红色	与Mn^{3+}有关，也可由辐射产生
绿柱石	蓝色	与CO_3^{2-}有关，也可由辐照产生
萤石	紫色	电了c^-代替F^-产生

在宝石改善中也利用色心原理对天然宝石颜色进行改善，大多数采用辐照的方法使宝石颜色发生改变。有些色心是在自然界中比较稳定的，有的宝石品种在自然界中迅速褪色，这种改善方法对宝石就没有太大的意义。表3-9列出了一些由色心产生的颜色，包括稳定色心和不稳定色心及其他可能因素产生的颜色。

表3-9 色心产生的颜色

在光中基本稳定	紫水晶、萤石（紫红色）、辐照金刚石（绿色、黄色、棕色、黑色、蓝色、粉红色）；一些天然或辐照的黄玉（蓝色）
在光中迅速褪色	锂铯型绿柱石（深蓝色）； 一些辐照黄玉（棕或褐色）；辐照蓝宝石（黄色）； 紫外线辐照紫方钠石（紫红色）
其他可能由色心产生的颜色	钾石盐（蓝色）；石盐（蓝或黄色）； 锆石（棕色）；方解石（黄色）； 重晶石、天青石（蓝色）；天河石（蓝色到绿色）

3.4 晶体场理论

晶体场理论是20世纪30年代，科学家提出的一种解释晶体性质的理论。晶体场理论是研究过渡元素（配合物）化学键的理论。它在静电理论的基础上，结合量子力学和群论（研究物质对称的理论）的一些观点，来解释过渡元素和镧系元素的物理和化学性质，着重研究配位体对中心离子的d轨道和f轨道的影响。到20世纪50年代人们把晶体场理论应用到配合物中又提出了配位场理论。配位场理论是晶体场理论的发展，它既考虑到配位体电场对中心离子的影响，又考虑到配位体电子对中心离子的填充作用，从而比晶体场理论更完善，但两者没有本质不同，在无机矿物的研究中一般不加以区别。

3.4.1 晶体场理论基本概念

过渡金属的离子处于周围阴离子或偶极分子的晶体场中，晶体场理论是一种静电模型，把晶体看成是一种正负离子间的静电作用，其中带正电荷的阳离子称为中心离子，带有负电荷的阴离子称为配位体。

晶体场理论应用于宝石矿物颜色的解释，主要是涉及过渡元素离子的d电子或f电子能量的量子化。以d轨道为例，d轨道共有五种，即d_{xy}、d_{xz}、d_{yz}、$d_{x^2-y^2}$和d_{z^2}。这五种d轨道在自由离子状态时，虽然空间分布不同，但能量是相同的，在配位体电场的作用下，则要发生很大的变化。中心原子的5个能量相同的d轨道在周围配体所形成的负电场的作用下，能级发生分裂。有些d轨道能量升高，有些d轨道能量则降低。由于d轨道能级的分聚，中心原子d轨道上的电子将重新排布，优先占据能量较低的轨道，使系统的总能量有所降低，配合物更稳定。

d轨道在没有电场时，其能量是相同的［图3-19（a）］；处于球形对称的静电场下，d轨道的能量有所增高，仍不会发生分裂［图3-19（b）］；当配位体电场为八面体时，分裂为d_r和d_g两组轨道。其中d_r轨道由d_{z^2}和$d_{x^2-y^2}$组成，能量较高；d_g轨道能量较低，由d_{xy}、d_{xz}、d_{yz}轨道组成［图3-19（c）］。

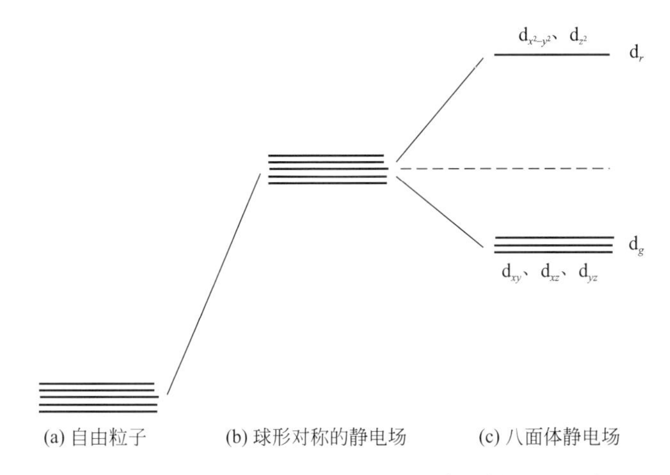

图3-19　正八面体场中d轨道的分裂（吴瑞华，1994）

d轨道分裂以后最高能级与最低能级之差称为分离能，用Δ表示。不同构型的配位体电场产生的分离能是不相同的（图3-20）。它们的能量顺序是：

正方形场＞八面体场＞四面体场……

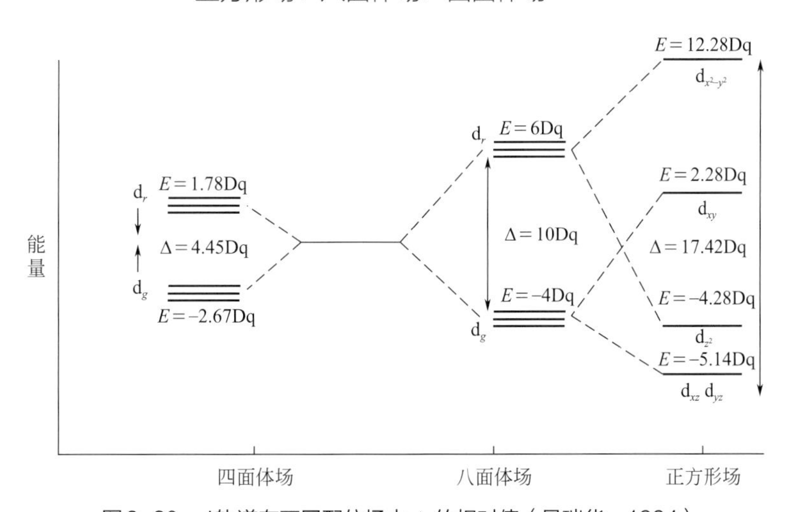

图3-20　d轨道在不同配位场中Δ的相对值（吴瑞华，1994）

即使是同种构型的场，因配位体和中心离子的不同，Δ也可能不同，Δ越大，晶体越稳定。晶体分离能的大小主要决定于以下三种因素：

① 由同一种过渡元素形成的晶体，当配位体相同时，中心离子的电荷越高，分离能Δ越大。因为中心离子正电荷越高，对配位体引力越大，导致中心离子与配位体原子核间距越小，配位体产生的晶体场对电子的排斥力越大，分离能Δ也就越大。

② 对于相同的配位体、带相同正电荷的不同离子所形成的晶体，中心离子的半径越大，d轨道离核越远，分离能Δ也越大。

③ 对于同一中心离子、不同配位体形成的晶体，分离能因配位体的晶体场的强弱不同而不同。不同的配位体具有不同的场强，分离能Δ随配位体场强不同而异。

分离能用于定性地解释晶体的稳定性，不需要求出Δ的绝对数值，只要知道晶体不同情况下的相对数值即可。

根据分裂后d轨道的相对能量，可以计算过渡金属离子在d轨道中的总能量。这种能量比分裂前要低，因此它给晶体带来额外的能量，叫作晶体场的稳定化能，用符号CFSE表示。表3-10中列出了含有d_n电子的离子在不同情况下的稳定化能。

表3-10 不同配位体下的晶体场稳定化能（吴瑞华，1994）

d_n	弱场			强场		
	正方形	正八面体	正四面体	正方形	正八面体	正四面体
d_0	0	0	0	0	0	0
d_1	5.14	4	2.67	5.14	4	2.67
d_2	10.28	8	5.34	10.28	8	5.34
d_3	14.56	12	3.56	14.56	12	8.01
d_4	12.28	6	1.78	19.70	16	10.68
d_5	0	0	0	24.84	20	8.90
d_6	5.14	4	2.67	29.12	24	6.12
d_7	10.28	8	5.34	26.84	18	5.34
d_8	14.56	12	3.56	24.56	12	3.56
d_9	12.28	6	1.70	12.28	6	1.78
d_{10}	0	0	0	0	0	0

3.4.2 过渡金属离子致色特征

在他色宝石中，大多数宝石的颜色都是由过渡金属离子致色的，宝石的颜色与致色离子是否含有d轨道或f轨道的未成对电子有关。过渡金属离子致色特征主要有以下几个方面：

① 过渡金属离子呈色与d轨道或f轨道的电子状态有关，当d轨道或f轨道的电子处于全充满或全空时，宝石不会呈现颜色。如Cr^{6+}、Ce^{4+}和Cu^{+}等。

② 不同致色离子在同种宝石材料中呈现不同的颜色。由于不同的致色离子具有不同的分离能，即使在同种材料中也会呈现不同的颜色。如在尖晶石中，Fe^{2+}产生略带浅灰色调的蓝色，Cr^{3+}则产生红色。

③ 同种元素不同价态的着色离子，在同种宝石材料中，常呈现出不同的颜色。由于中心离子的d电子跃迁所需要的能量不同，吸收的光波不同，故产生的颜色也不同。例如，含Mn^{2+}的铯绿柱石呈现一种柔和的粉红色调；含有Mn^{3+}的绿柱石呈现亮红色，为红色绿柱石。

④ 同种元素同种价态的着色离子，处于不同构型的配位体中，常呈现出不同的颜色。如Co^{2+}，在四面体构形的尖晶石中，呈现出特征的“钴蓝”色；而在八面体构型的方解石中则呈现出粉红色。Fe^{2+}存在于八面体配位的橄榄石中呈现出特征的橄榄绿色；而在畸变立方体配位的铁铝榴石中出现时，则为深红色。

⑤ 价态和配位体构型均相同的同种着色离子，相邻的配位原子不同，呈现出的颜色不同。例如，同处于四面体构型的配位体中的Co^{2+}，在闪锌矿中Co^{2+}与硫相连接，呈现出绿色，在尖晶石中Co^{2+}与氧相连接呈现出蓝色。

⑥ 价态和配位体构型及相邻原子均相同的同种着色离子，在不同的宝石中呈现不同的颜色。由于不同宝石的化学成分引起配位体构型的畸变，使中心离子与配位体化学键的性质发生变化，而改变了d电子的跃迁能。如Cr^{3+}，在红宝石中呈现红色，在祖母绿中呈现绿色，在变石中出现可变化的颜色。Cr^{3+}之所以会产生这样的变化，与自身特点及相邻的配位体有关，具体特征分析如下。

a.Cr^{3+}特点　Cr^{3+}的最外电子层结构为$3s^23p^63d^3$，最外电子层有11个电子，属于不规则（8-18）电子层结构。

这种结构对原子核的屏蔽作用比8电子层结构小，从而使Cr^{3+}有较高的有效正电荷，同时它的离子半径也较小，这就形成了Cr^{3+}的基本特征：有较强的正电场和空的d轨道。Cr^{3+}可以提供6个空轨道，容纳6个配位体，空间构型为八面体，属d^2sp^3杂化（图3-21）。

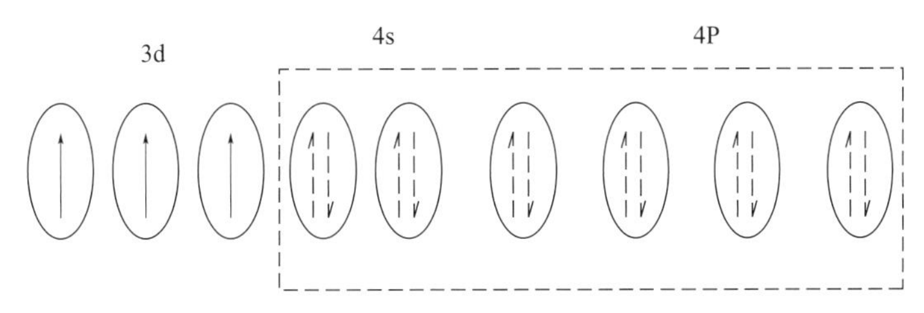

图3-21　Cr^{3+}的d^2sp^3杂化轨道

根据晶体场理论，在八面体场中，Cr^{3+}的d轨道可分裂成能量较低的d_ε和能量较高的d_γ轨道。由于Cr^{3+}的3个d电子都处于d_ε轨道中，并且全部是单个电子，在可见光的照射下，可以发生d-d跃迁，使含有Cr^{3+}的宝石都呈现颜色。

b.Cr^{3+}在红宝石中的呈色机理　红宝石的主要化学成分是Al_2O_3，当百分之几的Cr^{3+}置换Al^{3+}时，会产生鲜艳的红色。在红宝石结构中，由于Cr^{3+}的半径大于Al^{3+}的半径，Cr^{3+}进入刚玉晶格，使氧化铝周围的对称性降低。

Cr^{3+}的d轨道发生分裂，当激发态的电子从D或C回到基态A时，必须首先通过B，并释放热量；然后再从B回到A，伴随着发光现象，发出红色的荧光。在这个过程中，电子吸收光能，使红宝石吸收了D紫色（400nm）及C黄绿色（555nm）的可见光谱（图3-22），形成一个吸收带。

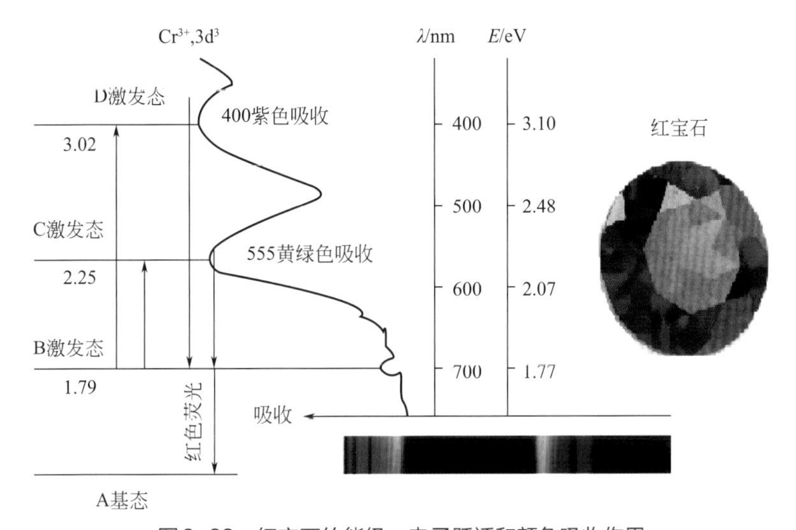

图3-22　红宝石的能级、电子跃迁和颜色吸收作用

当白光通过红宝石时，紫色到黄绿色的一段色谱的光子被吸收，而几乎所有的红光和部分蓝光透过，使红宝石呈现出深红略带一丝紫色的特征鸽血红色。

红宝石保持很短时间的B级吸收，以红色荧光的形式表现出来。这个产生红色荧光的B级吸收使得红宝石的颜色更鲜艳，铬离子含量越高，荧光越强。

宝石中铁离子的存在可以抑制B级吸收的荧光，这可以解释含有铁杂质时，红宝石的颜色发暗的现象。

c.Cr^{3+}在祖母绿中的呈色机理　祖母绿的主要化学成分为$Be_3Al_2Si_6O_{18}$，Cr^{3+}替代了祖母绿晶格中的Al^{3+}，并且Cr^{3+}也是被六个氧离子组成的八面体所包围，其中Cr^{3+}-O键长与红宝石中的也很相近。但祖母绿与红宝石相比，祖母绿比红宝石多了Be^{2+}和Si^{4+}两种离子，在祖母绿结构中金属－氧之间的共价键性质增高，离子特征减弱。

化学键性质的微小变化，导致Cr^{3+} C级和D级能量略低，由此引起吸收带的微小移动（图3-23），显著地阻挡了光谱中蓝紫色（425nm）和橙黄色（608nm）光的透射，增加了蓝绿光的透射，由此形成了特征的祖母绿色。

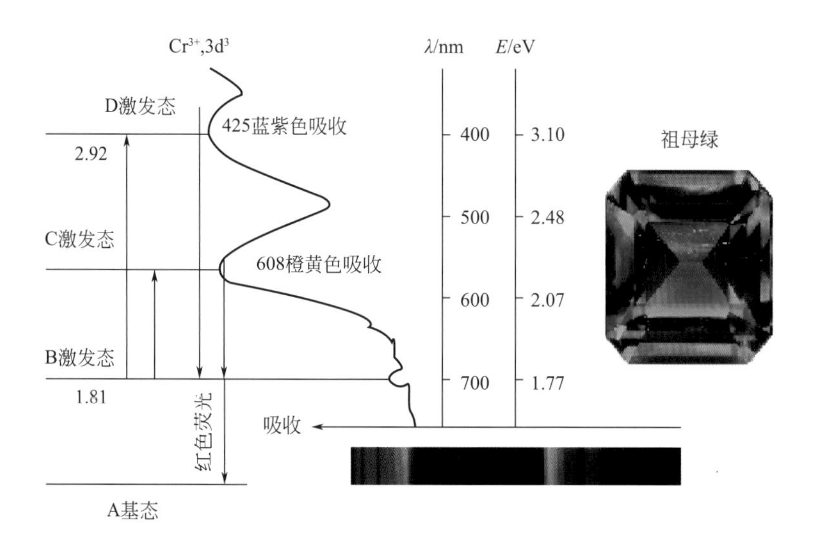

图3-23　祖母绿的能级、电子跃迁和颜色吸收作用

荧光B级吸收几乎是不变的，而且当祖母绿成分中没有杂质铁的“抑制”作用时，强烈的红色荧光使特征的祖母绿色更加熠熠生辉。

d.Cr^{3+}在变石中的呈色机理　变石的颜色也是由Cr^{3+}代替了Al^{3+}畸变六次配位的作用引起的。由于变石的化学组成为$BeAl_2O_4$，它的金属－氧离子之间化学键的性质介于红宝石和祖母绿之间。因此，它的吸收带也介于红宝石和祖母绿之间，蓝紫光和橙黄光的透射概率大致相等，不能判定是红光还是蓝绿光占优势（图3-24）。

因此，变石呈现的颜色只能取决于入射光的能量分布和颜色范围，从而出现了变石的“变色效应”，即在蓝光成分多的日光下呈现绿色，在红光成分多的白炽灯光下呈现红色。因此变石有“白昼的祖母绿，夜间的红宝石”之称。

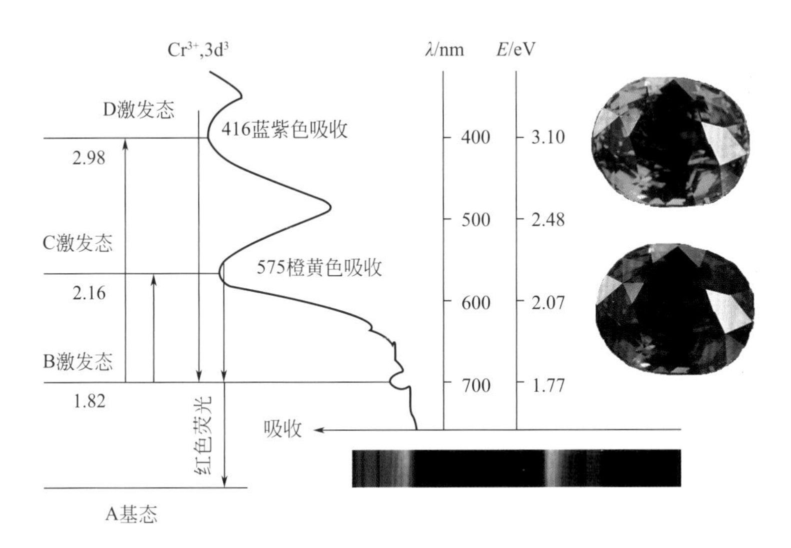

图3-24　变石的能级、电子跃迁和颜色吸收作用

"变色效应"在很多种宝石中出现，如变色刚玉、变石榴石等。目前人工合成的变色刚玉是利用变色原理，采用V^{3+}做致色离子合成的。

3.4.3　有关宝石矿物的颜色

由过渡金属组分产生的颜色可以从宝石矿物化学成分中，推断出宝石的颜色。例如，含有Cu^{2+}的绿松石必为蓝色，但Cu^{+}无色。表3-11列出了常见过渡金属组分在天然宝石矿物中产生的颜色。

表3-11　过渡金属组分在天然宝石矿物中产生的颜色

元素	颜色	常见矿物
铈（Ce）	黄色	氟菱钙铈矿
铬（Cr）	红色、绿色、橙色等	铬铅矿、红铬铅矿、钙铬榴石
钴（Co）	蓝色	合成尖晶石
铜（Cu）	蓝色、绿色	蓝铜矿、硅孔雀石、绿松石孔雀石、绿铜矿
铁（Fe）	红色、绿色、黄色	铁铝榴石、橄榄石、针铁矿
锰（Mn）	粉红色、橙色	蔷薇辉石、锰铝榴石
镍（Ni）	绿色	绿镍矿、玉髓

大多数宝石的颜色是由它所含的过渡金属杂质而引起的。如红宝石因含有微量的Cr^{3+}呈红色。杂质离子致色受宝石中各种因素的影响。因此杂质在不同种宝石中可能产生不同的颜色。例如，Cr^{3+}在红宝石中为红色，在祖母绿中为绿色。

一种宝石的同种颜色也不一定是由同种杂质引起的。例如，大多数祖母绿的绿色是由Cr^{3+}引起的，而有些祖母绿的绿色就是部分或全部由钒（V）引起的。

晶体场理论不仅可以用来解释由过渡金属组分或杂质产生的宝石颜色，也可以解释由于结构

缺陷（色心）产生的宝石颜色，具体颜色产生过程请参考本章3.3节内容。

晶体场理论解释宝石矿物的颜色也存在着不足，主要体现在以下几个方面：

① 中心离子的d电子不完全定域在原先的轨道中，在配位体原子周围也会出现，即中心原子和配位体之间存在共价作用。

② 只考虑了中心原子与配位体之间的静电离子作用，而完全忽略了中心原子与配位体的共价成键作用。在物理学研究中，定量计算的结果也往往与实际情况相差较远。

③ 宝石矿物的颜色产生原因除了中心离子和配位体之间的相互作用外，也可能是结构缺陷和晶体场二者共同作用。

3.5 分子轨道理论

分子轨道理论（molecular orbital theory，简称MO理论）最初是由Mulliken和Hund提出，经过众多科学家的不断探索，形成了一套成熟的理论，分子轨道（MO）可用原子轨道线性组合得到，这也是常用的构成分子轨道的方法。由n个原子轨道组合可得到n个分子轨道，线性组合系数可用变分法或其他方法确定。两个原子轨道形成的分子轨道，能级低于原子轨道的称为成键轨道；能级高于原子轨道的称为反键轨道；能级接近原子轨道的一般为非键轨道。

分子轨道理论是用来解释分子形成、结构和性质等问题的一种理论，同时它也可以解释部分宝石颜色的成因，是在晶体场理论和过渡金属分子轨道理论的基础上发展起来的。分子轨道是原子轨道的自然推广。在分子中，电子不再从属于某个特定的原子，而是在整个分子范围内运动，因此分子中电子的运动应用分子轨道来描述。

3.5.1 分子轨道理论基本概念

分子轨道理论认为，原子形成分子后，电子不再像晶体场理论提出的那样，仍属于原来的原子轨道所有，而是在一定的分子轨道中运动。分子轨道组成分子就好像原子轨道组成原子一样，价电子不再认为是定域在个别原子之内，而是在整个分子中运动，可以按照原子中电子分布的原则（能量最低原则、洪特规则）来处理分子中电子的分布。

分子轨道是由分子中原子轨道线性组合而成。分子轨道的数目和组合前的原子轨道数目相等。原子轨道组合成有效的分子轨道必须遵守以下三个原则：

① 对称性匹配原则　只有对称性相同的原子轨道，才能组成分子轨道。

② 能量近似原则　只有能量相近的原子轨道才能组合成有效的分子轨道。

③ 最大重叠原则　在对称性匹配的条件下，原子轨道的重叠程度越大，组合成的分子轨道能量降低得越多，形成的化学键越稳定。

分子轨道Ψ是单个电子的状态函数。它可以用原子轨道的线性组合来表示，每一个轨道都有相应的能量对应，这个能量是电子在分子电场中运动时动能和位能之和。两个原子轨道a和b通过重叠的线性组合，就产生两个分子轨道Ψ_{I}和Ψ_{II}：

$$\Psi_{I}=\Psi_a+\Psi_b \quad (3-5)$$

$$\Psi_{II}=\Psi_a-\Psi_b \quad (3-6)$$

电子填入分子轨道时，首先填进成键轨道Ψ_I中去。当电子填入能量相等的分子轨道时，按洪特规则也要尽可能以相同自旋方向分占不同分子轨道。

由两个原子轨道函数相加而得到的分子轨道Ψ_{I}（式3-5）叫做成键分子轨道。由两个原子轨道函数相减所得到的分子轨道Ψ_{II}（式3-6）叫作反键分子轨道。成键分子轨道的能量不仅低于反键分子轨道的能量，而且也比原来的两个原子轨道的能量低。于是，就像电子填入原子轨道的情况一样，电子填入分子轨道时，首先填进成键轨道中去，一个分子轨道可以填入两个自旋相反的电子。当电子填入能量相等的分子轨道时，按洪特规则也要尽可能以相同的自旋方向分占不同分子轨道。由两个s原子轨道所形成的分子轨道如图3-25所示。

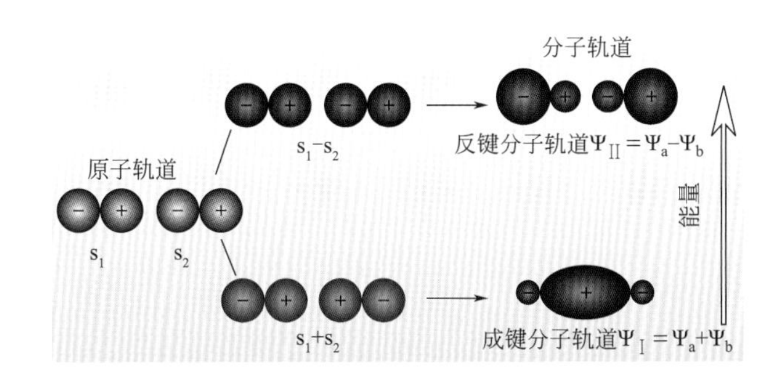

图3-25 2个s原子轨道形成的分子轨道

p轨道和d轨道也可组成不同能级的分子轨道，例如O_2分子的双原子分子轨道组合比较复杂。

在实验中，人们测定了这两个单电子的磁性，从而为分子轨道理论提供了强有力的支持。与氧这种同原子组成的分子不同，那些由两种或两种以上原子组成的分子轨道能级更复杂，但原理是相同的。

3.5.2 电荷转移致色特征

这种电子归整个分子共用的分子轨道理论，也被看作是电子从一个原子轨道跃迁到另一个原子轨道上，称为电荷转移。电荷转移可以发生在金属-金属（M-M）、非金属-非金属（L-L）、非金属-金属（L-M）。其中L-L、M-L这两种情况的键型常常以共价键为主。O_2就属于L-L电荷转移，为共价键。

3.5.2.1 金属-金属电荷转移（M-M电荷转移）

这种电荷转移一般发生在常见的过渡金属离子之间。大多数他色宝石的致色成因都是金属-金属电荷转移产生的。M-M电荷转移主要包括以下几种：$Fe^{2+}-Fe^{3+}/Fe^{3+}-Fe^{2+}$；$Ti^{3+}-Ti^{4+}/Ti^{4+}-Ti^{3+}$；$Fe^{2+}-Ti^{4+}/Fe^{3+}-Ti^{3+}$；$Mn^{2+}-Mn^{4+}/Mn^{3+}-Mn^{3+}$。金属与金属之间的电荷转移分为两种

类型：同核原子之间的电荷转移和异核原子之间的电荷转移。

（1）同核原子之间的电荷转移

同核原子电荷转移是发生在同一个过渡金属元素不同价态的两个原子之间的相互作用。如Fe^{2+}和Fe^{3+}在不同的氧化还原条件下发生电荷转移，吸收能量而产生颜色。堇青石的蓝紫色即是不同价态的铁离子电荷转移而产生的。Fe^{3+}和Fe^{2+}分别处于四面体和八面体位置中，两个配位体以棱相连接，当可见光照射到堇青石上，其中Fe^{2+}的一个d电子吸收一定能量的光跃迁到Fe^{3+}上，吸收588nm的黄光而产生蓝紫色。海蓝宝石、绿色碧玺等均可发生铁离子之间的电荷转移而呈色。

（2）异核原子之间的电荷转移

由于两种过渡金属离子之间的电荷转移而产生的颜色，最典型的例子就是蓝色蓝宝石。过渡金属离子的配位多面体以棱或面连接，有利于金属-金属间的电荷转移。

例如：在蓝宝石中，当铁离子和钛离子进入相连接的八面体中，Fe和Ti均存在着两种价态：

$$Fe^{2+}+Ti^{4+}\text{能量低} \tag{3-7}$$

$$Fe^{3+}+Ti^{3+}\text{能量高} \tag{3-8}$$

由式（3-7）转变到式（3-8）要吸收一定的光能，产生从黄色到红色的宽阔的吸收带，大部分蓝色光透过宝石，使宝石呈蓝色。

不同价态间电荷转移具有强方向性，这种机理致色的宝石常具有多色性。例如，以$Fe^{2+}\rightarrow Fe^{3+}$电荷转移致色的海蓝宝石严格按光轴方向呈色。如图3-26所示，海蓝宝石在b、c平面出现黄色，而在*a*轴方向无此转移，不吸收任何光，因此在*a*轴方向上无颜色。

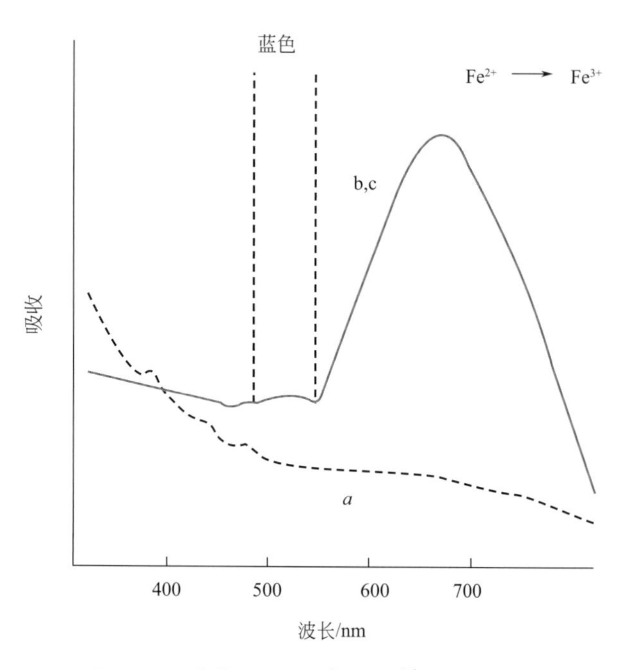

图3-26　海蓝宝石中Fe^{2+}向Fe^{3+}的电荷转移

3.5.2.2 非金属－金属（L-M）电荷转移

这种类型的L-M电荷转移常发生在氧－金属离子之间，部分含氧的宝石是由非金属－金属电荷转移致色的。如O^{2-}→Fe^{3+}，O^{2-}→Cr^{6+}，O^{2-}→Mn^{6+}，O→V^{5+}等。

在铁的简单氧化物吸收光谱中（图3-27），钛铁矿、赤铁矿和纤铁矿中红外区域出现两个弱吸收带（d-d电子跃迁）。在短波范围出现一个强吸收带，这个吸收带是由O^{2-}→Fe^{3+}电荷转移产生，这一吸收带决定了这些化合物的特征颜色：红棕色、褐色和黄褐色。

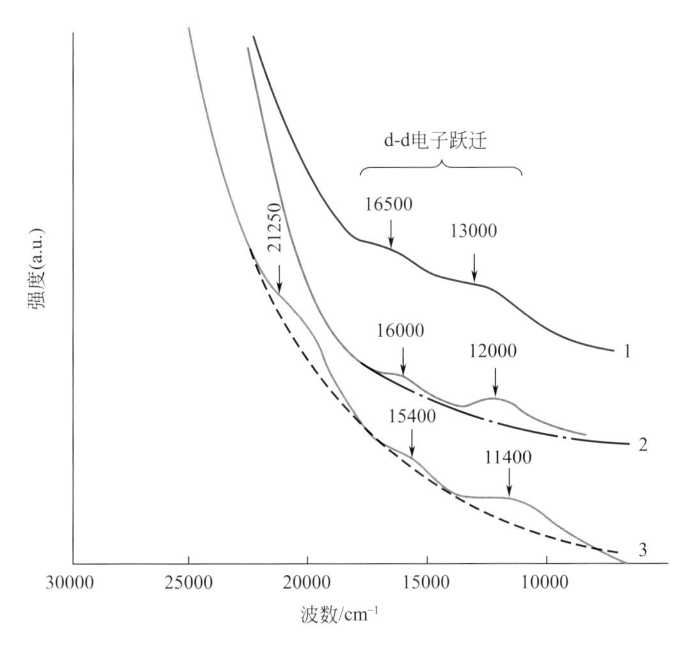

图3-27 三价铁氧化物的吸收光谱（吴瑞华，1994）

1—钛铁矿；2—赤铁矿；3—纤铁矿

金黄色绿柱石是通过O^{2-}→Fe^{3+}电荷转移产生颜色的。在金黄色绿柱石的结构中，O^{2-}→Fe^{3+}电荷转移强吸收可以由紫外端延伸到可见光谱的蓝色端，它吸收了紫色和蓝色，而呈现金黄色。

与绿柱石配位环境完全不同的蓝宝石，也可产生与绿柱石相同的光谱吸收带，产生金黄色，这也是O^{2-}→Fe^{3+}电荷转移的结果。

有些宝石矿物不含有未成对电子，按晶体场理论是不能产生颜色的。例如，铬铅矿（$PbCrO_4$），Pb^{2+}、Cr^{6+}和O^{2-}的电子层都是充满的，但在CrO_4^{2-}原子团中存在着“分子轨道”，即O^{2-}→Cr^{6+}转移时相对应的激发态，形成吸收带，而呈现橙色。

L-M电荷转移还有像黄铁矿的硫－金属的转移，这种转移引起的光学现象用能带理论讨论更易理解。

3.5.2.3 非金属－非金属（L-L）电荷转移

分子轨道理论认为青金石的深蓝色，是由于S^{3-}原子团的分子轨道激发能级。

在石墨中，由六个碳原子连接成的环呈层状排列，沿着此层，“π”电子能在一定程度上自由运动，产生强烈的光吸收、各向异性和导电性等。

一些有机宝石如琥珀和珍珠，电子通过有机色素的原子团在共用分子轨道中运动、激发，引起可见光的吸收，产生颜色。如琥珀的“蜜黄色”、珊瑚和一些贝壳及有色珍珠的颜色。

常见宝石的致色机理如表3-12所示。

表3-12 常见宝石致色机理分类表（吴瑞华，1994）

金属-金属电荷转移	Fe^{2+}-Fe^{3+}/Fe^{3+}-Fe^{2+}：堇青石（蓝色）、蓝铁矿（蓝色）、磁铁矿（黑色）等
	Fe^{2+}-Ti^{4+}/Fe^{3+}-Ti^{3+}：蓝晶石（蓝色）、蓝宝石（蓝色）
	Mn^{2+}-Mn^{4+}/Mn^{3+}-Mn^{3+}：水锰矿（黑色）、方铁锰矿（黑色）
非金属-金属电荷转移	O^{2-}-Fe^{3+}：金黄色绿柱石、金黄色蓝宝石、钛铁矿、赤铁矿、纤铁矿等
	O^{2-}-Cr^{6+}：铬铅矿（橙色）
	O^{2-}-V^{5+}：钒铅矿（橙色）
	硫-金属：黄铁矿、白铁矿等（见带隙半导体）
非金属-非金属电荷转移	S^{3-}：青金石（蓝色）
	π电子：石墨（黑色）
	部分有机宝石的颜色如琥珀、珊瑚等

3.6 能带理论

能带理论是研究宝石材料的一种量子力学模式，是分子轨道理论的进一步拓展和扩充。通过能带理论的学习，能较好地解释部分天然彩色宝石的呈色机理。

3.6.1 能带理论基本概念

能带理论是用于研究固体中电子运动规律的一种近似理论。固体由原子组成，原子又包括原子核和最外层电子，它们均处于不断的运动状态。能带理论认为，固体中的电子不是束缚于某个原子，而是为整个晶体所共有，并在晶体内部三维空间的周期性势场中运动。电子运动的范围是在晶格周期性势场中，从而使电子轨道的空间展布超出了分子的范围，达到最大值。单个电子的能级被拓宽成能带。

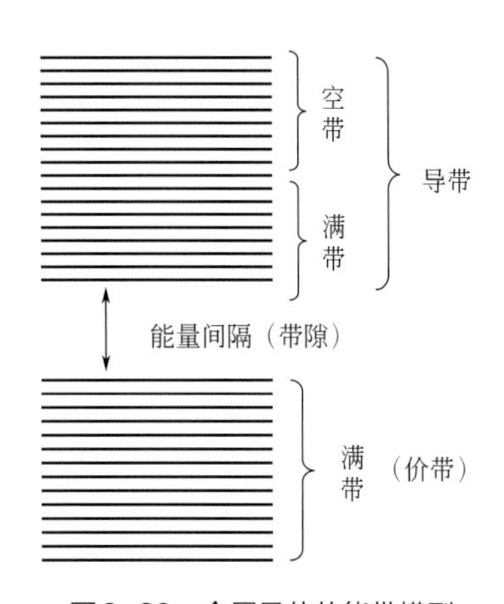

图3-28 金属导体的能带模型

能带理论主要讨论非局域态之间的电子跃迁，所有的价电子应该属于固体晶格的全体。依照能带理论，固体物质中根据原子轨道是否充满可以分为不同的能带：满带是由已充满电子的原子轨道能级所形成的低能量能带；空带是由未充满电子的能级所形成的高能量能带。这两类能带之间的能量差叫作“带隙”（图3-28）。

当物质的所有能带都全满时为非导体；部分被电子充满为导体。晶格缺陷在晶体中引入了外加能级，使电子能进入这些能级，引起有条件的导电现象。

3.6.2 能带跃迁致色的特征

一些宝石矿物含有周期表的ⅣA族元素，例如，钻石、碳硅石，这些元素以共价键为主。还有其他一些矿物，如硫镉矿（CdS）等它们的颜色可以用能带理论加以解释。

电子接收光能在价带和导带之间运动，形成“内带跃迁”。跃迁的可能性，与价带和导带之间的能量差，即带隙能（E_g）密切相关（图3-29）。

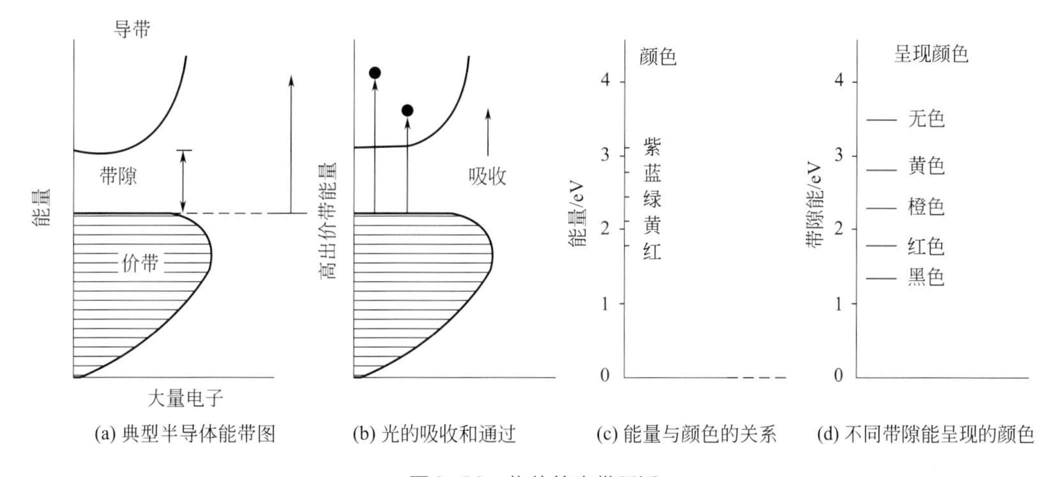

(a) 典型半导体能带图　(b) 光的吸收和通过　(c) 能量与颜色的关系　(d) 不同带隙能呈现的颜色

图3-29　物体的内带跃迁

图3-29（a）是典型半导体能带图。按照晶体的带隙能大小可分为三种：宽带隙、窄带隙和中等带隙。宽带隙的带隙能大于可见光的能量，当带隙的能量大于可见光的能量时，可见光不被吸收而全部透过，矿物是无色的。例如金刚石的带隙能E_g约为5.5eV，它是无色的。

窄带隙的带隙能小于可见光的能量，可见光将全部被吸收，从而产生暗灰绿色或黑色。例如，方铅矿的带隙能E_g小于0.4eV，为铅灰色。当这种“窄带隙半导体”呈适当几何形状时，具有整流和放大的特性。

中等带隙的带隙能正好在可见光的范围内，宝石矿物呈现出各种颜色。它们的颜色序列如图3-29（c）所示，为红色-黄色-绿色-蓝色-紫色。例如，硫镉矿（CdS）的带隙能E_g大约为2.5eV，它吸收了蓝光和紫光，而呈现黄色。辰砂的带隙能约为2eV，只有红光透过，所以呈现红色。雌黄的带隙能约为2.5eV，呈现黄色。

用能带理论解释的天然宝石矿物中，还有一类就是含杂质的宽带隙材料的颜色。例如含杂质金刚石，金刚石的带隙能E_g约为5.5eV，可见光通过金刚石时不被吸收，纯净的金刚石是无色的，但当它含有杂质时情况就不同了。

（1）黄色金刚石呈色机理

氮原子代替了碳原子的位置。由于氮原子比碳原子多一个电子，这个多余的电子在带隙中形成一个杂质能级，称为施主能级，氮原子为“施主”。

这个杂质能级的存在使带隙的能量降低，降至4eV［图3-30（a）］，实际上还要再低些，这样它可以吸收紫外光及一点3eV的紫光，使金刚石产生黄色。

这种作用很强烈，每十万个碳原子中含有一个氮原子，就可以使金刚石成为深黄色。但这种带隙能减少的量还不能使金刚石在室温下导电。

（2）蓝色金刚石呈色机理

由于硼比碳少一个电子，在金刚石的带隙中形成“受主能级”，它没有多余电子，但它能从金刚石的价带中接受电子，使价带出现空洞［图3-30（b）］，并在价带的上方大约0.4eV处形成一个杂质能带，称为受主能级。

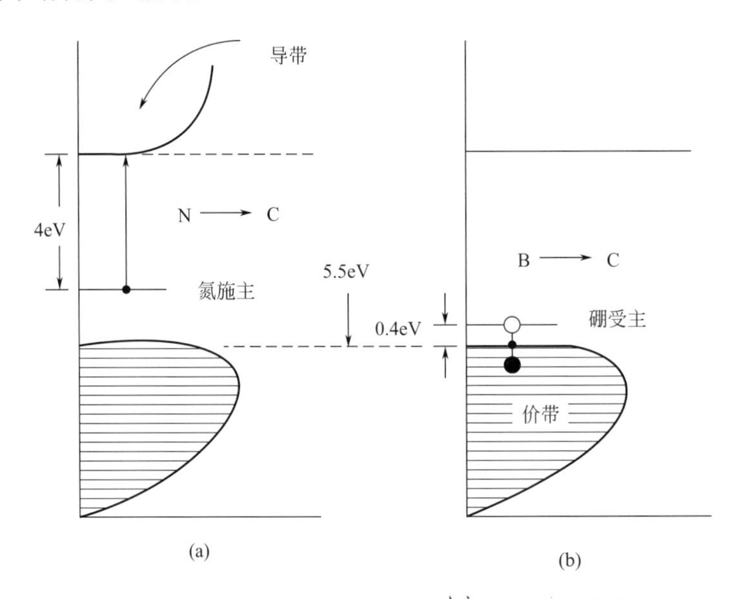

图3-30　黄色含氮金刚石(a)和蓝色含硼金刚石(b)的能带图解

受主能级不是一个简单的能级，它是具有复杂结构的杂质能带，可产生蓝色。由于受主能级使价带出现“空洞”，并且会使这种“空洞”的Ⅱb型蓝色金刚石导电。

每一百万个碳原子中含有一个硼原子就能形成蓝色。由于这种蓝色金刚石中铝的含量较高，并且铝也比碳少一个最外层电子，以前曾被认为是铝扮演了受主的角色，目前实验证明是硼而不是铝。

Ⅱb型导电蓝色金刚石为天然蓝色，导电性是它与辐照蓝色金刚石（色心致色）的区别之一，人们常用这个性质来鉴别这两种金刚石。但黄色氮施主金刚石没有导电性，不能用这种方法将它与辐照黄色金刚石区别。

3.6.3　能带跃迁致色的宝石矿物

能带理论可以解释部分天然宝石的颜色成因，由于带隙能是晶体固有的性质，不会因为外界条件而改变，因此，宝石的颜色具有很好的稳定性。根据晶体中能带是否被电子充满可判断晶体的导电性。表3-13中列出了可用能带理论解释宝石颜色的种类及导电性能。

表3-13 能带理论解释的宝石颜色的种类及导电性能

导体（金属颜色和金属光泽）	元素	铜、金、铁、银、汞等
	合金	汞齐、陨镍铁
半导体	窄带隙	不透明灰至黑色：碲铅矿、方铅矿
		不透明金属色：辉砷钴矿、白铁矿、黄铁矿、砷钴矿
	中等带隙	红色：辰砂、淡红银矿、深红银矿
		橙色：雄黄
		黄色：硫镉矿、雌黄、硫黄
	宽带隙	无色：金刚石、闪锌矿
	含杂质的宽带隙半导体	施主杂质：含氮金刚石（黄色）
		受主杂质：含硼金刚石（蓝色）

能带跃迁引起宝石的颜色，与宝石形成时的结构、键型有关，与后期的杂质和晶体缺陷关系不大。宝石的带隙能大小是固定的，不会随着宝石材料的性质发生改变，因此一般不能用常规的优化处理的方法改善宝石的颜色。

3.7 物理光学效应

大多数天然宝石能够引起光的选择性吸收，不同宝石吸收可见光的波长不同，因而会产生不同的颜色。除了光的选择性吸收外，宝石晶体内部的结构也会引起物理光学效应，从而使宝石产生不同的颜色。

3.7.1 与物理光学效应有关的宝石矿物

物理光学效应产生的颜色，是由于晶体结构或构造及内含物对光线的色散、干涉、衍射等原因形成的，只是一种光学效应，可以用物理光学理论来解释。不同的宝石在同种光学效应下会产生不同的颜色。除了常见的微量元素致色外，物理光学效应产生颜色的原因主要与宝石的内部结构、物理性质等有关。由物理光学效应引起的颜色成因的宝石矿物种类见表3-14。

表3-14 由物理光学效应引起的颜色成因的宝石矿物种类

作用	光性及颜色	宝石矿物
色散 散射	闪光	色散宝石中的“火”，如金刚石、锆石、金红石和钛酸锶
	蓝色	月光石、蓝色石英、蛋白石
	紫色	萤石（钙的显微晶体的散射）
	红色	红宝石玻璃、铜或金的显微晶体的散射
	白色	乳石英
	猫眼效应	海蓝宝石猫眼、辉石猫眼等
	星光效应	各种刚玉、石榴石的星光
	光泽	珍珠、鱼眼石等的光泽
	闪光	砂金石、黑曜石等的闪光

续表

作用	光性及颜色	宝石矿物
干涉	薄膜干涉效应	黄铜矿的彩虹、晕彩石英裂隙内的脱色薄膜
衍射	纯正的光谱色	欧泊的变彩、拉长石效应
包裹体	蓝色	石英中的蓝线石
	绿色	绿玉髓和绿玉髓中的镍脉、星彩石英中的铬云母
	橙色	火欧泊和肉红色玉髓中的含水氧化铁
	红色	正长石中的赤铁矿片

3.7.2 干涉与衍射效应

3.7.2.1 干涉效应

当两束光线沿同一光路或平行方向传播时，就会产生干涉现象。宝石中常见的干涉现象是晕彩。如晕彩石英，干涉色取决于薄膜的厚度、薄膜的折射率和入射光的性质。

珍珠的干涉色是由折射率不同的两种物质（文石和珍珠质）呈同心层状交替叠加而成，入射光从交替层间表面被反射，反射光与入射光干涉而产生漂亮的干涉色。

3.7.2.2 衍射效应

衍射是指光波遇到障碍物时偏离原来直线传播的物理现象。在物理学中，光波在穿过狭缝、小孔或圆盘之类的障碍物后会发生不同程度的弯曲散射传播。假设将一个障碍物置放在光源和观察屏之间，则会有光亮区域与阴暗区域出现于观察屏，而且这些区域的边界并不锐利，是一种明暗相间的复杂图样，这种现象称为衍射。当光波在其传播路径上遇到障碍物时，都有可能发生这种现象。产生衍射最重要的因素是宝石矿物中存在周期等间距衍射光栅。

（1）欧泊变彩

在欧泊中，含水的二氧化硅小球直径相等，呈有规律的交替层状堆积，形成周期等间距的衍射光栅。当光线射入欧泊时发生衍射，产生变彩（图3-31、图3-32）。颜色的种类和变彩的程度主要取决于堆积二氧化硅小球的晶面间距。

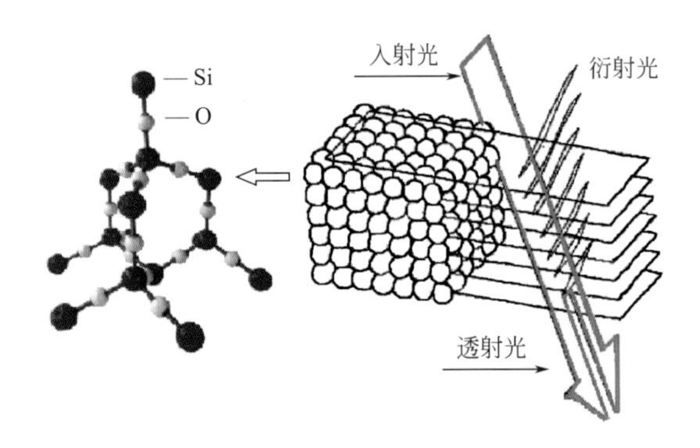

图3-31 欧泊的结构及光的衍射

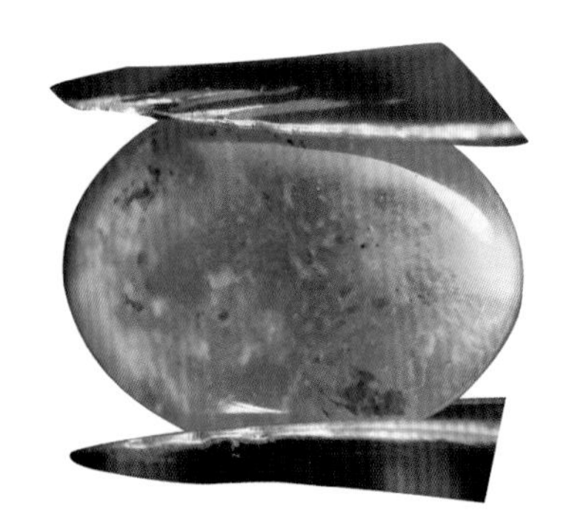

图3-32 欧泊的变彩效应

例如，面网间距为3×10^{-10}m的面心立方体平坦板状欧泊，颜色为绿色至红色；面网间距为2.5×10^{-10}m的这种欧泊，颜色为蓝色至黄色。

（2）拉长石效应

拉长石中也能见到类似欧泊的效应（图3-33），拉长石又称光谱石，因为它可以闪现出像太阳的七彩光芒。芬兰的各种各样的拉长石，可显示出各种光谱色，这种现象叫做“拉长石效应”。拉长石产生变彩效应的原因是拉长石中有成分不同的斜长石的微小互层状出熔体，成分不同的长石在折射率上略有差异，造成光的干涉和衍射，形成晕彩和变彩。这种结构产生的颜色与层的相对厚度和折射率有关。墨西哥的钙铁榴石偶尔也呈现衍射现象。

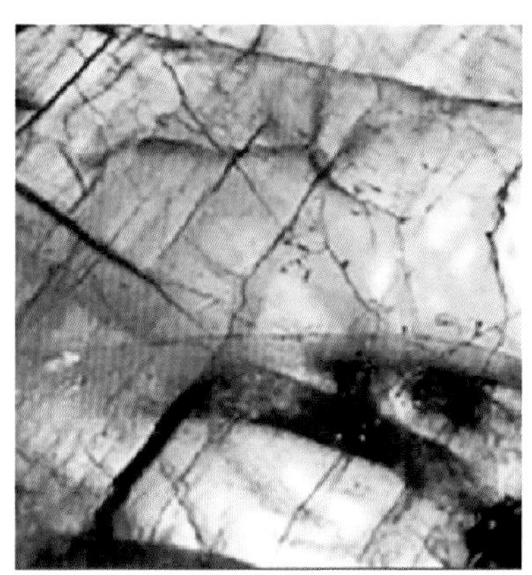

图3-33　拉长石的变彩效应

3.7.3　散射与包裹体

（1）散射

散射一般发生在宝石材料内部结构不规则或组分大小超出衍射条件界限范围时，散射产生的颜色效应与宝石材料的颗粒大小和形状有关，当入射光与不规则排列的、小于可见光波长的颗粒相互作用产生散射时，所透射出的高能光波比低能光波强，即大部分情况下只能看到紫色和蓝色。例如，蛋白石中的SiO_2小球直径小于可见光波的波长，当散射颗粒的大小与可见光波长相近时，也能产生散射色。

例如，紫色萤石是由于放射性辐照排出了氟原子，造成与氟原子成键的钙原子凝结成大小与可见光波长相近的六方晶片，钙晶片与光波作用产生散射并吸收部分光波，在绿-红光区域内产生一个较强的吸收峰，使紫光通过产生紫色。

由于同种大小的金属元素粒子均能产生类似的颜色效果，并且不同的金属粒子能产生不同的颜色，一些宝石仿制品就是利用这一特性制造的。

例如，“红宝石”玻璃是在玻璃中添加铜或金粒子而产生类似红宝石的红色。当宝石材料中含有直径大于可见光波长的包裹体、微裂隙或气泡时，光波与这些散射颗粒作用，散射光波重新组合，产生一种半透明的乳白色光。例如某些月光石仿制品。

月光石的月光效应也是由光的散射产生的（图3-34）。月光石是碱性长石，由富钾和富钠的长石交替平行层形成的一种集合体。层间厚度范围通常为50 ~ 1000nm，较薄的层可产生散射。斜长石中也可以产生同样的散射色，被称为“冰长石效应”。

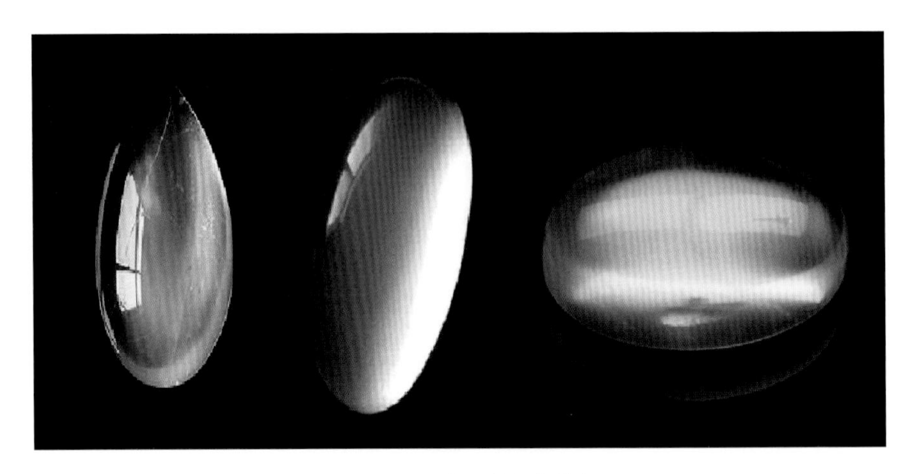

图3-34　月光石的月光效应

散射颗粒的一种特殊的定向排列，可以产生特征的光学效应。例如，散射颗粒为平行纤维状时产生猫眼或星光效应，如星光蓝宝石、石英猫眼等。当散射颗粒大到可以用肉眼区分时，可产生“砂金效应”，如日光石（图3-35）、砂金玻璃等。

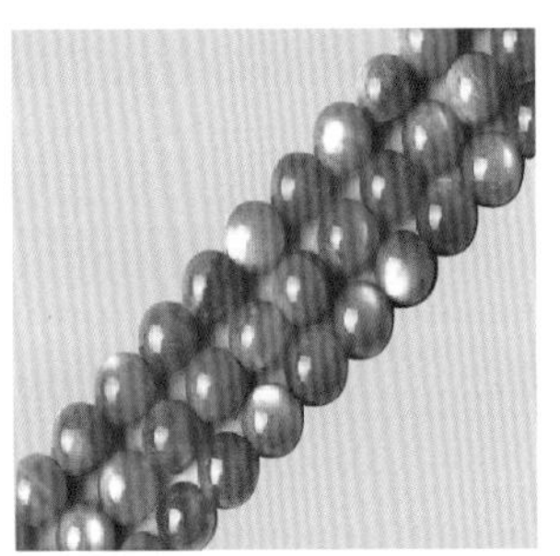

图3-35　日光石的砂金效应

（2）包裹体

包裹体产生的颜色和光学现象是散射的一种特殊类型。近无色的主晶中包裹着带有颜色的包裹体即会呈现包裹体的颜色，如含镍带状绿玉髓和含水氧化亚铁（$FeO \cdot H_2O$）肉红色玉髓；马达加斯加的正长石和一些堇青石的颜色是由稍大，但仍为显微包裹体的赤铁矿形成的红色；火欧泊常是由亚显微状氢氧化铁包裹体致色。

钻石中常常因含有大量包裹体而呈现不同的颜色，由包裹体致色的钻石颜色有墨色、橙红和褐红色。当钻石中含有无数的暗色不透明矿物包裹体时呈黑色，当用强的透射光检查该钻石时，可以观察到很多深色的包裹体，并且钻石外观呈深灰色；另一种是后期次生包裹体，存在于钻石的裂缝中，当钻石裂缝发育，并充填有这些颜色的包裹体时，钻石呈褐红色或橙红色，这种钻石亦称“氧化”钻石。

3.7.4 色散

通过物体将白光分解为各种光谱色的现象称为色散。宝石的色散是指光线通过透明的宝石倾斜平面时分散为不同波长的光谱色的性质。由于组成白光的各种单色光波长不同在不同物质中传播的速度、折射率不同，因此在一定条件下可以将白光分解成各种光谱色。因宝石色散值的大小是由宝石本身的物理性质所决定的，每种宝石都有它固有的色散值，不会随宝石的性质发生改变。钻石之所以具有独特的魅力，与它的高色散值（0.044）密不可分。

大多数钻石仿制品都具有较高的色散值，如锆石的色散值是0.039，合成莫桑石的色散值是0.104等。钻石与其常见仿制品宝石的色散值对比见表3-15所示。

表3-15 钻石与其常见仿制品宝石的色散值对比

宝石名称	色散值
钻石	0.044
锆石	0.039
刚玉	0.018
尖晶石	0.020
黄玉	0.014
绿柱石	0.014
水晶	0.014
合成金红石	0.280
合成钛酸锶	0.190
合成莫桑石	0.104

色散常称为宝石的“火”。例如，钻石的色散值很高，火彩很明显，使本来有宝石之王的钻石锦上添花，显示出与众不同的魅力。

物理光学效应产生的颜色种类很多，都可以用物理光学理论来解释。除色散是宝石本身的固有性质外，其他现象都是由宝石形成后的构造变化和机械混入物的不同引起的。掌握宝石的各种颜色成因，为优化处理天然宝石和人工合成宝石提供了理论依据。

4

宝石的优化处理方法及主要设备

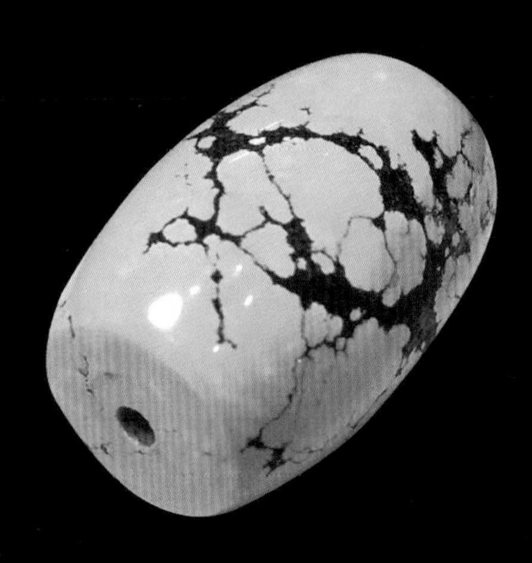

宝石的优化处理方法很多，随着科学技术的进步，优化处理方法也不断地改进和更新。最传统的优化处理方法有热处理、染色和着色、浸无色油、表面涂层等。例如在古代，人们很早就认识到通过加热，玛瑙的颜色更加鲜艳，将玛瑙放入不同的染色剂中，玛瑙可以被染成不同的颜色。尽管这些方法被人们所了解，但在当时更多的是偶然发现。只有当人们逐渐掌握宝石晶体（如钻石、红宝石、蓝宝石、黄玉、绿柱石、水晶等）和有机质宝石（如珍珠、琥珀等）的物理性质及致色机理，才能够突破传统领域，产生新的优化处理方法。

20世纪以来，自然科学技术的发展，为宝石的优化处理提供了很多新手段、新方法。随着宝石学的日益发展，如何优化处理天然宝石，以增加宝石的使用价值和经济价值的研究成为一门科学。人们对宝石的认识从宏观领域进入到微观领域，使以前偶然发现的优化处理宝石的方法，成为有目的的研究方向，人们可以通过改变宝石的物理性质来改变宝石的颜色及其他外观特征。当前，世界上许多技术设备齐全的实验室如美国通用电气公司、瑞典电气公司等都开展了天然宝石优化处理的研究。

目前宝石的优化处理方法主要有以下几种：物理化学处理、热处理、辐照处理、高温高压处理、激光处理等。在宝石优化处理中应用最广泛的是热处理，大部分由微量杂质元素致色的宝石如红宝石、蓝宝石、翡翠、玉髓等经过热处理颜色会得到改善；辐照法主要是改善色心致色的宝石，经过辐照使宝石的结构组成产生缺陷，即宝石形成色心，从而改变了宝石的颜色；物理化学处理是比较传统的优化处理方法，比如染色，常用的是选取不同的染色剂对宝石进行染色，所需设备简单，操作方便，但改善后的宝石不稳定、易褪色。高温高压处理是目前对钻石的一种处理方法，通过高温高压，改变钻石的颜色；激光处理主要是用于对钻石局部处理的一种方法，用来改善钻石的颜色和净度。

4.1 宝石化学处理法

宝石的物理化学处理法包括常见的染色和着色、漂白、浸油、注入填充、拼合、涂层、衬底、夹层、附生等，改善历史悠久，其中染色是一种传统的宝石颜色改善方法，可追溯到古代。据资料记载，大约在公元前1300年埃及人的坟墓中就发现染色的红色玉髓。由于传统改善方法工艺简单，可应用于大多数结构疏松的隐晶质宝石或含有很多裂隙的单晶宝石，目前在市场上也有很多的染色宝石冒充天然宝石，因此我们要对染色及其他加色方法处理的宝石进行鉴定。按照处理方法性质的不同分为化学处理法和物理处理法。

化学处理法是指加入一定量的化学试剂，通过化学试剂与宝石成分发生化学反应，使化学试剂中的致色元素进入到宝石的内部，或者使化学试剂中的致色元素渗入到宝石裂隙中，用以改变宝石颜色外观的处理方法。化学处理法过程中要加入待处理宝石成分以外的物质，这种优化处理方法为处理，在宝石出售时要进行标注。常见的化学处理法有染色和着色、漂白、注入填充等。

4.1.1 染色和着色

染色和着色的工艺方法和原理相同，只是所使用的染色剂不同：染色是用有机染料，着色是用无机颜料。染色和着色的原理相同，都是将致色材料渗入到宝石中，达到增强宝石颜色或改变宝石颜色的目的。相对来说有机染料颜色比较鲜艳，但稳定性较差，时间久了会褪色；着色所使用的化学试剂颜色与天然宝石的颜色相近，并且稳定性好，不易褪色。目前大多数宝石均采用无机颜料着色。

4.1.1.1 对材料、染料及溶剂的要求

染色和着色在处理时的操作方法类似，不需要太多的设备，只需在容器中浸泡一段时间就可以了。若想颜色渗入到宝石内部，需要在处理过程中加热，加热的温度一般较低。染色和着色主要用于颜色浅、结构疏松的宝石材料。染色和着色效果与宝石材料、所选取的染料和颜料、色料溶剂等条件有关，具体要求如下。

（1）对宝石材料的要求

首先要耐酸碱和耐热。被处理的宝石材料在染色前都必须先用酸或碱清洗，在处理过程中要加热，有时还需要煮沸一段时间。

其次，被处理的材料还需要含有一定的孔隙度，以使色料浸入到宝石材料内部。这种材料比较容易染色，比如翡翠、软玉、玉髓、玛瑙和大理石等。

对于那些无孔隙的宝石，需要人工制造孔隙或裂纹，才能使色料进入晶体。如石英炸裂法，就是需要先将石英采用加热淬冷的方法炸裂出极微小的裂纹，然后进行染色或着色，可以得到红色或绿色的石英（图4-1）。

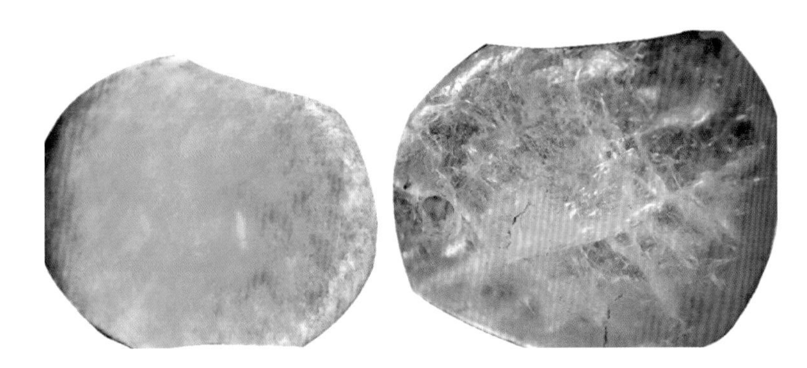

图4-1 染色石英岩

（2）对色料（包括染料和颜料）的要求

首先，根据宝石的性质选择合适的染料或颜料。在宝石染色时，选取色料的颜色要接近天然宝石的颜色，用有机染料染出的宝石，颜色很多，并且十分鲜艳，但带给人“假”的感觉，且稳定性较差，容易褪色；无机颜料的颜色往往更接近天然宝石，稳定性较好且不易褪色，所以人们

一般尽量选用无机颜料。在选择色料时要尽量选择那些不褪色的品种，有机染料，特别是胺染料极易褪色，使用时要十分小心。

其次，要尽量选那些可与宝石内部的部分元素进行化学反应，或能被宝石材料的孔隙吸附的色料。常见的染色剂有铬盐、铁盐、锰盐、钴盐、铜盐等。

（3）对色料溶剂的要求

染（颜）料染色有油染和水染两种，油染是以各种油做溶剂溶解染料，水染是以水或乙醇等极性分子做溶剂溶解颜料。染色时要选择合适的溶剂，依据染（颜）料的种类和宝石材料的吸附能力而定。

① 用非极性分子油做溶剂为油染，常用有色油（即溶解有机染料的油）浸泡红宝石和祖母绿，使有色油浸入到宝石的裂隙中。

② 水染多用于无机颜料，将颜料溶解在水或醇中，一般为饱和溶液，然后浸泡那些已预处理好的宝石。浸泡的时间一般较油染时间长，有时还要使用与色料起反应的化学药品进行再处理，才能得到所需要的颜色。例如染色玛瑙，选择不同的化学试剂，使其发生化学反应，生成的沉淀浸入宝石的裂隙中，染色后颜色稳定。

4.1.1.2 影响宝石染色效果的因素

在宝石染色时，除了考虑宝石材料与染色剂之外，还要考虑其他的因素，如染色前宝石的酸洗处理、染色时的加热温度与染色处理时间等。

（1）酸洗处理

在宝石材料染色前，要通过酸洗去除宝石表面的黄色、褐色等杂色调，使宝石表面保持清洁，酸洗后要选取一定的碱液来中和，使宝石呈中性。如果选取化学反应法染色，则要考虑生成沉淀时所需要的条件，否则反应无法进行。酸洗后烘干或自然风干后待处理。

（2）加热温度及染色处理时间

在染色过程中一般采用加热的方式来促进染色剂渗入宝石的裂隙中，加热温度及染色处理时间也会影响宝石的最终颜色。加热温度高，反应速率快，所需要的染色时间就比较短；相反加热温度较低，则需要较长的时间才能达到较好的染色效果。

染色和着色处理工艺简单，易于操作，使用非常广泛，可用于含有裂隙的单晶宝石及结构疏松的多晶质或隐晶质宝石材料。常用于染色和着色法改善的宝石有红宝石、祖母绿、玛瑙、玉髓、软玉、岫岩玉、翡翠、珍珠、象牙、欧泊、珊瑚、石英岩、绿松石等。

4.1.1.3 染色宝石的鉴定特征

经过染色处理的宝石，颜色鲜艳，放大检查可看到颜色沿裂隙或颗粒间呈色，结构致密处颜色较浅，结构疏松处颜色较深。如染色红宝石（图4-2），在放大镜下可看到颜色集中在红宝石的裂隙，颜色分界现象明显。

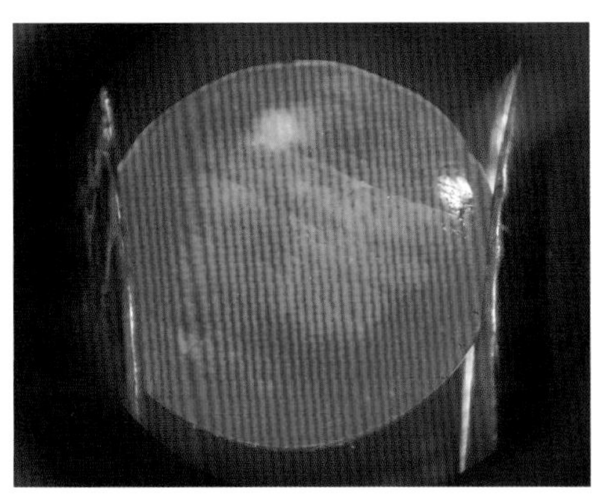
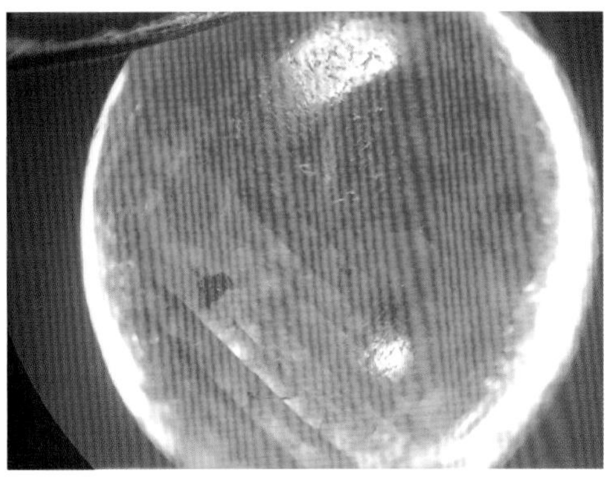

图4-2　染色红宝石的放大镜下特征

4.1.2　漂白

漂白一般是用于表面杂色较多的玉石或有机宝石，如翡翠、珍珠、珊瑚等。漂白剂一般采用氯气、次氯酸盐、过氧化氢（双氧水）以及亚硫酸盐等化学试剂。在阳光下暴晒也可以使某些宝石褪色，也可认为阳光具有漂白作用。过氧化氢和次氯酸盐是在宝石优化处理中比较常用的漂白剂，过氧化氢和阳光常用于漂白天然或养殖的珍珠，通过漂白可以把那些颜色特别暗或带有绿色调的不太好的珍珠漂白成白色，使它们更接近于天然优异品。过氧化氢和次氯酸盐常用于漂白玉石，如翡翠（图4-3）经过漂白后，去掉表面的黄色调和褐色调，使翡翠的绿色更好地体现出来。

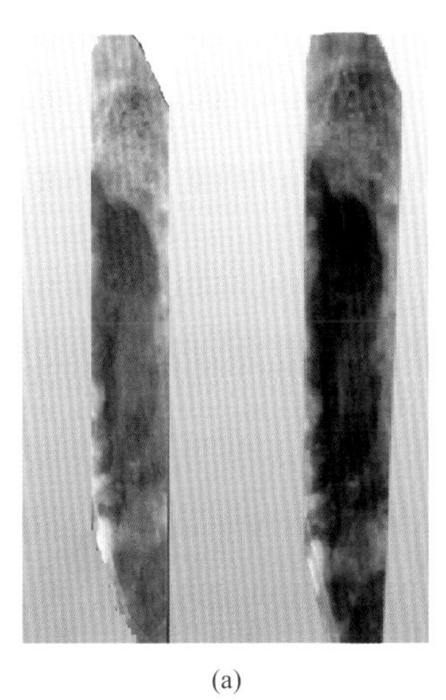

(a)

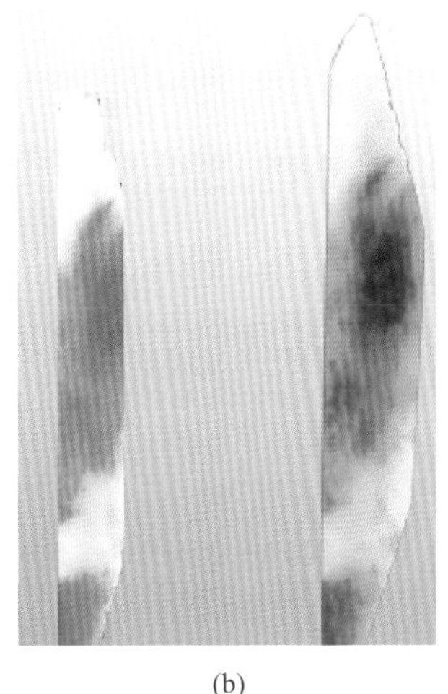

(b)

图4-3　漂白前（a）和漂白后（b）翡翠的颜色变化

漂白处理后的玉石结构遭到破坏，一般还要通过注入填充使其结构致密稳定，而有机宝石如珍珠、珊瑚等漂白后不需要填充处理就可以出售，颜色也很稳定。漂白处理属于优化，在宝石出售时不需要标注，直接用宝石的天然宝石名称定名即可。用于漂白处理的宝石有翡翠、软玉、岫岩玉、石英岩、珍珠、珊瑚、玉髓、硅化木和虎睛石等。

经过漂白处理后的宝石，放大检查可见表面呈橘皮状或沟渠状结构，抛光面上可见细微的微裂纹，内部结构疏松，颜色干净鲜艳，无杂色。为了使宝石结构稳定，在漂白后常常采用充填处理。

4.1.3 注入填充

注入填充是指通过某种工艺手段，将液态物质注入宝石裂隙中的处理方法。主要适用于结构疏松或含有很多裂隙的宝石材料，将无色油、有色油、胶、蜡或塑料等材料填充到宝石的裂纹、孔隙中，使其结构坚固，提高宝石的稳定性或改变宝石的颜色。注入填充分为无色注入填充和有色注入填充，其主要目的如下。

（1）掩盖裂隙

天然宝石产出时往往含有很多的裂隙，大量裂隙的存在，既影响宝石的外观，也影响宝石的稳定性。通过注入填充，将无色油等其他材料注入宝石材料中的裂纹、孔隙或粒间间隙，可以掩盖裂隙，不容易被发现，提高其使用价值和经济价值。如天然祖母绿、红宝石中含有较多的裂隙，通过注入无色油或有色油，改善其颜色外观。

（2）提高宝石的稳定性

对于结构疏松的宝石，必须要通过注入和填充孔隙使宝石更牢固，增加硬度和稳定性，如绿松石、祖母绿等。

（3）提高宝石的颜色鲜艳度和经济价值

针对颜色较浅的宝石，注入填充有色油、有色蜡等材料，一方面使其结构坚固，另一方面也加深了宝石的颜色。

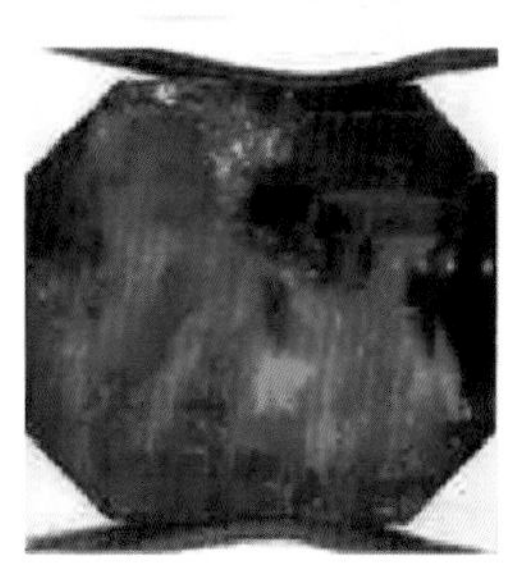

(a) 填充前

(b) 填充后

图4-4 经过无色油填充的祖母绿放大镜下特征

如用一种带有颜色的材料注入填充到绿松石的孔隙中，不但可以增强其硬度，而且还可以减少光的漫反射，使其颜色加深，硬度有很大的提高。

应用注入填充法可改善的宝石有：红宝石、蓝宝石、祖母绿、绿松石、青金石、欧泊、绿柱石、石英和翡翠等。

经过注入填充后的宝石，放大检查可观察到宝石充填位置透明度、光泽降低，如无色油填充祖母绿（图4-4），可观察到充填处透明度、光泽明显低于天然祖母绿。如用有色油填充，可看到裂隙处颜色加深。充填处可见气泡，红外光谱测试可见充填物特征红外吸收谱线，折射率及密度低于天然宝石。

4.2 宝石物理处理法

宝石物理处理法也是一种应用广泛的处理方法，是指通过一定的工艺手段，将宝石与其他材料通过黏合、拼接等方法对宝石加以修饰，给人以整体印象，常见的物理处理法包括表面涂层、表面镀膜、附生、夹层和衬底、拼合等。

4.2.1 表面涂层

通过在宝石表面或底面上贴一层有色箔片（也称“贴箔”处理），或在全部或部分宝石刻面上使用涂料作为涂层，以改变颜色，从而改变宝石的外观。最初常用于钻石，例如最简单的涂层是在钻石表面用蓝色墨水标记，受墨水颜色的影响，可改善钻石的外观。在颜色级别较低的浅黄色钻石底部贴一层蓝色的薄膜，可提高钻石的颜色级别。这种处理方法常用于钻石、托帕石、水晶、珊瑚、珍珠等。

目前常见的涂层方法是在无色或浅色的托帕石或水晶上覆一层彩色的涂层，可产生多种不同颜色的外观。在大多数情况下，所添加的颜色仅存在于宝石表面。这种涂层的宝石很容易鉴定，涂层表面常呈与底部不同的颜色，并且表面涂层由于硬度较低，常看到很多划痕。

4.2.2 表面镀膜

随着科学技术的发展，表面涂层逐渐发展为在无色或浅色宝石表面镀上一层彩色的薄膜以改变宝石的颜色外观。这种处理方法常用于钻石、黄玉、水晶等。钻石的镀膜常为金刚石薄膜，即在钻石上面合成一层非常薄的金刚石膜，这是由于金刚石光泽强，硬度大，在外观上与钻石非常相似。在浅色黄玉或水晶上常镀上一层金属氧化物薄膜（图4-5），这种薄膜表面呈彩虹状外观，但放大检查表面可见划痕，时间久了有时表面会有部分脱落现象。

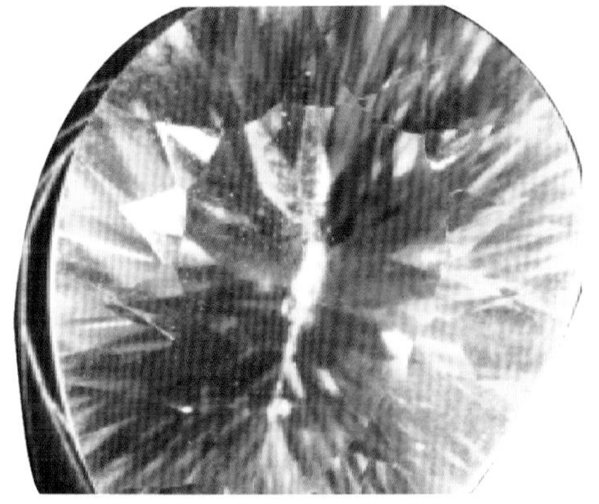

图4-5　镀膜黄玉放大镜下特征

(a) 苏达绿祖母

(b) 蓝宝石拼合石

(c) 欧泊拼合石

图4-6　常见拼合石

4.2.3　附生

附生是在一块人造或天然宝石表面利用合成宝石的方法生长一层宝石，这种附生宝石厚度有厚有薄。与水溶液体系中生长的宝石不好严格区分。例如在一片祖母绿或绿柱石上生长一层合成祖母绿，既具有天然祖母绿的特征，也具有合成祖母绿的特征。附生后的宝石鉴定时要观察结合部位，观察上层与下层宝石中的颜色差异及包裹体特征的差异。

4.2.4　夹层和衬底

夹层和衬底是通过各种手段把天然宝石和其他宝石的代用材料粘接在一起，形成一个宝石整体，使人们在外观上增加真实感，改善天然宝石的颜色和外观。衬底主要用于改善颜色较浅的宝石，例如带有黄色调的钻石，在底部加上一层蓝色的衬底，则会提高钻石的颜色级别。夹层一般用于三层拼合石，例如上层是天然的浅绿色祖母绿，下层是无色或浅色绿柱石，中间用一个绿色的夹层，则从整体上会增强祖母绿的颜色。

4.2.5　拼合

拼合是将几种宝石或材料通过不同方式组合在一起，常见的拼合石有二层拼合石、三层拼合石等。拼合是一种常见的物理改善方法，应用广泛。通过拼合处理可以改善宝石的颜色及外观，常见的拼合宝石有祖母绿、红蓝宝石、石榴石、欧泊、钻石等（图4-6）。拼合宝石鉴定主要采用放大检查，注意观察拼合宝石中的拼合缝，不同层之间的颜色、光泽差异及拼合缝之间的气泡。

4.3 热处理法

热处理是宝石优化处理使用最广泛的一种方法。将宝石放在可以控制加热的设备中，选择不同的加热温度和氧化还原气氛进行热处理，改善宝石的颜色、透明度及净度等。通过热处理可以提高宝石的美学价值和经济价值，使宝石中潜在的美显示出来，是一种容易操作且人们可以广泛接受的宝石优化处理方法，属于优化，在宝石定名中可直接以天然宝石名称来定名。

4.3.1 热处理的设备

对宝石进行热处理，首先需要一定的设备对宝石进行加热，热处理设备按其在热处理中的作用可分为主要设备和附属设备两大部分。

4.3.1.1 主要设备

热处理的主要设备是加热设备，有热处理炉和加热装置两类。实验室常用的热处理炉有普通热处理炉（电阻炉、盐熔炉、燃料炉）、可控气氛炉和真空热处理炉等。加热装置有激光加热装置和电子束加热装置等。

附属设备包括可控气氛设备（气体发生器、氨气分解装置及真空系统等）、动力设备（配电柜、鼓风机等）、计量仪表（温度仪表、压力表、流量计及自动控制装置等）以及坩埚和清洗冷却设备等。

（1）普通热处理炉

普通热处理炉主要指热处理中应用较多的电阻炉、盐熔炉、燃料炉等。

① 电阻炉　电阻炉是用电阻发热体（电阻丝、碳化硅、硅化钼或氧化锆等）制成的炉子。实验室常用的有箱式炉和管式炉两种。

a.箱式电阻炉　箱式电阻炉是炉膛为箱式的电阻炉（图4-7），按工作温度分为高温、中温和低温三种。我国制造的箱式电阻炉除低温常用各式恒温箱代替外，均已系列化。

图4-7　常见的箱式电阻炉

高温箱式电阻炉主要用于刚玉类红、蓝宝石及锆石等高熔点宝石的颜色改善，一般加热温度在1000℃以上。

中温箱式电阻炉常用于对海蓝宝石、黄玉、水晶、坦桑石等需要中低温改色的宝石进行加热处理，热处理温度

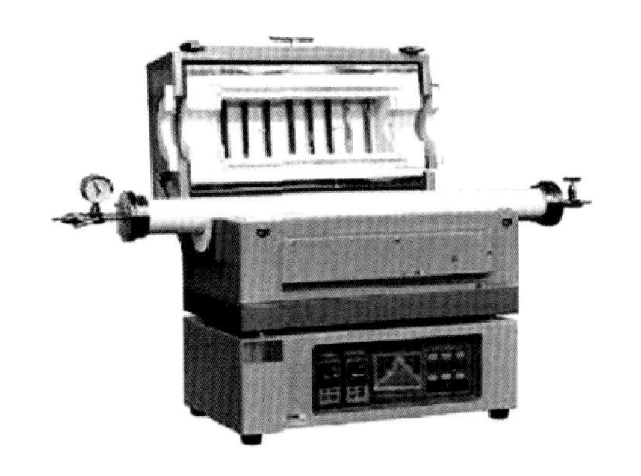

图4-8 常见的管式电阻炉

一般在650 ~ 1000℃。

低温热处理炉主要用于有机宝石及宝石结构中含水的宝石，如珍珠、珊瑚、欧泊等。

箱式电阻炉的结构简单、操作方便、成本较低，是实验室不可缺少的装置。箱式电阻炉的优点是加热温度较高，炉箱内空间大，可一次性容纳多个样品。但这类热处理炉存在热效率低、升温慢、炉温不均等不足，需要在操作中改进。例如，炉温不均可预先测定好热温场，将样品放在温度一定的位置，以克服炉温不均。

b.管式电阻炉　管式电阻炉一般用电阻丝分层环绕在高温耐火材料（常为99瓷管）上，可分段控温，也可以用碳化硅棒等作为发热体在瓷管周围排成圆形。管式电阻炉可以控制气氛，用套管将电热元件与炉内气氛隔开，炉内可根据需要通入不同气氛（如氧化气氛、还原气氛等），废气从炉盖上的排气孔排出（图4-8）。

管式电阻炉的优点是加热速度快，可分段控温，温度控制准确；不足之处是处理样品的量较少，且不易取出。

② 盐熔炉　盐熔炉是采用熔盐作为加热介质的热处理设备，特点是结构简单，加热速度快且均匀。盐熔炉中盐熔的温度依盐液成分不同而不同，一般可加热的温度范围在150 ~ 1300℃，适用于低温、中温热处理的宝石。缺点是耗电量大，处理后样品不好清洗，对宝石有一定的腐蚀性和污染。常见的盐熔炉有电极式和电热式两种。

a.电极式盐熔炉　这种电炉是在炉膛内插入电极并通以低压大电流，在电流通过熔盐时产生强电磁循环，促使熔盐翻腾，来加热样品。我国电极盐熔炉多为工业生产的大型炉，不适用于实验室。在实验室，可采用系列生产的盐熔炉变压器自行设计小型炉。

b.电热式盐熔炉　这种炉是由装熔盐的坩埚及加热坩埚的炉体构成。热源常为电能，也有采用其他燃料的，常用于由化学组分致色的自色宝石的热处理，其特点是无热源限制，不需变压器，但坩埚的寿命低，炉内温度分布不均。我国生产的这种炉型号很多，但适用于宝石优化处理实验室的很少。

③ 燃料炉　燃料炉按使用燃料种类可分为固体燃料炉、气体燃料炉和液体燃料炉。按加热室的形状，又可分为室式炉、台式炉和井式炉等。最常见的固体燃料炉是底燃式室式炉，燃料主要是煤。优点是结构简单，成本低；缺点是炉温均匀性差，温度不好控制。

气体燃料炉是以可燃性气体（煤气、天然气、液化石油气等）作燃料的炉。由于可燃性气体易于与空气混合，燃烧完全，因而炉温较固体燃料炉均匀，可满足实验室常规处理宝石之用，但炉内温度的测量精度差一些。

液体燃料炉是以柴油或重油为燃料的炉，结构与燃气炉相似。两者的不同之处只是燃烧装置结构上的区别。

（2）可控气氛炉

向可控气氛炉中通入氧气或还原气体，通过控制氧化或还原气氛来改善宝石的颜色及外观，可控气氛炉通常由可控气氛工作炉与可控气氛发生装置两部分组成。

① 可控气氛工作炉　这种炉一般是电阻炉的改进型，箱式炉或管式炉均可以用于可控气氛炉，在电阻炉上增加可通入气体的可控气氛附件及密封炉膛即可形成可控气氛炉。常用于控制热处理气氛，如氧化、还原或中性气氛。通入的氧化性气体一般有氧气、空气等；还原性气体一般有H_2、CO、N_2、CH_4等，这些气体有些是具有可燃性的，因此在操作时要格外小心。为防止爆炸，最好的方法是在通气或停炉前用N_2（或CO_2）气体吹扫炉膛，一般通入气体的量为炉膛容积的4 ~ 5倍。此外，通入的气体中有时CO含量很高，易使操作人员中毒，要特别注意通风良好，并经常检查炉体及管路的密封性，排出的废气应引燃或放散至室外。

② 可控气氛发生装置

a.还原气氛发生装置（也称吸热式气氛发生器）　这种装置是将原料气体（天然气、液化石油气和煤气等）与空气按一定比例混合，在外部热源及催化剂作用下，经不完全燃烧和一系列反应而制得。产生的气体是较好的还原气氛，控制严格且稳定，但设备结构复杂、造价较高。

b.氨气分解发生器　在热处理过程中，根据宝石的颜色致色成因需要通入不同的气氛，如氧化气氛、还原气氛等。常用的还原气氛是通过氨气分解发生器实现的。

使用将氨气分解成氮气和氢气的装置，产生还原气氛，其流程如图4-9所示。氨瓶中的液氨流入气化器1中被加热汽化后，进入反应罐2，在高温和催化剂的作用下进行分解，冷却后的氨分解气经净化装置3中的净化剂除去残氧和水汽后，即可通入热处理炉中使用。分解后的气体H_2 : N_2为3 : 1，是一种还原气氛。

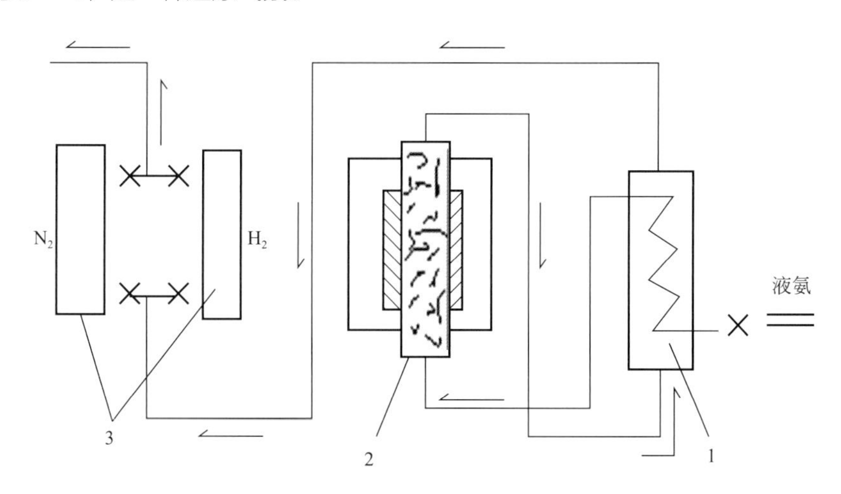

图4-9　氨气分解发生器工艺流程

1—气化器；2—反应罐；3—净化装置

（3）真空热处理炉

真空热处理就是样品的加热或冷却过程都处于真空（负压）状态的热处理方法，用于这种处理的加热炉称为真空热处理炉。

真空热处理用于特殊的热处理条件，如黑色立方氧化锆的处理等，同时真空炉的温度也较高。由于无发热元件被氧化的担忧，可使用铝、钨、钽等耐高温金属及石墨制品做发热体，但它不如可控气氛炉在宝石优化处理中应用广泛。

（4）激光及电子束热处理装置

激光和电子束热处理是近年来发展起来的技术，特点是加热速度快、温度高、无氧化，特别适合于局部加热处理。但由于这种设备加热不均匀，冷却速度快，投资大等，在宝石热处理中使用较少，常用于钻石局部的深色包裹体处理。

电子束是指灼热的阴极灯丝发射的电子经“阳极”加速后，在磁透镜的作用下聚集成的高能量密度的电子束。这种电子束接触到样品表面时，立即将电子的能量转换为热能加热样品，甚至使金属熔化。产生电子束的装置称为电子束枪。这种装置一般用于局部改善宝石的热处理。

4.3.1.2 热处理附属仪表及器件

（1）热电偶

热电偶是温度测量中使用最广泛的感温元件，构造简单，使用方便，具有较高的准确度及稳定性，温度测量范围宽，在温度测量中占有重要的地位。

① 热电偶的测量原理　将两根化学成分不同的金属导线（A、B）连接在一起构成闭合回路，就是一支热电偶。当这两根导线的两个接点的温度不同时，回路中就会产生电动势，称为热电势。

热电偶热电势的大小与导体的材料性质和两接点的温度有关。当导体材料一定时，两接点的温差愈大，热电势就愈大。可以通过测量热电势的大小来测量温度。

② 热电偶的结构和类型　组成热电偶的两根成分不同的导线A和B称为热电极。焊接的一端称工作端，亦叫热端，放在被测的介质中；另一端称参考端，亦叫自由端或冷端，与仪表相连。

当热端与冷端的温度不同时，热电偶产生的热电势便可由仪表按温度标度指示或记录。热电偶的示意图如图4-10所示。

两根热电极上套有绝缘管以防短路，外边套有陶瓷或耐热钢的保护管，防止有害物质的侵蚀。热电偶的结构如图4-11所示。

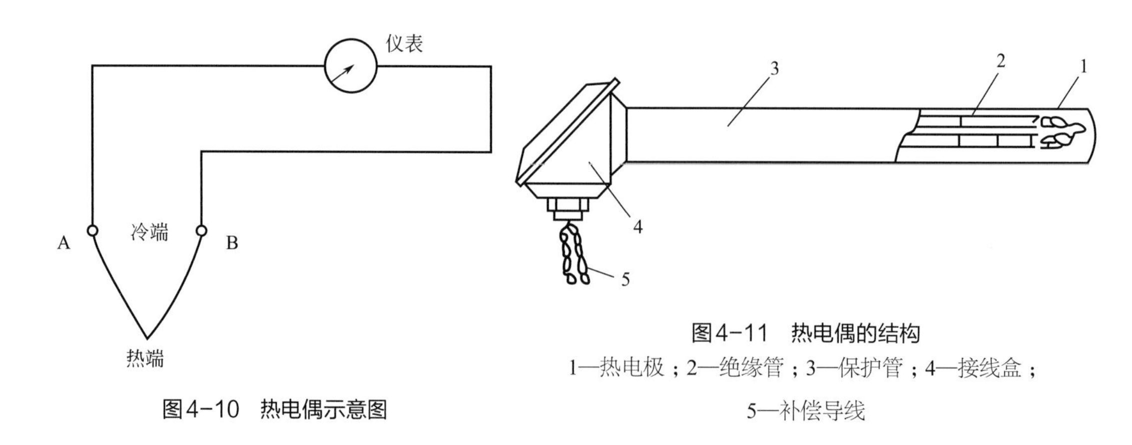

图4-10　热电偶示意图

图4-11　热电偶的结构

1—热电极；2—绝缘管；3—保护管；4—接线盒；5—补偿导线

③ 热电偶补偿导线　热电偶只有在冷端保持0℃的情况下，所产生的热电势才能直接反映热端温度的高低。

但在实际使用热电偶时，因本身传导的热量及周围环境温度的影响，其冷端温度往往是变化的，这样测温仪表所测得的温度值就会不准确。

为了克服这一影响，常采用补偿导线把热电偶的冷端延长到温度较恒定的地方，以便采取措施进行补偿。

补偿导线实际上也是一对化学成分不同的金属线，在0 ～ 100℃范围内与其所配接的热电偶具有相同的热电性质，但价格低得多。补偿导线的连接见图4-12。

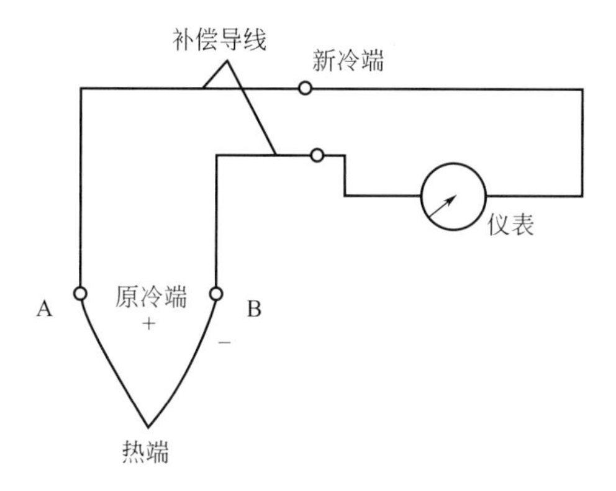

图4-12　补偿导线的连接

补偿导线是双芯线，有单股与多股之分，其绝缘内层以颜色不同来区别正负极性。使用时应注意：各种热电偶要选用相对应的补偿导线配接；补偿导线和热电偶连接端的温度应维持在100℃以下；通过补偿导线而延长了的新冷端仍应采取恒温或计算等方法补偿；补偿导线的正极与热电偶的正极相接，负极与负极相接，不可接错。

（2）辐射高温计和光学高温计

① 辐射高温计　辐射高温计主要由辐射感温器和显示仪表组成。使用时必须让从目镜中看到的被测物体影像把热电堆完全覆盖上［图4-13（a）］，以保证热电堆充分接受被测物体放射的热能。被测物体影像太小及影像歪斜，测量示值会偏低。

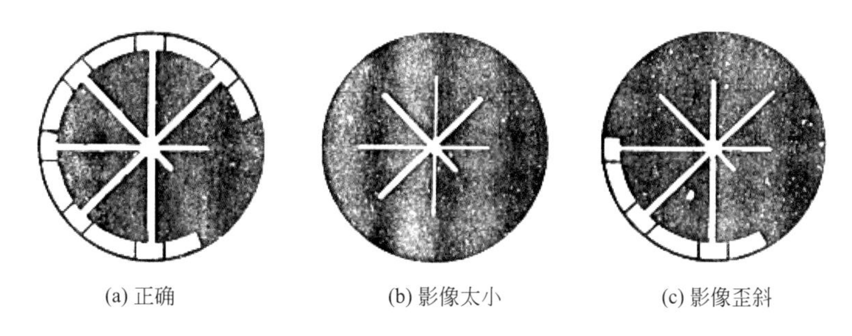

图4-13　辐射高温计瞄准时的图像（吴瑞华，1994）

② 光学高温计　光学高温计是一种便携式测温仪表。常用的是灯丝隐灭式光学高温计。它是根据受热物体的发光亮度与温度存在着对应关系的原理，用比较亮度的方法进行测温的。

使用时将高温计对准被测物体，前后移动目镜。比较灯丝的亮度，直至灯丝亮度与被测物体

亮度相同，即灯丝影像隐灭在被测物体影像中为止［如图4-14（b）］，这时可得出被测物体的温度，即刻度指示的温度。

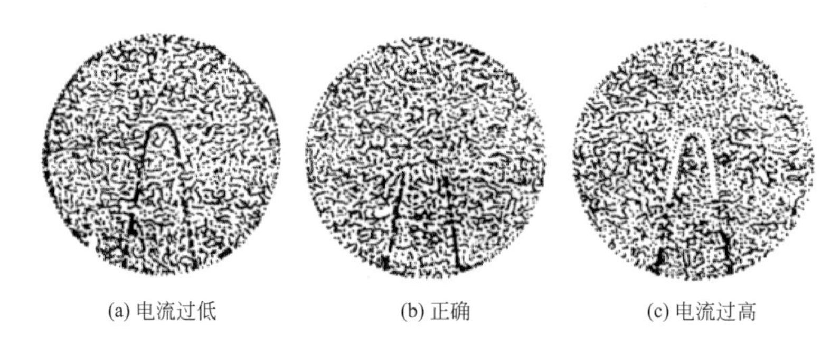

图4-14 光学高温计的瞄准状况（吴瑞华，1994）
（a）被测物体比灯丝亮，则指示温度偏低；（c）被测物体比灯丝暗，则指示温度偏高

（3）坩埚

坩埚是热处理宝石过程中常用的容器。由于热处理宝石，常在较高温度下完成，并且宝石直接与坩埚接触，所以坩埚的选择是热处理宝石成功与否的重要条件。在热处理过程中，坩埚的选取要满足以下几个条件：

① 坩埚材料在工作温度下要有足够的强度，在高温下较长时间内不会产生裂隙。

② 在工作气氛下，坩埚材料对宝石要相当稳定，不能与宝石发生化学反应，同时还要特别注意坩埚材料的纯度，尽量避免将有害杂质引入宝石晶体。

③ 坩埚材料要具有低孔隙度和高致密度，以使坩埚封闭后可维持一定压力。

④ 由于坩埚是宝石热处理中常用的容器，坩埚材料应容易加工，价格便宜。

4.3.2 热处理改善宝石原理

对天然宝石在一定温度下加热，可改善其颜色、透明度等外观特征。究其原因，主要是通过热处理，宝石中的结构、成分发生了改变，从而改善其外观特征，提高了宝石的美学价值及经济价值。因此，要了解宝石的外观特征变化，就要分析热处理改善宝石的原理。

加热是将宝石的潜力挖掘出来，将宝石中的美最大限度地展现出来。经过热处理的宝石，物理性质和化学性质等各方面与天然宝石没有任何区别。原理是通过加热使宝石内部所含着色离子的含量、价态发生变化，或造成部分结构缺陷而引起宝石的物理性质，如宝石颜色和透明度的变化。

大多数含微量元素杂质离子的宝石经过热处理后，颜色或透明度会发生改变。热处理常用的设备很简单，容易操作，适用于大多数他色宝石，如红宝石、蓝宝石、绿柱石、碧玺、锆石、翡翠、玛瑙等。这种方法适用于颜色是由过渡元素组分或过渡元素杂质引起的宝石，也适用于由电荷转移引起颜色变化的宝石。有机宝石通过热处理也可以改变颜色和透明度，如琥珀经过热处理后可以去除内部的气泡而变得清澈透明。

按照宝石物理化学性质及呈色机理，常见的热处理宝石原理总结如下：

（1）通过热处理改变宝石中的致色离子含量或价态

有些宝石是由微量杂质离子致色的，加热处理可使宝石中的低价态阳离子氧化成高价态阳离子，使宝石的颜色发生改变。如红色玛瑙主要是由Fe^{3+}致色，通过热处理，可使玛瑙中Fe^{2+}氧化成Fe^{3+}，提高三价铁离子的含量和比率，从而增强玛瑙的红色调。红宝石、红色翡翠的热处理均是通过这个原理来加强宝石颜色的。带有绿色的海蓝宝石通过热处理也可去除绿色调，增强海蓝宝石的蓝色调，如图4-15中的海蓝宝石（a），通过热处理其蓝色调明显加深，绿色调减弱。

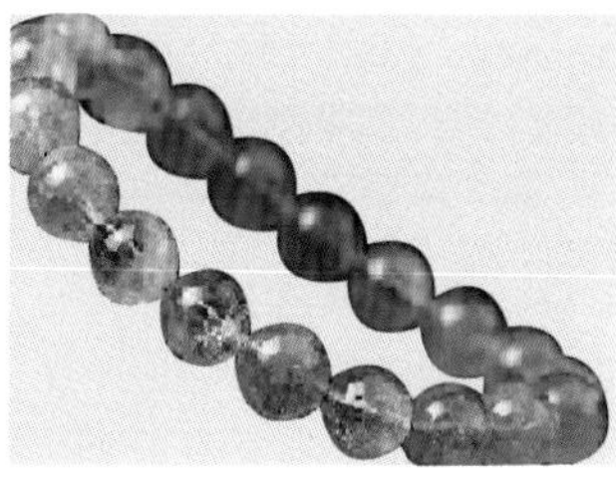

(a) 热处理前

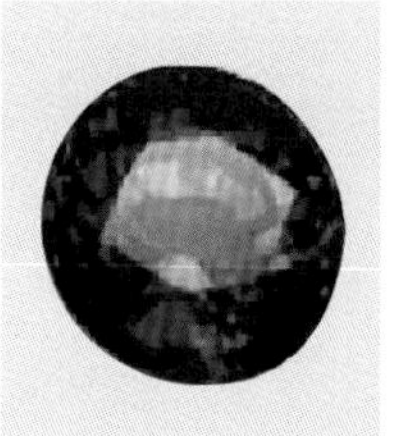
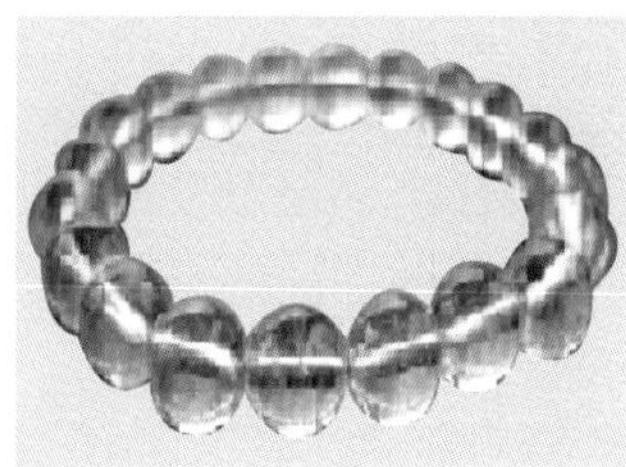

(b) 热处理后

图4-15　海蓝宝石热处理前（a）与热处理后（b）颜色变化

（2）通过热处理改变有机宝石中的成分

对于有机宝石如珍珠、象牙、珊瑚、琥珀等，通过热处理可使其中的有机质氧化，温度过高会产生黑色，从而产生有机质“炭化”现象。通过这种方式的热处理，可使宝石仿制“古玉”，即宝石业中的“做旧”处理方法，俗称烤色，常用于琥珀、珊瑚等。

（3）热处理产生色心

有些宝石的颜色主要是由色心致色的，通过热处理使宝石产生色心，吸收一定的光而产生颜色。热处理通常用于宝石辐照处理后，是为了去除不稳定色心，留下稳定色心而进行的。例如辐照处理后的黄玉，通过热处理，去除不稳定的褐色色心，保留稳定的蓝色色心。利用这个原理，掌握好加热温度和热处理时间，可达到改善宝石颜色的目的。紫水晶变成黄色或绿色，烟水晶变成黄绿色或无色，也是利用热处理改变色心而形成的。

（4）热处理使含水宝石因脱水作用引起颜色变化

有些宝石含有吸附水、结构水，在热处理过程中有些宝石不破坏结构水就可以改善宝石的颜色，如绿柱石中含有结构水，含铁和锰的橘黄色绿柱石经过热处理可以得到漂亮的粉红色的绿柱石；欧泊中含有结构水，如果欧泊加热到300℃左右就会因失水而使变彩效应消失；虎睛石通过热处理失去结构水而产生深褐色或红褐色。

（5）热处理使晶体结构发生变化

通过热处理可使晶体内部结构发生重组，改善其结晶程度，从而影响晶体颜色。如常见的锆石有三种类型：低型锆、中型锆及高型锆。通过热处理可以使低型锆转变成中型锆，中型锆转变为高型锆等。同时晶体颜色也会发生变化，在不同的气氛下，可转变为不同的颜色。如在还原条件下热处理，可将褐红色锆石改善成无色锆石。

（6）热处理改善宝石中的丝状包裹体及星光效应

常见宝石例如在蓝宝石中，钛离子以金红石（TiO_2）的形式存在就产生白色丝光或星光。而金红石的形成受宝石当时的地质条件所控制。有的天然蓝宝石中星线分布不均匀，星光效应欠佳，通过热处理，可使蓝宝石中金红石熔融、重新排列，从而改善天然宝石的星光效应。合成宝石中的星光效应也是利用这个原理来制作的。

4.3.3 热处理的条件

在热处理过程中，需要掌握热处理中加热速度、达到实验条件中的最高温度、恒温时间、降温速度及加热炉内的气氛、压力等各种因素，这些条件需要综合考虑。

（1）加热升高温度的速度

由于大多数宝石的导热性比较差，热处理时加热速度不能太快，以免因宝石内外温差太大而产生裂纹。将加热的速度绘制成曲线，则是热处理宝石的升温曲线，这个曲线要求平滑，即大多数升温需缓慢进行，以防宝石出现炸裂。

（2）热处理达到的最高温度

热处理达到的最高温度就是能使宝石改善颜色或透明度的最高温度，也是热处理宝石能够改变颜色或透明度的最佳温度，这是需要反复摸索的最重要的条件。

（3）恒温时间

宝石达到最高温度时维持的时间，常称恒温时间，其温度曲线为平直恒温曲线。要使整个宝石稳定均一，常常还需要保持一段时间，使宝石内部变化均匀充分。最佳的恒温时间要靠大量的实验来确定。

（4）降温曲线

最高温度冷却的速度和冷却时保持温度的级梯，即降温曲线。大多数情况下降温比较缓慢，以防宝石炸裂，但有时有特殊要求则需要迅速冷却，如消除刚玉丝状包裹体，石英岩、蛇纹石玉有时需要迅速冷却产生炸裂纹，然后进行染色。

（5）炉中的气氛

炉中的气氛即热处理过程中对炉内氧化-还原条件的控制和加有用成分的焙烧，一些实验需要加入化学药品进行焙烧，或把样品浸在一些液体试剂中加热。例如红宝石紫色调的消除，需要在氧化气氛下，将红宝石中的Fe^{2+}氧化成Fe^{3+}，减少紫色调对红宝石的影响；例如玛瑙的烧红，是玛瑙在氧化气氛下将其中的Fe^{2+}氧化成Fe^{3+}，增强玛瑙的红色。

（6）炉内的压力

有些宝石热处理实验需要控制一定的压力，例如钻石的热处理，常采用高压的方式，普通宝石的热处理如红宝石、海蓝宝石、玛瑙等采用常压条件下加热。在实验过程中采用常压、减压还是加压都要在实验中摸索，每一种宝石所需要的压力条件都不同。

在宝石热处理中，这六个因素是在实验中反复摸索而得到的。每种宝石的实验条件均不相同。在宝石热处理条件中，最重要的是要确定热处理的升温速度、降温速度、达到的最高温度及恒温时间等（图4-16）。在热处理过程中升温、降温都要缓慢，否则会产生裂纹，降低宝石的质量。在一个特定的工艺中常常可得到这几个因素的最佳组合条件。

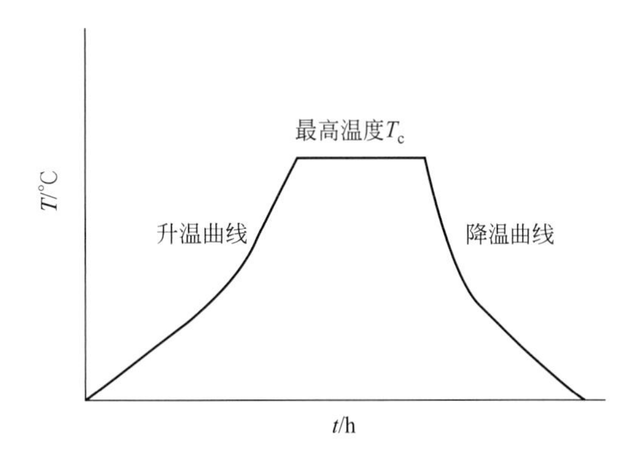

图4-16　热处理过程中的升温曲线和降温曲线

由于改善的宝石是天然材料，来自不同产地，含有不同的杂质组分，或经历了不同的历史环境，地质条件也相当复杂，即使外观相同的宝石其热处理方法也可能极不一样。况且大多数热处理工艺严格保密，没有现成的实验条件供使用，必须自己摸索。

例如，同样外观为黄褐色的蓝宝石，经过同样条件的热处理，海南产的蓝宝石就变为蓝色，而山东产的蓝宝石则变为橙黄色。要通过热处理得到一个特定的颜色，必须在各种条件下进行试验。对一切样品都要小心以免损坏材料。

防止宝石在热处理中炸裂，除了要严格控制升降温条件外，还要防止裂隙的扩大。具体方法：适当地把全部带有裂隙部位修整掉后再进行热处理，加热后再重新抛光；对于小颗粒无裂隙宝石原料可以用原石加热。

4.3.4　热处理中的热效应

热处理中的热效应有多种，但在常见宝石范围内对宝石材料最为重要的是美国学者Nassau总结的九种热效应（吴瑞华，1994），见表4-1。

表4-1　热效应产生机理及实例

效应	机理	实例
暗化	空气中慢慢氧化和变黑	“老化”的琥珀和象牙
颜色变化	色心的破坏	蓝色或褐色黄玉变无色；粉红色的黄玉变黄色；紫水晶变黄或绿色；烟水晶变黄绿色或无色
颜色变化	水合或凝聚作用的变化	粉红玉髓变橙色、红色或褐色；虎睛石加热产生深褐至红褐色
同质多象体	辐射引起的结构变化	“低型”锆石变“高型”锆石
颜色改变	气氛改变，与氧浓度有关	绿色海蓝宝石变蓝色；紫水晶变深色黄水晶；无色、黄色、绿色蓝宝石变蓝色；褐色或紫色红宝石变红色
结构变化	温度改变，晶体析出或熔融	刚玉中丝光或星光的产生或消除
颜色叠加	杂质扩散	扩散到蓝宝石表面的蓝色和星光
破裂	温度骤变，内部结构破裂	蓝宝石中包裹体周围的“晕”，“炸裂”石英
再生和净化	在热和压力下的流变	再生和净化琥珀；再生龟壳

表4-1省略了那些完全可逆或亚稳态的热效应。例如，红宝石加热到赤红状态时变为绿色，而冷却到室温时又恢复到原来的颜色；烟水晶经加热后变成蓝绿色，冷却到室温时又变为黄色。

表4-1效应中的暗化效应，有时用于“老化”琥珀和象牙。这一效应相当于缓慢烧焦的过

程。研究表明，琥珀即使是放在阴暗的储藏室也会变暗，可见其中的有机物极易氧化，那么在缓慢加热时氧化作用速度加快是理所当然的。

表4-1效应中由加热引起的色心破坏使宝石褪色或颜色消失。例如，褐色黄玉、黄色蓝宝石、红色电气石等经热处理都可以变为无色；部分紫水晶、黄水晶和烟水晶经热处理也可变为无色。

色心的破坏有时可能出现颜色变化。例如经辐照的棕褐色黄玉在热处理后变为蓝色；紫水晶在控制热处理温度下可以变为黄水晶；某些棕色黄玉经热处理可以变为粉红色。这些颜色改变通常都能用辐射处理重新恢复到原色。

表4-1中由水合作用或凝聚作用引起的颜色变化，一般涉及的杂质为铁，加热褐铁矿可以得到深橙色、褐色或红色的赤铁矿。

在一些灰色到黄色、褐色的含铁石英质材料中，如玛瑙、玉髓、虎睛石加热产生深褐色至红褐色，就是这个原理。

表4-1中的同质多象体是在热处理条件下同质多象体转变引起宝石结构的变化。如在高温高压条件下，石墨可以转化为钻石；在高温下“低型”锆石可以转变为“高型”锆石等。

表4-1中的由于环境中氧化或还原气氛改变而引起的宝石颜色变化，主要与环境中的氧浓度有关。如绿色海蓝宝石在还原条件下变为蓝色；紫水晶在氧化条件下变为深色黄水晶；氧化条件下无色、黄色、绿色蓝宝石变为蓝色；褐或紫色红宝石变为红色等。

表4-1中的结构变化，引起了宝石物理光学效应。如在热处理条件下，星光蓝宝石中的金红石包体熔融而使星光效应消失，降温后金红石宝石析出，会重新产生星光效应。

表4-1中的颜色叠加是由于加入致色离子而使宝石的颜色加深，如扩散蓝宝石，加入致色离子铁和钛使浅色蓝宝石颜色加深。

表4-1中的破裂是在热处理条件下宝石内部结构的变化，如蓝宝石中包裹体周围产生的应力纹，人工热处理石英岩在淬冷条件下产生炸裂纹。

表4-1中的再生和净化是在热和压力下气液包体引起的内部变化。如琥珀在热处理条件下内部气泡破裂，透明度增加；龟甲在热液条件下可以再生等。

4.3.5 氧化还原和气体扩散

在宝石热处理过程中，氧化还原条件非常重要，是宝石热处理是否成功的关键性因素。控制热处理反应过程中的氧化或还原气氛，可改变宝石的颜色。热处理时氧化还原气氛不仅与宝石所处的温度有关，也与在这个温度下容器内部的氧气浓度有关。

4.3.5.1 氧化还原

① 标准氧分压（p_{O_2}） 当含氧宝石在空气中加热，宝石与大气中的氧稳定在同一个浓度上。这一浓度称为这种宝石在这一温度下的标准氧分压。

② 氧化气氛 炉内的氧分压大于在同一温度下这种宝石的标准氧分压p_{O_2}。

③ 还原气氛 炉内的氧分压小于p_{O_2}。

氧化条件除用空气外，较强的氧化气氛用的是纯氧，有时也使用压缩空气提高氧气的密度。

化学性质不活泼的气体（如氮），一般认为是中性气体，为中性气氛，若考虑到它可以冲淡大气，降低氧含量，也可以把它看作是还原性气体，但还原能力很弱。

同样气氛也可以用燃烧燃料来实现。例如使用天然气、丙烷、汽油等，控制空气或氧气的吹入量，就可以出现碳的还原作用，但这不好控制。

还有一种滴注式保护气氛，是将有机液体直接滴入炉内与氧反应来控制气氛。

4.3.5.2　气体扩散

氧化还原作用是通过气体的扩散实现的，为对整个样品都起作用，氧必须沿一定途径扩散进入宝石样品的内部，其距离多半为1cm以上。这种扩散温度要超过1000℃，时间要几个小时。

由于氧化物宝石结构的特征，氧不需要移动整个距离就产生预期的效果，使这种扩散能迅速实现。例如，大气中的氧在刚玉氧化铝晶体中的扩散过程如图4-17所示。

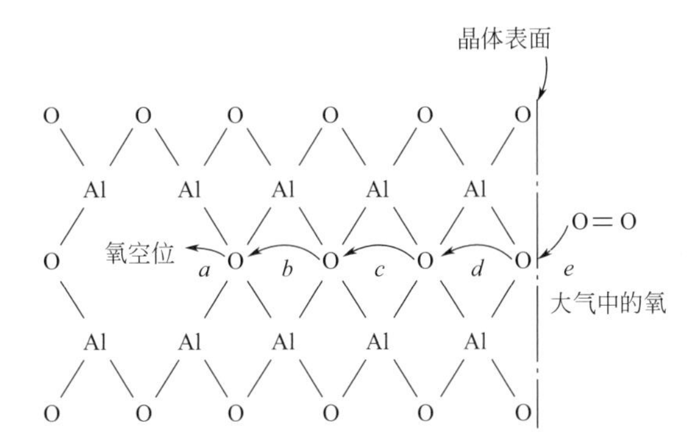

图4-17　大气中氧扩散到刚玉氧化铝晶体中氧空位的过程（吴瑞华，1994）

4.3.6　热处理法的分类

按照热处理类型和方式，分为三种常见的热处理方式：

（1）普通热处理法

普通热处理法即直接对宝石进行加热，通过加热使宝石内部所含的着色离子在含量和价态上发生变化，有时也能引起晶体内部结构缺陷的变化，使宝石的物理性质，如颜色、透明度等发生变化。

例如：斯里兰卡的乳白色、棕褐色、浅黄色Geuda石变成蓝宝石，海蓝宝石从绿色变成海蓝色、坦桑石经过热处理后颜色变成蓝色等。

（2）化学药品焙烧法

化学药品焙烧法也称扩散法，是指用化学药品破坏宝石表面的晶体结构，使其表层的化学成分发生预期的变化。宝石内部所含的着色离子也可以通过表面层进行交换（向外扩散或向内扩散）发生价态或含量变化。

目前国际市场上风行一时的扩散蓝宝石、扩散黄玉及扩散碧玺等，就是用这种方法得到的。

用这种方法改善的宝石可以使深色宝石变浅，浅灰色宝石变成蓝色宝石等。

（3）熔盐电解法

把熔盐混合后，放入石墨坩埚，然后再进行电解过程。用铂（Pt）丝做阳极，将宝石样品用铂丝阳极缠绕，这样，宝石就成了阳极，石墨坩埚做阴极。

电解质在炉中熔化后，把阳极和宝石一同放入电解池中进行电解，其装置示意如图4-18。控制槽电压为3.0V，电解时间40 ~ 45min，然后取出阳极和样品，由电解作用使宝石的着色离子的价态和含量发生变化，从而使宝石的颜色和透明度发生变化，这种方法的缺点是熔盐选择不当时，对宝石的熔蚀性过大。

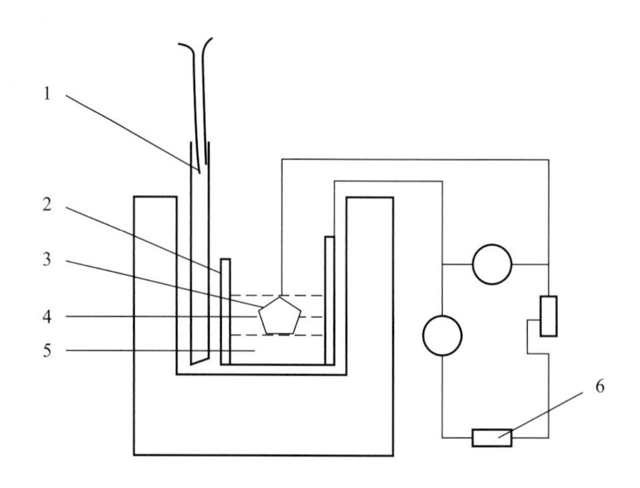

图4-18 熔盐电解实验示意图

1—热电偶；2—石墨坩埚；3—Pt阳极和样品；4—电解质；5—铝液；6—直流电源

4.3.7 常见热处理法改善宝石的条件

适用于热处理法改善的宝石种类较多，不同宝石所需的热处理温度不同。如蓝宝石所需要的热处理温度很高，一般在1300℃以上；红宝石热处理所需温度相对较低，在1000℃左右；其他宝石如海蓝宝石、水晶、玉髓等所需温度在700℃左右。控制的温度大致可分四段：低热200 ~ 400℃；中热400 ~ 700℃；高热800 ~ 1300℃；强热1300℃以上。常见宝石的热处理条件见表4-2。

表4-2 常见宝石热处理的条件

宝石	热处理的目的	最后颜色	温度	使用情况
红宝石	去掉杂色调（褐、紫） 排除或减少丝状物，提高透明度	红色	1000℃左右	经常
蓝色蓝宝石	加深含铁、钛的刚玉的颜色 减轻刚玉的深蓝色	蓝色	强热	经常
黄色蓝宝石	对适宜的浅色或无色含铁刚玉加热	深黄色	高热	经常

续表

宝石	热处理的目的	最后颜色	温度	使用情况
各色蓝宝石	对适宜的刚玉进行加热，以排除“丝状物”或“星状物”	提高透明度	强-高热	经常
扩散星光红、蓝宝石	通过加热使杂质（TiO_2）扩散到宝石表层，呈现星光	红、蓝宝石星光	先强热后高热长时间	不常使用
扩散红、蓝宝石	通过加热使着色离子扩散到宝石表层，呈现颜色	各色刚玉宝石	强热	常用于蓝色
海蓝宝石（无色或绿色）	排除绿色中的黄色色调	海蓝色	低热	普遍使用
橙黄色铯绿柱石	排除绿色中的黄色色调	鲜艳的红色	低热	不常用
极深蓝或绿色电气石	颜色变浅	蓝色或绿色	中热	常用
暗红色电气石	去掉黑色调	粉红色	低热	常用
烟绿色电气石	去褐色调	亮绿色	低热	常用
烟水晶	颜色变浅	白色或黄色	低热	常用
某些紫水晶	褐色加热	橙黄色或绿色	低热	常用
绿色或褐色锆石	褐色处理	无色或蓝色	高热	常用
玛瑙玉髓等	铁离子品种	红色	中-高热	常用
晕彩石英	加热石英晶体淬冷	可染成各种颜色	中热	少用
坦桑石	加热使透明的黝帘石转化为蓝色	紫蓝色	中热	广泛

4.4 放射性辐照法

辐照是微观粒子自辐射源出发，在空间向各个方向对物质传播的过程，辐照可引起物体物理化学性质的改变。本节内容主要介绍放射性辐照所需要的设备、注意事项及经过辐照后宝石色心的形成与消除过程。

4.4.1 辐照射线的类型和辐射源

辐射源是能够产生电离辐射的物质或装置，常见的辐射源有以下几种：

（1）放射性元素放射出的射线

放射性元素通过衰变放射出的β射线和γ射线，其中γ射线主要用于宝石的辐照处理。例如放射性同位素^{60}Co，可以作为γ射线源，能放出1.17MeV和1.33MeV两种射线，半衰期为5.3年，常用于宝石辐照处理的辐射源；另外，同位素^{137}Ce和废核燃料元件也可以作为γ射线辐射源使用。

放射性元素衰变时可发射出两个能量相近的γ射线。γ射线穿透力强，可使宝石整体改变颜色；半衰期较长，可以长时间地进行辐照处理。

（2）电子加速器产生的射线

电子加速器是通过电磁场把带电粒子加速至高能量的电器装置。电子加速器主要通过电磁场来获得很高的能量，不同类型的电子加速器可产生几兆电子伏特到300MeV电子束，主要有电子静电加速器、X射线管、微波电子加速器等。

（3）由核反应堆产生的射线

核反应堆是通过核转变产生电离辐射的装置或物质。用于宝石辐照的一般是由核反应堆中产生的中子，常用的反应是α粒子和铍元素相互作用（$^{9}Be+^{4}He \longrightarrow ^{12}C+n$）。因此，将天然的$\alpha$粒子辐射体和铍粉混合就可以得到中子源，能量分布在0 ~ 13MeV，数目最多的中子能量是4MeV左右。因此，在宝石辐照处理时，最好是采用核反应堆的裂变过程作为中子源。

4.4.2 辐照宝石的常用设备

辐照常用的设备有反应堆、电子加速器、钴源辐照装置等。针对不同类型的宝石采用不同的辐照设备。

4.4.2.1 反应堆

常用的是研究性反应堆，可利用反应堆元件的放射性对宝石进行辐照。常见的研究性反应堆有四种：重水研究堆（HWRR）、游泳池式反应堆（SPR）、微型中子源反应堆、快中子反应堆。其中微型中子源反应堆一般不用于宝石辐照处理。

将宝石样品放入反应堆中进行辐照，辐照时间、剂量根据所需改善的颜色而定。常用的反应堆有以下几种：

（1）重水研究堆（HWRR）

重水研究堆是进行同位素辐照、燃料和材料考检、单晶硅中子掺杂、堆中子活化分析、电子器件改性辐照及进行各种物理研究的装置。辐照宝石只是它所开发的一个应用领域。不同的重水堆有不同的参数。

（2）游泳池式反应堆（SPR）

游泳池式反应堆应用较为广泛，具有快通量优势及布置灵活、水下辐照温度低等。除科研外，对农业、医学、航空、电子等部门都可提供辐照技术，用于宝石和淡水珍珠辐照，电子器件辐照等。

（3）快中子反应堆

快中子反应堆是一种较为先进的核反应堆。核燃料利用率很高，可达60% ~ 70%，而我国的压水堆核电站，铀燃料的利用率只有1% ~ 2%；快中子堆是用压水堆生产的工业钚-239作为起始装料，将不能燃烧的铀-238变成可燃烧的钚燃料，又称为中子增殖反应堆。

4.4.2.2 电子加速器

电子加速器在物理学上有广泛的应用。常用于辐照宝石的加速器是静电加速器。

（1）高压倍加器

高压倍加器主要是进行核数据测量、中子和带电粒子核反应的装置，也用于中子活化分析和电子束辐照各种材料，如电线电缆改性、食品和水果保鲜等。

它的加速粒子有质子、氢、氧、氮等。在5keV以下N^{+}注入可改变材料性能。

（2）电子直线加速器

电子直线加速器应用于瞬态辐照效应研究，半导体材料（包括宝石）辐照改性，食品防腐、保鲜等。优点是具有高能量（10 ~ 14MeV）、高穿透率。

（3）静电加速器

可加速的粒子有：质子、氘、氦、电子、氧和氮。其能量范围可调，主要用于核数据测量、中子和带电粒子核反应实验，电子束辐照和离子注入等，只适用于表面改性的宝石如珍珠的辐照等。

（4）回旋加速器

回旋加速器是固定能量加速器，主要供带电粒子核反应实验使用，也用于带电粒子的活化分析和考验材料性能，很少应用于宝石研究。

4.4.2.3 钴源辐照装置

钴源辐照装置是利用放射性同位素^{60}Co放射出的γ射线研究辐射对物质（矿物、晶体、有机材料及生物体等）的作用，和对这些物质进行辐照处理的工具。

这种辐照源具有能耗低、污染小、无放射性残留等特点，在宝石的辐照上应用得很早，特别适宜对茶色水晶的辐照。

4.4.3 辐照技术

进行宝石辐照时，在样品盒内装入宝石放到反应堆的物理中心，样品盒要由电动机带动不停转动，同时要有进水和出水装置用来冷却样品，水温不超过50℃，辐照设备及过程如图4-19所示。

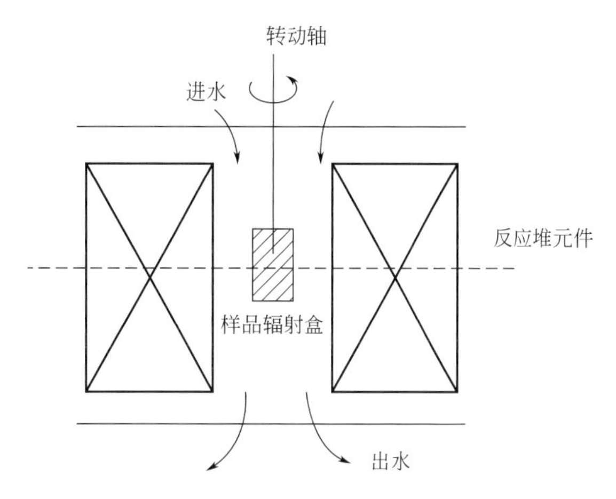

图4-19 反应堆中子辐照宝石示意图（吴瑞华，1994）

在辐照过程中，要想得到颜色均匀、深浅合适的宝石，辐照宝石时要遵守以下四个关键性的技术问题：

① 为保证产品颜色均匀，必须实现均匀辐照，在辐照时匀速转动或反复翻动宝石。

② 为避免样品在辐照时温度过高而炸裂或过热损坏，应采用相应的冷却措施。如加入循环冷却水，或将样品周期性暴露在空气中冷却。

③ 颜色深度需控制足够的放射剂量，所需宝石的颜色较深，则要反复辐照。在辐照剂量尚未饱和之前，宝石颜色的深度与辐照剂量成正比，辐照的时间越长，得到宝石的颜色越深。

④ 辐照法改善的颜色有时不稳定，遇到光和热易褪色。利用低温加热的方法去掉不稳定色心，保留稳定色心。但在低温加热后常有颜色变化。如黄玉可能从棕褐色变成蓝色，水晶可能从茶色变为黄色。加热的温度掌握不好还会完全褪色，恢复辐照前的颜色。

4.4.4 辐照中色心的形成与消除

辐照可以使无色水晶产生空穴色心，形成烟色或紫色。辐照后水晶形成的颜色及深浅由水晶中所含杂质的种类和含量而定。若无色水晶中含有Al^{3+}杂质，辐照后则为烟色至黑色；若无色水晶中含有Fe^{3+}杂质，辐照后则为紫色。

辐照后颜色的深浅与宝石中杂质的含量有关，杂质含量多，宝石的颜色较深，反之，杂质含量少，宝石的颜色较浅。

（1）色心的形成和消除过程

宝石经辐照处理后，内部产生色心，从而使宝石的颜色发生改变。例如烟水晶，从图4-20（a）~图4-20（d）的能级图中可见烟水晶色心的形成和消除过程。在形成色心时，电子从A态激发到D态至B态，所需要的能量很大。在消除色心或褪色时，电子从B态至C态到A态，所需要的能量也较大。这种形成和消除所需能量都很大的色心，为可见光中稳定存在的色心，称稳定色心。

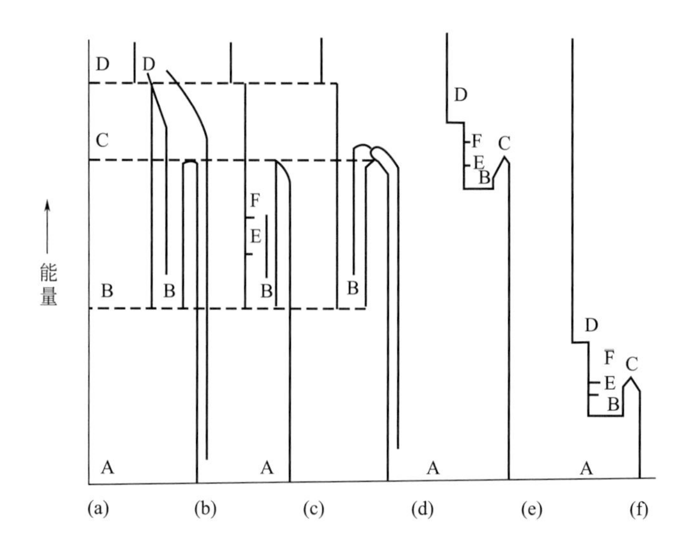

图4-20 色心的形成与消除能级图解（吴瑞华，1994）

还有另外的情况如图4-20（e）。体系形成色心从A态激发到D态到B态，需要的能量很大；但从B态至C态回到A态，所需要的能量却很小。图4-20（f）中表示形成色心从A态激发到D态和B态，需要的能量很小，从B态至C态回到A态，所需要的能量也很小。

这个能量在可见光的范围内，当可见光照射时，体系就可以越过能垒C而褪色。吸收光而跃迁到激发态E和F呈色的性质不变，但这些颜色都可以在可见光中褪色。因此，图4-12（e）、图4-12（f）中所表示的色心称为不稳定色心。

（2）色心的稳定性

一般辐照处理后的宝石颜色均可以通过加热来恢复到原来的颜色。具有稳定色心的宝石所需要的热处理温度较高，具有不稳定色心的宝石所需要的热处理温度较低。例如烟水晶一般需要140 ~ 280℃的热处理温度消除烟色（图4-21），而紫水晶所需要的热处理温度较高，一般在400℃以上（图4-22）。因此，辐照后的紫水晶比烟水晶稳定性好。

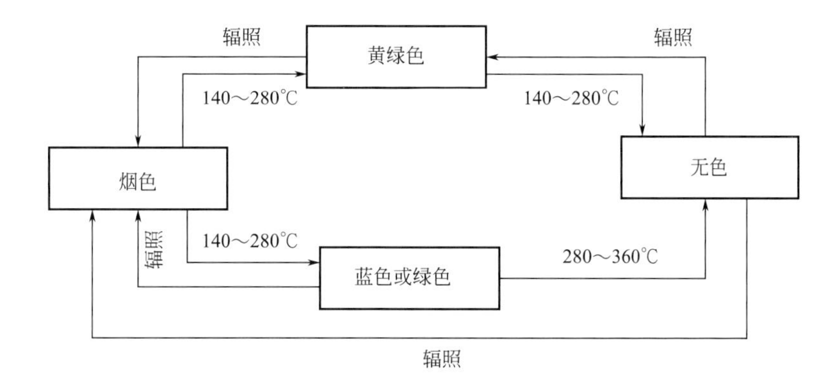

图4-21　烟水晶辐照与热处理颜色变化示意图

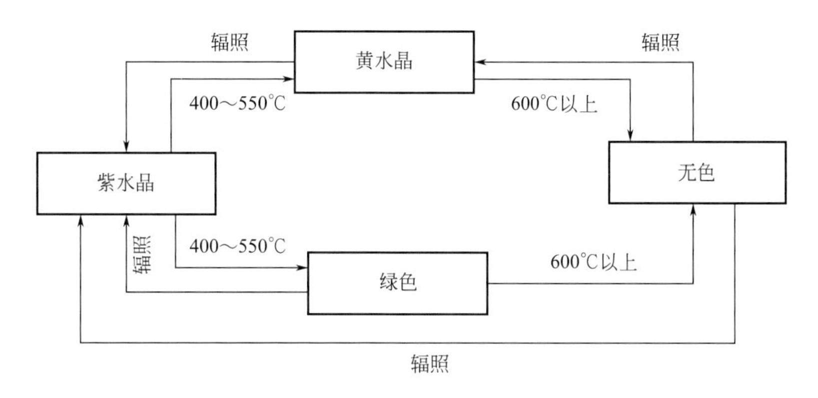

图4-22　紫水晶辐照与热处理颜色变化示意图

色心的能垒不是一成不变的，不同辐照源辐照后的宝石样品褪色的温度不同。不同成因的同一材料色心，稳定性也不同。例如，蓝宝石的黄色色心，人工辐照而成的很不稳定，在可见光中迅速褪色。但天然生成的蓝宝石黄色色心，在可见光中稳定，不易褪色。

人工辐照是大剂量、短时间，而自然界中的辐照是小剂量、长时间，因此产生的能垒C的高度不同。

4.4.5 辐照引起宝石颜色变化

辐照对宝石产生不同的效应，会引起各类宝石产生不同的变化。当辐照粒子进入宝石时，与宝石中的原子或离子发生相互作用，使宝石的结构或离子电荷发生变化，从而改变宝石的颜色。经过辐射，宝石产生的变化包括以下几方面。

（1）使宝石形成天然的、已发现的色心

通过辐照会产生天然宝石中已有的色心，但由于天然宝石数量较少，在自然界中不太常见。例如蓝色托帕石，天然蓝色托帕石非常罕见，采用辐照处理而成的蓝色托帕石的颜色对光、热等均稳定，形成机理与天然蓝色托帕石相同。因此，辐照蓝色托帕石具有商业价值，目前也没有找出区别天然蓝色托帕石与辐照蓝色托帕石的有效鉴定方法，除了具有少量的放射性残余外，与天然蓝色托帕石具有同样的使用价值。

（2）使已有的色心强化

辐照处理，可以加强天然宝石中已形成的色心，使宝石的颜色更加鲜艳。如天然水晶经过辐照处理后可以产生绿色、紫色，控制辐照剂量和辐照时间可以得到所需要的颜色，该颜色在常温下很稳定，不影响使用和佩戴。

（3）恢复由于加热和光照而褪色的色心

辐照与热处理是可逆反应，一般经过辐照形成的颜色，可以通过热处理使其恢复到辐照前的颜色。同理，再次辐照也可得到所需要的颜色。

（4）改进与去除跟色心无关的色彩

一般宝石在进行辐照处理时，通过控制辐照条件如辐照剂量与时间，可以改变辐照宝石的颜色。辐照后宝石的颜色稳定是影响宝石价值的一个重要的因素，通过辐照尽可能得到稳定的宝石色心，去掉宝石中不稳定色心。

（5）形成天然尚未发现过的色心

随着人们对宝石颜色成因的深入了解，能够辐照处理的宝石种类不断增加，宝石的颜色变化也越来越丰富，相信通过辐照可以产生天然宝石所不具备的色心，从而可以产生宝石新品种，形成新的宝石颜色机理。

目前常见用于辐照处理的宝石种类较多，比较常见的有钻石、蓝宝石、托帕石、绿柱石、锆石、水晶、碧玺、珍珠等。这些宝石经过辐照处理后颜色变化见表4-3。

表4-3 常见辐照处理宝石种类及颜色变化

宝石种类	辐照前后颜色的变化
钻石	无色、浅色-黄色、绿色、蓝色或黑色、褐色、粉红色、红色
蓝宝石	无色-黄色（不稳定）
绿柱石	无色-黄色、粉红色、金黄色、蓝绿色等
海蓝宝石	蓝色-绿色、浅蓝色-深蓝色

续表

宝石种类	辐照前后颜色的变化
黄玉	无色－棕色（不稳定）、蓝色；黄色－粉红色、橙红色
碧玺	无色、浅色－黄色、褐色、粉红色、红色、绿色、蓝色等
锆石	无色－褐色、浅红色
水晶	无色－黄色、黄绿色、绿色、烟色、紫色
大理石	白色、黄色、蓝色、紫色
珍珠	无色－灰色、褐色、蓝色或黑色

4.4.6 辐照处理对宝石的影响

宝石在辐照过程中要考虑辐照剂量、辐照时间对宝石的影响，针对不同的宝石采用不同的辐照源，辐照时间随所需宝石颜色而定。辐照过程中需注意以下几点：

① 辐照能量过大、辐照时间过长，对宝石晶体中的色心形成不利，有时还会产生空位聚集，使宝石产生灰色或黑色。

② 辐照的作用是由表及里，宝石的颜色由外向内逐渐加深，当辐照能量过高时，宝石表面的离子会吸收足够的能量而脱离表面，从而会使宝石的表面产生损坏。

③ 辐照能量过高时，可能会使宝石局部在极短时间内产生高温，使宝石表面产生淬裂。

④ 宝石辐照处理后产生的放射性残余与辐照射线类型、辐照剂量及放射性同位素的半衰期有关，辐射性残余必须在符合国家标准后才可投入市场。

经过辐照后的宝石，表面所产生的残余辐射性与射线照射类型、辐照注入量、样品中的杂质种类及含量、放射性元素的半衰期有关，辐照处理的宝石必须放置一段时间，残余放射性低于国家标准才可以入市。参照国际辐射单位与测量委员会制定的《放射性防护标准》，国际上对于天然放射物质的比活度豁免值世界各国的标准都一样，天然放射物质的比活度每克小于350Bq/g；人工放射性物质比活度豁免限值有所不同，英国的人工放射性物质豁免限值为小于100Bq/g，日本、法国、意大利国家规定的人工放射性物质的豁免限值为小于74Bq/g，美国制定的标准最低，为15Bq。

参照我国电离辐射防护与辐射源安全基本标准(GB 18871—2002)，我国的人工放射性物质的豁免限值为小于70Bq/g，当将辐照宝石输入美国时，要特别测试宝石中的放射性强度。

4.5 高温高压处理法

钻石的颜色优化处理主要有辐照处理和高温高压处理。自1930年就已经开始利用高能辐射改善宝石级金刚石颜色的商业化处理方法。由于辐照钻石残留辐射性对人体产生潜在危害，限制

了消费者对辐照处理宝石的接受，因此宝石学家一直致力于寻找一种对人体无害并具有可行性的钻石颜色处理方法。高温高压法最初用于合成钻石，后来人们发现通过模拟钻石的生长条件和环境，可以改善钻石的颜色。

4.5.1 高温高压改色发展历史

自然界中，绝大多数钻石为Ⅰa型褐色钻石，天然高质量的无色和彩色钻石非常稀少。钻石的稀有性、颜色及其闪烁程度加剧了人们对高品质钻石的市场需求。钻石的改色一直都是宝石研究者致力于研究的课题。

自20世纪60年代以来，美国、日本、俄罗斯等国家相继开展了金刚石高温高压改色处理研究工作。美国通用电气公司首先提出了一种金刚石可能的颜色变化预测，随后Nikitin等（1969）利用高温高压处理方法，将Ⅰa型浅黄色金刚石转变成了黄色和黄绿色金刚石。

通用电气公司和戴比尔斯公司在全球范围内发表了一系列天然褐色钻石改色方法，但这些褐色金刚石多为Ⅱa型，所用仪器为两面顶压机，处理后的金刚石颜色多接近无色至稍带灰色调。20世纪末期，诺瓦公司利用棱柱形压机成功地将Ⅰa型褐色金刚石处理成黄绿色、绿黄色、蓝绿色及粉红色的彩色金刚石。进入21世纪以后，部分学者及商家将高温高压处理方法应用于改善或改变化学气相沉积法合成金刚石的颜色，主要处理成黄色和浅褐色的色调。俄罗斯、瑞典等国家的宝石公司也相继成功采用高温高压法改善钻石的颜色。

我国高温高压改色处理金刚石的技术起步较晚，20世纪末才开始相关研究。目前我国已经成功开展了钻石高温高压改色的实验研究。国内普遍使用的是六面顶压机，压力条件仍然低于国外先进实验条件，不过只要条件控制得当，还是可以将褐色钻石改为无色钻石。

4.5.2 高温高压主要改善类型

高温高压法改色与合成钻石条件类似，样品的压力通常要达到6GPa，温度在2100℃左右，持续时间很短，不超过30min。

市场上常见的经过改色处理后的钻石有两种类型：一类是将贫氮的Ⅱa型褐色钻石改成白色钻石，处理后颜色变浅，甚至可改成E、F、G等色级，通常在钻石腰围上用激光刻出“GE-POL”的字样，人们也称之为GE-POL钻石或GE处理钻石；另一种类型是Nova钻石，将含氮的Ⅰa型钻石褐色或色调不纯的黄白色系钻石改成彩色的钻石，处理后的钻石带有明显的绿色成分或为艳丽的黄色，多数属绿黄色到黄绿色色系，少量为黄色或褐黄色，常保留有八面体方向、褐色到黄色的生长纹。这两类高温高压处理钻石的条件及主要鉴定特征见5.3.2钻石的优化处理方法。

2010年以来，有一些大型珠宝公司开始采用高温加压的方式对刚玉宝石进行改色实验研究。刚玉宝石所需要的压力相对钻石来说很低，一般在100MPa左右即可使蓝色蓝宝石的颜色变得更鲜艳。曾经有一家德国公司首先采用了2.5MPa的低压来处理刚玉宝石。而碧玺则可以采用低温低压的方式来加热得到更鲜艳的颜色。

5

常见单晶宝石的优化处理及鉴定方法

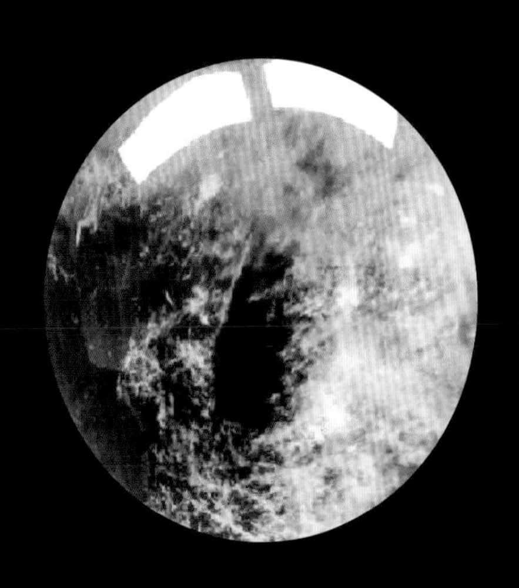

由原子或分子按一定规律作周期性重复排列的宝石晶体称为单晶宝石。单晶宝石种类较多，如红宝石、蓝宝石、钻石、祖母绿、碧玺、水晶、锆石等。单晶宝石一般具有较高的透明度和较强的光泽。单晶宝石的优化处理主要用于改善他色宝石的颜色和透明度。大多数由微量元素致色的宝石都可以通过优化处理来改善宝石的颜色，提高透明度。根据单晶宝石的化学成分、结构及呈色机理，选择不同的优化处理方法，如天然祖母绿、红宝石等裂隙较多，大多会采用无色或有色油注入的方式进行填充。刚玉宝石的优化处理方法很多，几乎所有的优化处理方法都可以应用到刚玉宝石上。其他种类的单晶宝石优化处理方法要依据宝石的呈色原理来选择合适的优化处理方法。

除此之外，有些由自身组分致色的单晶宝石如石榴石、孔雀石、橄榄石等，不能采用优化处理的方法来改变宝石的颜色。

5.1 刚玉蓝（红）宝石

5.1.1 刚玉宝石的宝石学特征

刚玉宝石是 α-Al_2O_3的单晶宝石的统称。纯净的晶体是无色的，由于常含有少量的过渡金属离子而呈现不同的颜色（表5-1）。最名贵的鸽血红色红宝石是由铬离子致色的，蓝色蓝宝石通常是由铁离子和钛离子共同致色，变色蓝宝石由钒离子致色等。红宝石、蓝宝石、钻石、祖母绿及猫眼石组成五大名贵宝石。部分刚玉宝石由色心致色，如黄色蓝宝石等。

表5-1　不同致色离子所产生的刚玉宝石颜色

杂质种类	宝石颜色
Cr_2O_3	浅红色、桃红色、深红色
TiO_2+Fe_2O_3	蓝色
NiO+Cr_2O_3	金黄色
NiO	黄色
Cr_2O_3+V_2O_5+NiO	绿色
V_2O_5	变色（日光灯下蓝紫色、钨丝灯下红紫色）

图5-1　各种颜色的刚玉宝石

刚玉宝石具有各种颜色，有红色、紫色、绿色、蓝色、黄色、黑色等（图5-1）。红宝石仅限于含铬的中至深红色的品种，淡粉色到橘黄色的一般称帕德马宝石。其余颜色的宝石级刚玉统称为蓝宝石。刚玉宝石命名时，在蓝宝石前冠上宝石的颜色，如黄色蓝宝石。不写具体颜色可认为是蓝色，有时也指统称。

5.1.2 刚玉宝石的优化处理及鉴定方法

很早的时候人们就开始运用热处理的方法改善刚玉宝石的颜色。据有关资料记载，大约1045年，已经出现了刚玉宝石的低温热处理方法，这个方法是使用熔融的黄金来加热，大多数熔融的黄金能加热到1100℃以上。该方法虽然使用时间较早，但今天仍然在使用，只是方法略有不同。目的是减弱或者去除红宝石、粉色蓝宝石中的紫色调。

在20世纪70年代，斯里兰卡乳白色的Geuda刚玉，经过1500℃的高温加热，颜色改变成蓝色，这种刚玉也从价格低廉的铺路石子转变为宝石级刚玉宝石。2001年开始经过铍扩散处理的刚玉大量出现在市场，直到2002年初宝石学家才鉴定出这些宝石为铍扩散的蓝宝石。

目前还有一种高温加压的方法对颜色较浅的蓝宝石进行处理，经过处理后蓝宝石的颜色浓度明显增加，饱和度提高。

5.1.2.1 刚玉宝石的优化处理方法分类

本节讨论的刚玉宝石包括红宝石、帕德马宝石、各色蓝宝石及各种星彩刚玉宝石。刚玉宝石是一种常见的宝石品种，优化处理方法很多，几乎所有的优化处理方法都可以运用到刚玉宝石上，按照目前优化处理方式可分为三大类（热处理、辐照、加色）及十二种方法，见表5-2。

表5-2 刚玉宝石优化处理分类

类别	方法
第一类热处理法	① 含铁离子刚玉宝石从无色、浅黄色到黄色、橙色的互变
	② 含铁、钛离子的无色或浅蓝色刚玉宝石颜色的加深及深蓝色刚玉宝石的颜色变浅
	③ 红宝石紫色调和蓝色调的消除
	④ 星光和丝状包裹体的析出、消除和再造
	⑤ 合成宝石生长纹和应力减弱及指纹状包裹体的引入
	⑥ 将无色刚玉扩散成各种颜色或星光
第二类辐照法	⑦ 经放射性辐照使无色变为黄色，粉色变为橙色，蓝色变为绿色及色心的消除
第三类加色方法	⑧ 着色、染色，将色料沉淀在宝石的裂纹中
	⑨ 无色或有色填充，常用蜡、油或塑料
	⑩ 附生，在合成或天然刚玉宝石表面生长一层合成刚玉宝石
	⑪ 拼合石，用刚玉类宝石或其他种类宝石拼接，增加重量或改善颜色
	⑫ 涂层、衬底、表面镀膜或覆膜、贴或刻星光

在以上12种优化处理方法中，最常用的是热处理法中的六种。下面按照优化处理的方法及原理逐一分析。

5.1.2.2 热处理法

（1）含铁离子刚玉宝石从无色、浅黄绿色到黄色、橙色的互变

当铁离子以二价的形式存在刚玉中时，宝石是无色或略带绿色调的。在高温氧化条件下，通

过气体扩散，二价铁可以氧化成三价铁。随着三价铁含量的不同，宝石可出现不同程度的黄色[图5-2（a）]。

在宝石中铁的含量远远超过钛时，铁离子之间的电荷转移占主导地位，宝石仍可呈现出黄色，但含钛所形成的黄色比不含钛的黄色暗得多。

当铁离子与铬离子共存、铁为二价时，宝石为粉色，经氧化加热铁变为三价，宝石呈橘红色[图5-2（b）]。

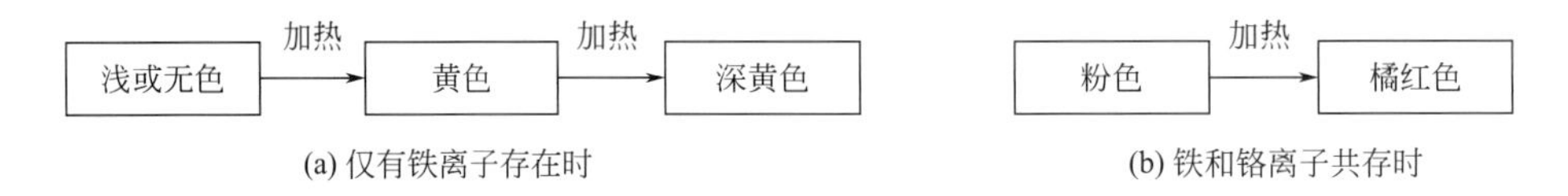

图5-2　加热后刚玉宝石的颜色变化

刚玉宝石热处理所需要的温度较高，一般要求在1500℃以上，接近且低于刚玉熔点（2050℃）的温度。加热过程中必须具有良好的控温系统，否则会使宝石部分或全部熔化。热处理时气氛为氧化条件，常采用敞开坩埚将Fe^{2+}氧化为Fe^{3+}，在空气中弱氧化条件下进行，可以得到颜色较为鲜艳的刚玉宝石。在加热过程中由于温度很高，为防止宝石炸裂，要注意升温和降温速度，要求缓慢升降温，也可以填入缓解温度的化学药品。

（2）含铁和钛离子的无色或浅蓝色刚玉宝石颜色加深及深蓝色刚玉宝石颜色变浅

蓝宝石中的蓝色和绿色是由致色离子铁和钛产生的。铁和钛离子在蓝宝石中的价态和含量不同，导致蓝宝石的颜色不同。铁和钛的电荷转移是引起蓝色刚玉宝石颜色变化的主要原因。

$$\underset{\text{（能量低）}}{Fe^{2+}+Ti^{4+}} \longrightarrow \underset{\text{（能量高）}}{Fe^{3+}+Ti^{3+}} \quad (5\text{-}1)$$

当光照射到宝石上时，单电子吸收光能从铁转移到钛，使方程向右进行。单电子吸收能量就形成从黄色到红色的宽阔的吸收带，从而产生了蓝色。这种电荷转移产生颜色的特点是具有很高的概率，对光产生强吸收，所以呈现的颜色很鲜艳。

第一个过程颜色加深，浅色或无色的含铁和钛的刚玉中铁一般是以二价形式存在，钛是以化合物TiO_2的形式存在，为使方程向右进行，必须使TiO_2的钛以离子形式存在于刚玉中，这就需要进行高温热处理。

典型实例是斯里兰卡产的“Geuda”刚玉石料的热处理。这种从乳白至褐黄色或带有蓝色调的牛奶色的刚玉，经高温处理可以得到不同程度的蓝色，有的可以达到蓝宝石的极品色（图5-3）。

图5-3　浅蓝色蓝宝石经过热处理后颜色加深

由于天然刚玉宝石中裂隙较多，在热处理过程中要防止宝石的炸裂。热处理前将宝石原料修整好，去掉一些表面的裂隙和较大的包裹体；热处理时常加入一些化学药品，防止在加热时炸裂和加快颜色改变的速度；加热的温度较低时需要加长恒温时间，采用较高的温度时只需短时间恒温。

第二个过程是深颜色变浅。这是第一个过程的反作用，主要是改变和调整形成蓝宝石深蓝甚至黑蓝色的杂质元素，如铁和钛的含量和比率。

实例是中国山东、中国海南岛及澳大利亚产出的刚玉。这种宝石的改善在理论上是行得通的，但在实践中尚未找到一个理想的方法。

（3）红宝石紫色调和蓝色调的消除

红宝石热处理的目的是改变引起红宝石杂色的杂质（通常是铁和钛）在宝石中的含量和赋存状态，使杂质不呈现颜色，从而使宝石中的铬离子呈现的红色更鲜艳。

例如红宝石中常带有蓝色或紫色调，是因为含有杂质铁离子。红宝石的热处理相对温度较低，一般在1000℃以下，在氧化气氛下，可将红宝石中的蓝紫色调去掉，使红宝石中的红色更加鲜艳（图5-4）。这种热处理后的刚玉宝石稳定性好，在光和热的作用下均不褪色，也没有添加其他成分，可作为天然宝石出售，证书中可以不备注，直接用天然宝石名称命名。

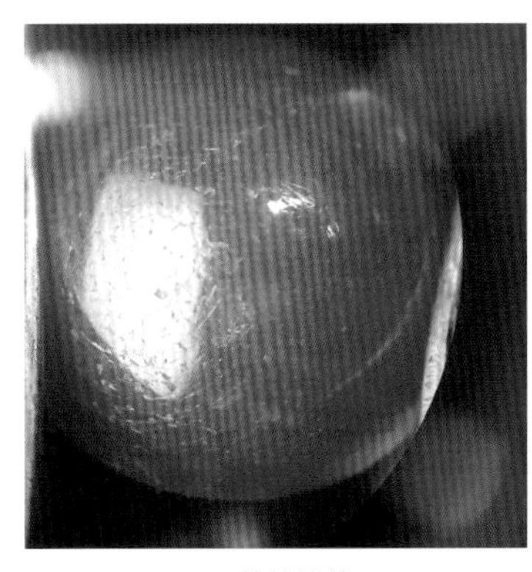

(a) 热处理前

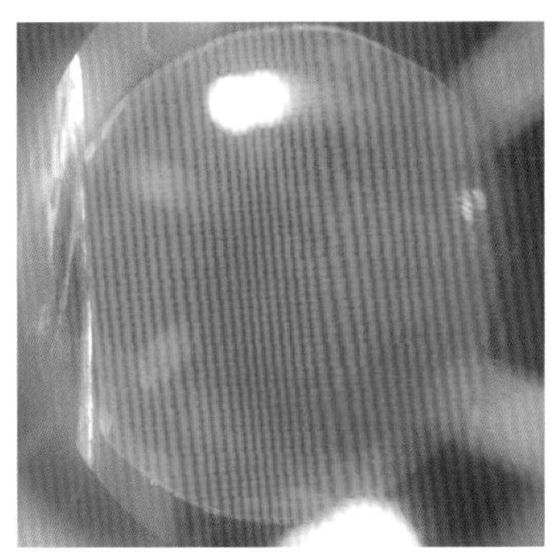

(b) 热处理后

图5-4　热处理前后红宝石的颜色变化

这种热处理的温度比蓝宝石热处理的温度低得多，但若以消除红宝石中丝状包裹体为目的，则需要较高的温度。

（4）星光和丝状包裹体的消除、析出和再造

晶体在一定温度下可与杂质形成固溶体。当温度降至一定程度，杂质在晶体中产生过饱和，会以雏晶或微晶的形式析出，使晶体产生乳状物或丝状包裹体。

在Al_2O_3中加入0.2%的金红石，在高温下合成刚玉后以较快的速度冷却，结晶出的晶体仍为蓝色透明。但将晶体在1100 ~ 1500℃的温度下重新加热或保持温度不变，维持一周左右，会有细小的丝状或针状包裹体出现。

大量的、极细小的金红石包裹体，呈针状定向排列，在平行刚玉晶体底面形成三组互为120° 角的定向包裹体。可出现清晰的六射星光［图5-5（a）］。

相图研究指出，在1600℃左右钛的氧化物与Al_2O_3有一个互溶界限，在高于这个界限的温度下，钛的氧化物可以按一定比例溶解在Al_2O_3中形成固溶体。在低于这个界限的温度下，钛则大部分以TiO_2的形式析出［图5-5（b）］。

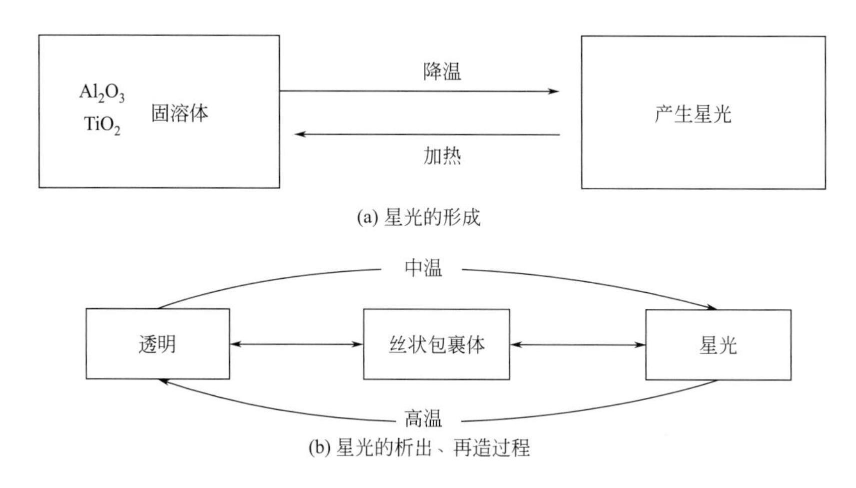

图5-5　星光的形成、析出和再造过程

在互溶界限以下钛又以 Ti^{4+} 的形式（TiO_2）析出：

$$2Ti_2O_3+O_2 \longrightarrow 4TiO_2 \quad (5-2)$$

因此，在杂质（TiO_2）浓度相同时，不同的温度压力条件，可以使刚玉宝石产生或消除星光和丝状包裹体。

① 对星光和丝状包裹体的消除　选择天然产出的星光不好、星线不清楚的红宝石或蓝宝石原料。

处理方法：通过高温加热后迅速冷却的方法，使宝石加热至1600℃的高温，宝石中 TiO_2 与 Al_2O_3 形成固溶体，TiO_2 熔解在宝石中而 Al_2O_3 不熔，从而消除宝石的丝状包裹体。

② 星光的析出　原料：天然产出或人工合成的含钛量较高的红、蓝宝石。

处理方法：样品在高温条件下加热，在1100 ~ 1500℃恒温一段时间，较低温度时要恒温一周左右，高温时需恒温几个小时，这期间刚玉内部的金红石针状晶体即可形成规律排列，可以出现星光现象。

③ 星光的再造　选择天然含钛包裹体的宝石原料，多为蓝宝石。这是由于一些天然产出宝石的星光不好，或丝状包裹体粗大，生长不均匀。

处理方法：可以通过人工高温熔融，将这些包裹体熔在宝石中，然后再控制温度，析出理想的包裹体，再造出优质的星光。

再造过程是消除和析出前两个过程的综合。

操作步骤：在高温下（1600℃以上）恒温一段时间，让丝状物和粗大包裹体熔融而又不使宝石熔化，要掌握合适的温度和时间。然后进行缓慢降温，降至1500 ~ 1100℃之间的选定温度，恒温一段时间，使 TiO_2 针状包裹体有足够的时间成核和生长，最后再缓慢降至室温。

得到星光的原料，经加工磨制成素面宝石，就可在宝石顶刻面见到六射星光。

星光的析出和再造过程见图5-5（b）。

（5）合成宝石生长纹和应力减弱及指纹状包裹体的引入

这种方法常应用于焰熔法生长的红、蓝宝石。合成宝石在结晶和冷却过程中，由于配料均匀度、设备控温稳定度、生长取向及结晶的速率等影响，会出现一些明显的缺陷，如弧形生长纹、内应力、弯曲色带等。

为消除这些缺陷，一般在合成之后都要进行常规退火处理（1300℃左右），以消除宝石的脆性，增强合成宝石的稳定性。

弯曲的色带和生长条纹是区别合成宝石和天然宝石的重要依据。为使合成品更接近于天然品，在接近宝石熔点的热温场中，对宝石进行高温处理，温度需在1800℃以上，恒温较长时间。高温处理不但可以消除应力，减少脆性，而且能通过高温扩散减少宝石中的弯曲色带和生长条纹，或者使其不明显。但这种方法无法去除合成中的小气泡。

另外，对合成蓝宝石不均匀加热，使其局部首先产生裂纹，然后在某些添加剂中加热，使裂纹愈合，可以产生非常接近天然宝石的指纹状包裹体。

5.1.2.3 辐照法

最初用X射线或γ射线使无色蓝宝石辐照成浅黄色至橙黄色的蓝宝石，但这种辐照所产生的颜色不稳定，在光照下会发生褪色。因此光照褪色实验被认为是唯一可靠的鉴定辐照处理黄色蓝宝石的测试方法（K.Nossau，1991）。近年来，一种新型辐照类型——中子辐照法，辐照后的黄色蓝宝石与天然黄色蓝宝石产生的色心相似，光照下不褪色，加热到250℃以上开始发生褪色作用。除此之外，中子辐照黄色蓝宝石还具有以下几个鉴定特征：

① 橙黄色的紫外荧光　辐照处理的黄色蓝宝石都具有较强的橙黄色紫外荧光。天然色心致色的黄色蓝宝石也具有橙黄色的荧光，但以Fe^{3+}为主要致色离子的蓝宝石，则没有紫外荧光。

② 成分中不含或几乎不含铬离子。

③ 红外吸收光谱　中子辐照的黄色蓝宝石在$3180cm^{-1}$和$3278cm^{-1}$有吸收。

④ 紫外-可见吸收光谱特征　中子辐照处理的黄色蓝宝石的吸收曲线除在450nm有微弱的Fe^{3+}吸收峰显示外，从405nm处开始递减，即对紫光和紫外光的透明度增大，而其他辐照处理和天然色心致色的黄色蓝宝石对紫外光不透明。

无色、浅黄色或浅蓝色刚玉类宝石经过辐照可产生黄色，形成黄色蓝宝石。在辐照过程中至少产生两种黄色色心。一种是在光中迅速褪色的不稳定色心（YFCC色心），而另一种则较稳定，是在光中和500℃以下温度不褪色的稳定色心（YSCC色心）。深黄色或橙黄色的蓝宝石一般不稳定，经过200℃左右的低温加热或太阳下曝晒几小时即可褪色。含铬浅粉红色的蓝宝石经过辐照可产生粉红色-橙红色蓝宝石。

如果黄色色心存在于含铬的粉色刚玉中，则成为橘黄色-粉红色的帕德马宝石，黄色色心若存在于蓝色宝石中，可使蓝色宝石变绿。天然的黄色色心多为稳定的YSCC色心。

在辐照过程中，对宝石的优化处理比较有意义的是稳定色心，加热可以加快色心的消除，消除稳定色心需要500℃左右，而消除不稳定色心只需200℃，与暴露在阳光下几个小时相当。加热后使黄色转变成浅黄色或无色，绿色转成蓝色。如果再辐照绝大部分还可以恢复到以前的颜色。

辐照处理的蓝宝石不易检测，但颜色通常与未处理过的天然材料的颜色色调不相同，一般辐照后蓝宝石颜色很鲜艳，饱和度也很高。

5.1.2.4 红宝石充填

（1）传统材料的充填

除用色料外，有时也用有色或无色蜡、无色油、有色油或塑料填充。有色油的注入有很大的欺骗性。例如“红宝石油”是一种稳定的矿物油，加上红色染料和少量杀菌剂型的芳香剂，可以使浅粉色或无色的刚玉宝石，特别是那些具有天然裂隙的宝石加上颜色，增强宝石的红色调，以“红宝石”出售。

红宝石的充填一般是在真空条件下通过加热进行的，有以下几个步骤：

① 处理前对红宝石预加工，粗磨成所需形状，不需要细磨和抛光。用酸清洗，去除裂隙中的杂质并烘干。

② 将充填物质与待处理红宝石放入装置中，加热使充填物质熔化成液态在真空条件下渗入红宝石裂隙中，恒温一段时间使充填过程充分完成。

③ 充填结束后缓慢降温，对处理好的红宝石进行细磨、抛光等表面处理。

注胶充填后红宝石裂隙处有树脂状光泽，与红宝石的明亮玻璃光泽明显不同，用针触探充填的胶可划动或用热针触探有出油现象。红外光谱测试可显示胶或油的吸收峰。注油或注胶处理的红宝石在放大镜下可观察到油或胶的晕彩干涉色现象及气泡（图5-6）。

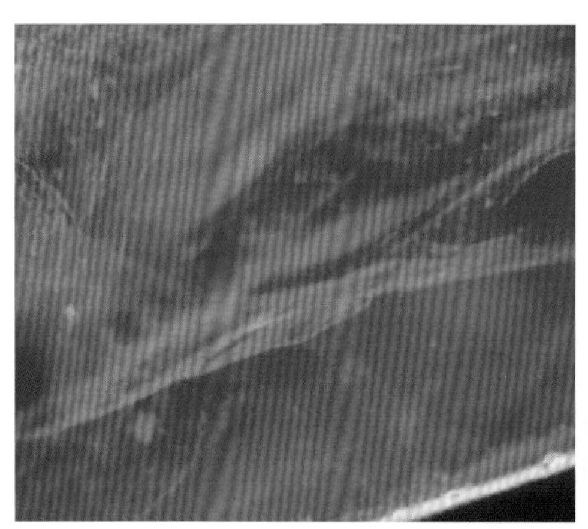
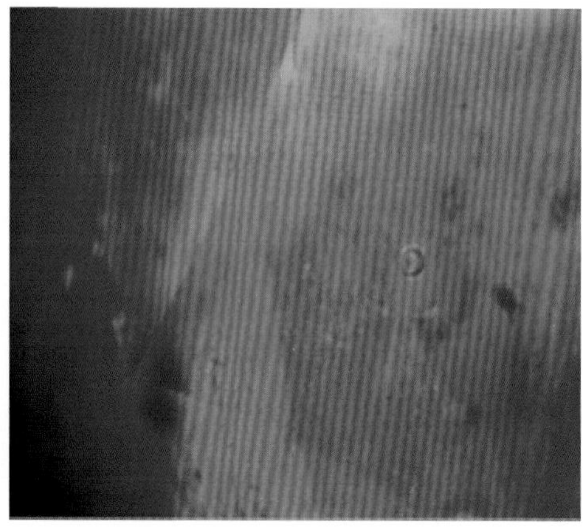

图5-6 放大检查可见充填处油或胶的晕彩干涉色和气泡

（2）高铅玻璃的充填

由于铅玻璃折射率和光泽较高，铅含量越大，折射率越大，光泽越强。与传统玻璃材料相比，铅玻璃的光学性质与红宝石更为接近，因此，目前市场上对红宝石充填常用的材料是高铅玻璃。值得注意的是，作为饰品，铅含量太高对身体有害，因此，高铅玻璃充填红宝石要控制铅含量在合理范围之内。

① 充填方法　一般用于红宝石充填的玻璃成分主要是硼质钠铝玻璃、铝硅酸盐玻璃、磷铝玻璃等，它们能在1500℃时形成一种熔融体，以此渗透进入红宝石的裂隙，起到修复及净化的作用。最新应用的含铅玻璃其材料流动性强，熔点较低（约600℃），折射率、光泽也与红宝石

相近（强玻璃光泽），所以不仔细观察，很容易当作天然品。

② 检测方法　铅玻璃充填物在红宝石裂隙中呈白色絮状［图5-7（a）]，时间久了会形成黄色絮状物。采用宝石显微镜放大检查，充填裂隙处常显示蓝色或蓝绿色的闪光效应［图5-7（b）]。充填裂隙处，显示与红宝石主体不同的白色云雾状的物质。

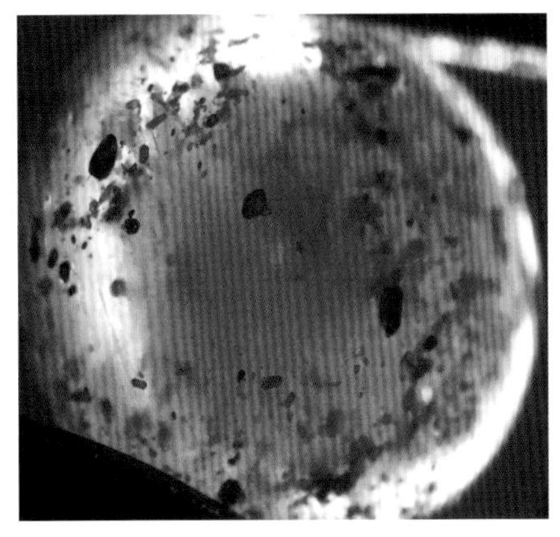

(a) 充填红宝石中的白色絮状物

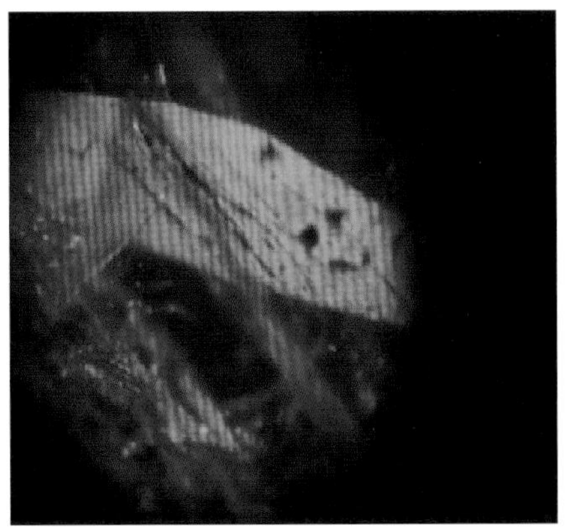

(b) 蓝色闪光效应

图5-7　充填裂隙处白色云雾状及蓝色的闪光效应

③ 玻璃充填修复　一般采用硼质钠铅玻璃，对在腰围或亭部有缺口或受损的红宝石做充填处理，以达到美观及重量增加的效果。这种充填一般是局部微区充填，充填量较小，很难鉴别。在鉴定时要仔细观察红宝石是否有损坏部分，如果有的话要放大检查内部是否有充填现象，必要时可采用大型仪器如红外光谱仪、拉曼光谱仪等进行成分分析。

5.1.2.5　拼合石和涂层

刚玉宝石拼合石有多种组合方式，常出现的类型有：红宝石和合成红宝石组合；带绿色的蓝宝石下面放一个合成红宝石底；上层是天然蓝宝石、下层是合成蓝宝石，或上层是浅色蓝宝石、下层是深色蓝宝石（图5-8）等。

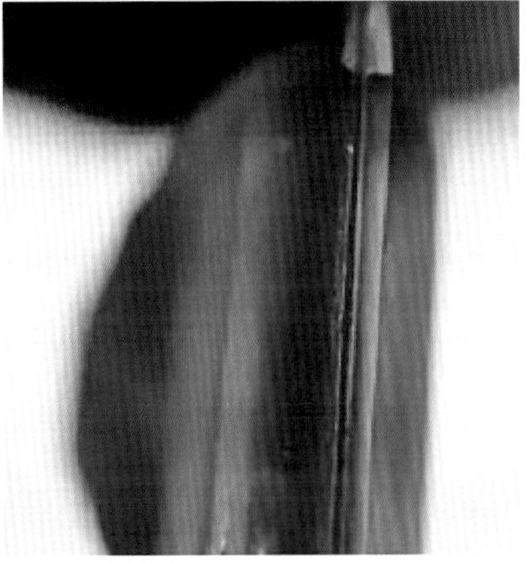

图5-8　拼合蓝宝石

拼合红宝石或拼合蓝宝石在鉴定时要仔细观察拼合层及上下两层之间的颜色、光泽及包体的变化。只要认真观察，一定能找出二者的差异。

具有特色的是贴或刻星光。将天然或合成的刚玉宝石的底面用色片或金属片贴出条纹，或者用浮雕的方法雕出条纹，也有用化学药品蚀刻的，使宝石底面出现120° 角的3组刻线花样，从台面看很像星光。

刚玉宝石的优化处理法还有许多。例如附生，即在合成或天然宝石上面生长一层合成刚玉，刚玉宝石表面镀一层金刚石膜等。

5.1.2.6　常见的加色的方法

由于天然红宝石裂隙较多，一般用无色油或有色油对红宝石进行染色处理，染色后红宝石颜色增加，结构坚固，稳定性增加。无色油染色红宝石鉴定较为困难，有时会有异常荧光现象；有色油染色后的红宝石鉴定相对比较容易，放大检查可观察到颜色在裂隙中的富集现象，无裂隙处颜色较浅，颜色分布与其结构有关（图5-9）。有时有色油染色红宝石也会有荧光现象。

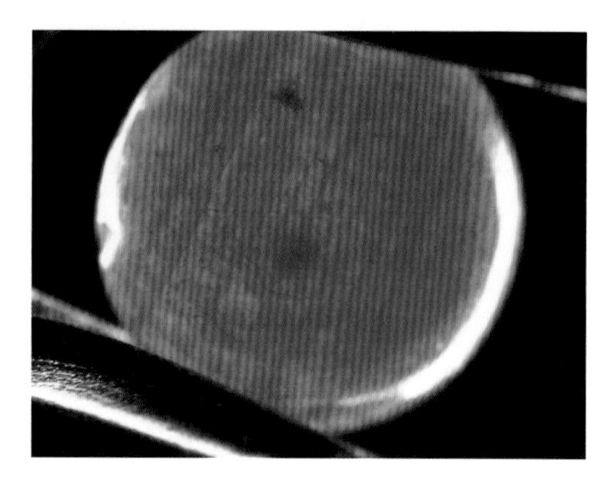

图5-9　有色油染色红宝石

5.1.2.7　改善品的鉴别

采用常规测试的手段确定宝石的种类。首先确定样品是不是刚玉宝石，是天然的还是合成的。之后就要仔细观察宝石的生长条纹和指纹状包裹体是否是人工植入的，人工植入的包裹体一般仅限于表层，且有时仍可找到合成时的小气泡。

对于各种加色法，只要认真仔细观察是不难鉴别的。这种鉴别的关键是要知道并且要在鉴定时想到可能出现的各种优化处理方式。

无色的油染鉴定较困难，一般是用油可出现荧光的性质鉴别。但对无荧光的油，则需要在放大镜下观察裂隙的模糊轮廓，再用热针在可疑处接触，利用散发出的气味即可鉴别。

经热处理方法改善的宝石可作为天然品出售。鉴别的关键是寻找高温证据。高温较典型的证据是在重新抛光后有时会留下未抛光的麻点，刻面及腰围异常；还可能出现内含包裹体周围热膨胀留下的应力破裂及丝状包裹体缺失，色带扩散打结等现象；在吸收谱中存在着450nm处铁吸收线缺失的现象。

红宝石中消除紫色或褐色的过程，由于温度不是很高，常见不到高温证据。

辐照法产生黄色稳定色心时也可作天然品出售，但很难得到，不稳定色心因迅速褪色无商业价值。

高温热处理红蓝宝石的主要鉴别特征如下。

（1）气液包裹体破裂

指纹状包裹体经加热处理后，原来孤立的气液包裹体破裂，形成连通的、弯曲的、同心状的包裹体，像很长的、卷曲的、散布在地上的水管，称为水管状愈合裂隙。

（2）固体包体的熔蚀

固体包裹体被熔蚀，低熔点的包裹体形成圆形或者椭圆形的、由玻璃与气泡组成的二相包裹体；高熔点的晶体包体则形成浑圆毛玻璃状或表面麻坑状的形态。

（3）热处理应力晕

当晶体包裹体因加热发生熔融或分解作用时，还可能诱发应力裂隙或者改造原生已存在的应力裂隙，常见现象有：

① 雪球　晶体包裹体完全熔化形成白色的球体或者圆盘，并在周围形成应力裂隙［图5-10（a）]。

② 穗边裂隙　如果晶体包裹体完全或部分熔化后，熔体溢入裂隙，形成环绕晶体分布的熔滴环，或者充填到裂隙的其他位置，熔体的溢出还可能在熔化的晶体周围形成强对比度的空穴［图5-10（b）]。

③ 环礁裂隙　晶体包裹体没有熔化，但形成了带有环礁状边沿的应力裂隙，也是热处理红、蓝宝石中可见的现象，这种裂隙也称为环礁裂隙［图5-10（c）]。

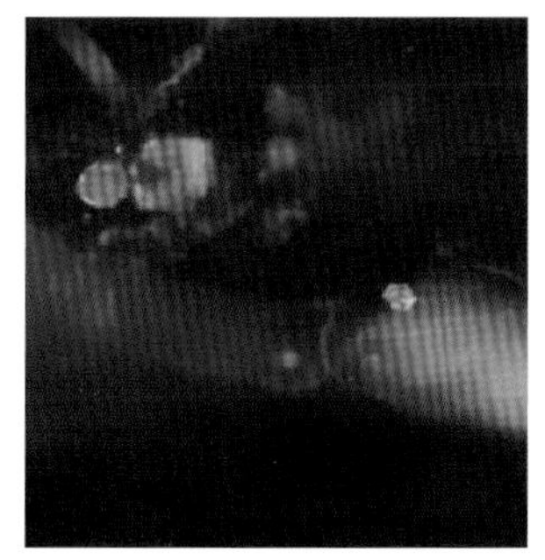
(a) 雪球状应力裂隙

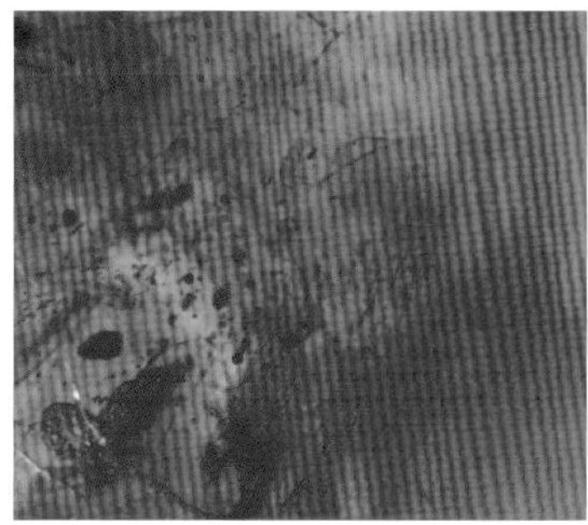
(b) 穗边裂隙

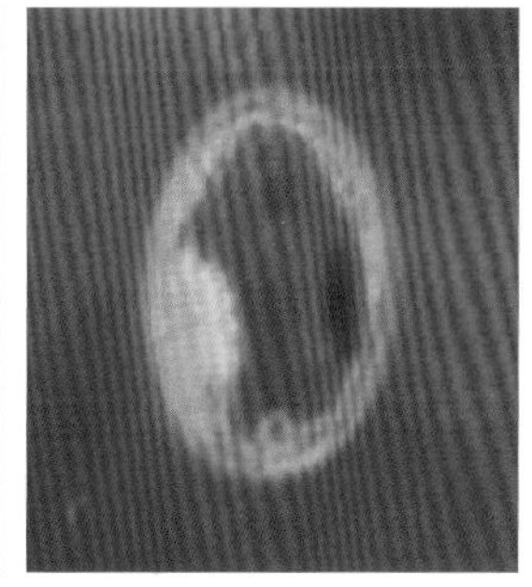
(c) 环礁裂隙

图5-10　热处理应力晕特征

5.1.2.8　扩散法刚玉

（1）刚玉宝石的扩散处理

① 扩散处理的原理　在刚玉晶体中引入铁、钛、铬离子，以代替铝离子，在高温条件下，致色离子进入到刚玉的表面层，使宝石呈现出蓝色或红色。热处理的温度要刚好低于宝石熔点的温度，可以使晶体格架扩大，便于半径较大的着色离子迁移。引入不同的致色离子宝石会产生不同的颜色，其中钛和铬离子致蓝色，铬离子致红色，适量钛离子产生星光效果，铍离子致黄色。

② 扩散处理的过程

a.原料的选取　无色或淡色透明的天然刚玉［图5-11（a）]。首先要将这些刚玉原料打磨成刻面或圆顶的各种形状、尺寸的毛坯，一般在细磨后不抛光，然后埋在以氧化铝为主，含有一些着色离子成分的化学药品中［图5-11（b）]。

b.加热　按照图5-11所示的方法将样品放入坩埚后，在高温炉中持续加热。加热时间可从

2 ~ 200h，升温的范围大约从1600 ~ 1850℃，一般以1700 ~ 1800℃最好。

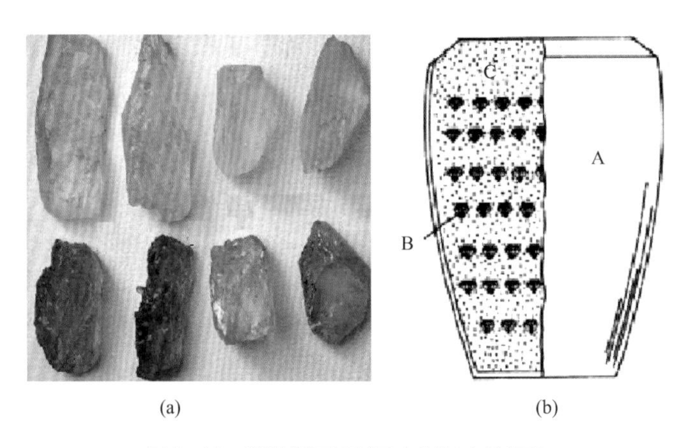

(a) (b)

图5-11 扩散样品原料及在坩埚中的摆放

A—坩埚；B—样品；C—加入的化学试剂

c.注意事项 刚玉宝石在低于1600℃时宝石不变化，在更高的温度下宝石要熔化。因此，加热温度必须在刚玉宝石的相变温度（2050℃）以下，在加热时，一般是较高的温度下，维持较长的时间，颜色渗入的深度也较大。

现在有一种“深”扩散法，与这种在高温下长时间的扩散不同，是采用对宝石进行多重加热的方法，即在宝石冷却后，再重新加热。反复多次，多重扩散，其处理时间要两个月以上，处理后宝石颜色较深。

③ 扩散处理的结果 经扩散处理的蓝宝石的颜色只存在于宝石的表层（图5-12）。美国Robert等曾对扩散的颜色层厚度进行了测定，他们的方法是将三块扩散处理宝石的刻面，垂直于顶刻面切开，对切口的断面抛光后进行测量和观察。在断面上可以见到不同厚度的宝石表面扩散引入的颜色层，层中的深浅具有差别，认为是多次扩散的痕迹。

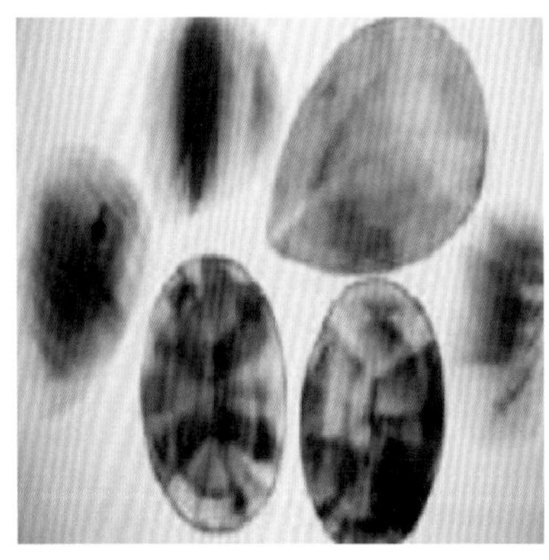

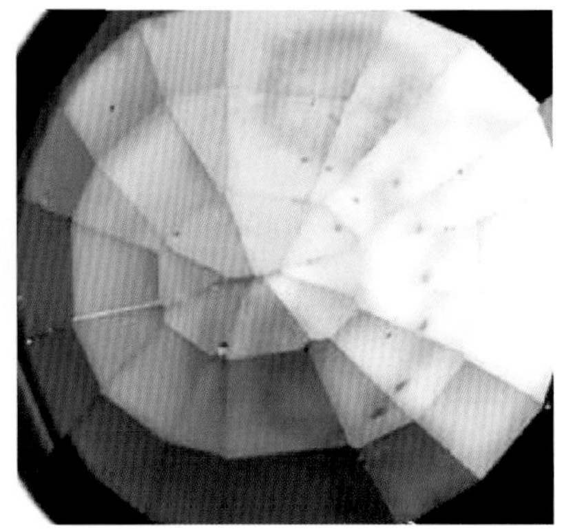

图5-12 扩散处理后的蓝宝石

④ 对扩散处理宝石的评价

a.颜色成因 由扩散法得到的颜色，是人工加入了天然成分以外的化学物质；并且颜色只存在于表层，宝石整体的颜色不均匀，内部与外部不一致。在销售时须明确标出扩散宝石。在宝石鉴定书上，要标上字母“U”，代表表面扩散品。

b.定价原则　由扩散法得到的颜色与天然着色离子形成的颜色相同，并且已部分进入晶格，其物理化学性质稳定，制备成本不低，价格不宜定得太低。一般定价原则是低于天然蓝宝石，高于合成蓝宝石。

（2）扩散处理蓝宝石的鉴定

① 单一放大

a.处理样品毛坯料表面呈现出部分反射光和表面烧结物，这些特征经抛光后可以部分或全部去除。

b.扩散处理的宝石，抛光过轻而常在抛光面上产生一种双层带状物，在放大镜下观察可见一个扩散层。

c.在扩散处理蓝宝石的表面裂纹或周围的孔隙中，常沉积有深的浓缩颜色和扩散用的色料。

d.宝石中的包裹体周围常有高压碎片，部分包裹体熔融，或金红石的“丝”部分熔融成点状，或被吸收。

② 油浸观察　扩散热处理的宝石最有效的鉴定方法是油浸观察。将样品浸入到二碘甲烷或其他浸液中，肉眼或放大观察它的外观，具有扩散处理宝石的典型特征。

a.高凸起　由于颜色的浓缩，沿着刻面棱接合处和腰围部位明显地出现较深的颜色线或者高凸起。

b.斑状刻面　通过热处理扩散的成品蓝宝石常出现部分刻面颜色深浅不一致的现象。

c.腰围边效应　对于扩散处理的宝石，在腰围处常常完全无色，整个腰围清晰可见。

d.蓝色轮廓　不论是在哪种介质的浸油中，扩散处理宝石的边缘都很清楚，常出现一个深蓝色的轮廓。

在不同溶剂中扩散宝石肉眼观察颜色是不同的。而一些其他特征如斑状刻面等，则要在甘油或二碘甲烷中才能更明显。最清楚的还是二碘甲烷，但这种溶剂毒性较大。

铬离子扩散红宝石的折射率较大，可达1.788 ~ 1.790。有些扩散蓝宝石在短波紫外光下呈蓝白或蓝绿色荧光。市场上还出现一种用Co^{2+}扩散进入刚玉得到的蓝色扩散蓝宝石，这种宝石可用查尔斯滤色镜鉴定。在查尔斯滤色镜下，钴离子扩散蓝宝石呈现红色。

（3）铍扩散刚玉宝石的呈色机理和鉴定特征

① 铍扩散刚玉宝石的工艺过程　在刚玉宝石高温铍扩散工艺中，铍离子的引入是通过金绿宝石（$BeAl_2O_4$）粉末实现的，其工艺方法有两种。

a.助熔剂法　在含有硼、磷的助熔剂中加入质量分数为2% ~ 4%的金绿宝石粉末，表面涂上助熔剂的宝石在1800℃的氧化气氛中加热25h。

b.粉末法　将含2% ~ 4%的金绿宝石粉末与高纯度氧化铝粉末混合，或将0.8%的氧化铍加入氧化铝粉末，然后将宝石埋入其中，在1780℃的氧化气氛中加热60 ~ 100h。

② 铍扩散刚玉宝石的特点

a.在铍的高温扩散过程中，铍元素可以扩散到整个宝石中。各种颜色的蓝宝石和红宝石的颜色都可通过铍扩散得到非常好的改善。

b.助熔剂法处理的宝石显示出极好的表面颜色一致性，而粉末法处理的宝石颜色几乎扩散到

整个宝石。

③ 致色机理

a.铍离子的作用　铍离子是作为高温下产生的铁氧捕穴缺陷色心的稳定剂，使得它们在降低到室温时，仍能稳定存在。铍离子不是产生黄色的直接原因，铍改善蓝宝石主要是对光谱中的蓝区普遍强吸收，从而产生了强烈的黄色调（图5-13）。

b.铁离子的作用　铁离子的含量对于铍改善的工艺过程起着重要的作用，铁离子是形成橙黄色的主要离子，其呈色机理是形成铁氧捕穴缺陷色心。铁含量低的样品处理后呈棕色，而铁含量中等及高的样品经处理后则呈现出黄色。

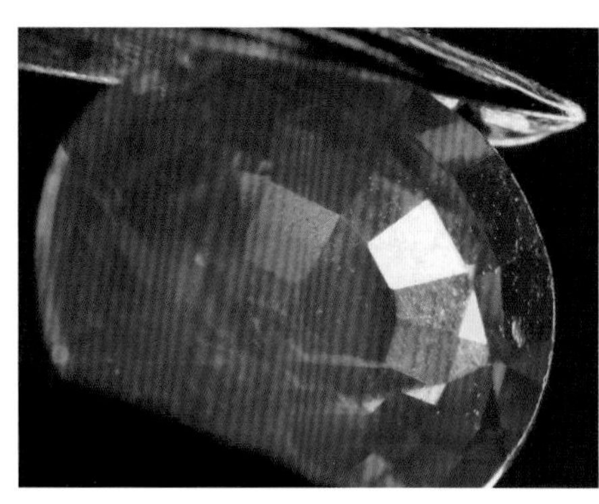
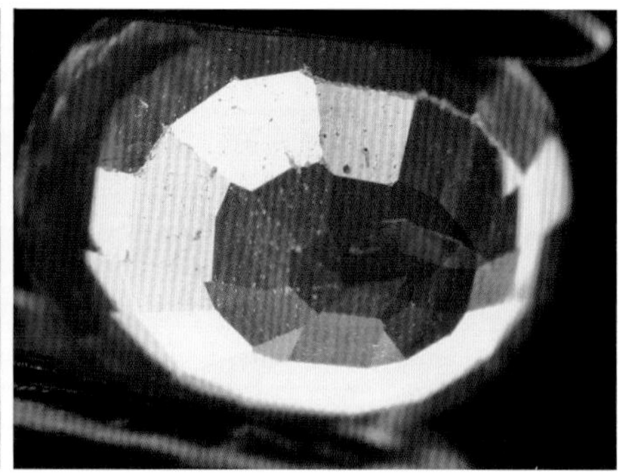

图5-13　铍扩散蓝宝石的颜色特征

（4）铍改善宝石的特征及鉴定

① 颜色　不同颜色的宝石经铍改善后会产生不同的颜色，改善后其颜色不同程度地呈现黄-橙色调。不同颜色的蓝宝石经铍离子扩散后产生的颜色见表5-3。

表5-3　不同颜色的蓝宝石经铍离子扩散后产生的颜色

改善前	改善后
无色	黄色到橙黄色
粉红色	橙黄色-粉红色到橙黄色
暗红色	鲜红色到橙黄色-红色
黄色、绿色	黄色
蓝色	黄色或没有明显效果
紫色	橙黄色到红色

② 仪器测试铍离子的浓度

a.大型仪器测试　主要测试扩散刚玉宝石中铍的含量。

次离子质谱仪，天然刚玉表面铍浓度（1.5 ~ 5）$\times 10^{-6}$，经铍扩散的表面铍浓度为（1 ~ 3.5）$\times 10^{-7}$。如果Be含量在1×10^{-5}以上，则需要进一步测试，以确认刚玉是否经过铍扩散处理。

等离子质谱仪和X射线荧光能谱仪测试，进行化学成分分析发现，经铍扩散处理的刚玉中铍离子浓度呈规则分布，内低外高。

b.色域　将宝石放入二碘甲烷浸液中，色域厚薄不一，具有不规则的次生色带。

c.其他证据　显微镜下，具有高温热处理包裹体特征：熔融晶体假象包裹体，沿盘状裂隙面分布的次生包裹体（玻璃体或重结晶）、附晶、蓝色晕圈等。

5.2　绿柱石族宝石

绿柱石族包括多种宝石，一般按照宝石的颜色命名，如无色绿柱石、黄色绿柱石、红色绿柱石等。最名贵的品种是绿色的祖母绿，被称为绿色宝石之王，一直深受人们的喜爱。只有颜色达到一定的浓度才能成为祖母绿。还有常见的海蓝宝石、金绿柱石等（图5-14）。

图5-14　绿柱石族宝石

5.2.1　绿柱石族宝石的宝石学特征

绿柱石族宝石的化学成分为$Be_3Al_2Si_6O_{18}\cdot xH_2O$，铝可被少量的铬、铁、镁、锰等离子所代替。纯净的绿柱石是无色的，不同的致色离子可产生不同的颜色。如果绿柱石中含有少量的铬离子和钒离子，则会形成祖母绿，如果含有少量的铁离子，则会形成蓝色或蓝绿色的海蓝宝石。

绿柱石的晶体结构主要是由硅氧四面体组成的六方环。绿柱石晶体为六方柱状，柱面上常有明显的平行结晶C轴的纵纹，有时发育成六方双锥。经常有少量的铬、铁、锰离子替代铝离子。

纯净的绿柱石为无色透明晶体，只含钾离子、钠离子等非着色离子的绿柱石也为无色透明晶体；祖母绿的绿色由铬离子或钒离子致色，颜色不需要改善；由铁离子和锰离子等致色的绿柱石，多为绿色、黄色、黄绿色、海蓝色等颜色，大多数可以采用热处理、辐照等方法进行颜色改善。绿柱石族宝石的颜色与所含致色离子的关系见表5-4。

表5-4　绿柱石族宝石的颜色和所含致色离子的关系

宝石品种	颜色	致色离子
祖母绿	艳绿色	铬离子或钒离子
海蓝宝石	天蓝色	Fe^{2+}，或者Fe^{2+}/Fe^{3+}
透绿柱石	无色	无
粉色绿柱石	粉色	含Mn^{2+}，或者Cs^{+}
红色绿柱石	红色	Mn^{3+}
金绿柱石	黄色－金黄色	Fe^{3+}
Maxixe型绿柱石	蓝色	色心致色，不稳定

5.2.2　绿柱石族宝石的优化处理及鉴定方法

祖母绿硬度稍低，相对脆弱，天然祖母绿中含有一定的裂缝及内含物，其内部包裹体种类很多，不同类型的包裹体对祖母绿的产地具有指示意义。祖母绿内部的包裹体和裂隙会影响宝石的价值和稳定性，因此市场上大多数的祖母绿都经过优化处理。

祖母绿最常见的优化处理方法是裂隙填充。采用油浸能掩盖祖母绿的裂隙，提高透明度。由于油的折射率和祖母绿相近，对宝石的光泽影响较小。

人造树脂充填也是常用的手段。这种方法比油浸效果持久，并且对内含物的掩盖能力更高。但是人造树脂填充会对祖母绿造成不可逆转的伤害。树脂老化后可能变成棕色或白色，令瑕疵更加明显。

轻微优化处理几乎不会影响价值。从2000年开始，GIA鉴定已提供祖母绿净度处理分类服务。鉴定所检验未镶嵌的宝石，提供的祖母绿证书会将净度等级描述为轻度、中度、显著。GIA鉴定强调，使用分类系统的目的仅在于评价处理的水平，而不是为宝石提供整体净度等级。

绿柱石族宝石常见的优化处理方法有热处理、无色油（有色油）充填、辐照、衬底、镀膜、附生等。

5.2.2.1　热处理法

热处理常用于含有铁的黄色绿柱石或绿色绿柱石，也适用于由锰离子和铁离子共同致色的橘黄色绿柱石。天然祖母绿很少利用热处理改色。

（1）铁离子在绿柱石中的存在形式

由于铁离子在绿柱石中存在多种形式，对其进行热处理可产生不同的热处理效果。铁离子在绿柱石结构中具体存在形式主要有三种：

① 若Fe^{3+}取代Al^{3+}，则宝石出现黄色。随着Fe^{3+}含量的减少可以从金黄色降至无色，含极少量的Fe^{3+}时无色。

② 若Fe^{2+}取代Al^{3+}，宝石不呈颜色，是无色的。

③ 铁离子存在于绿柱石结构的孔道内　根据前人研究，铁离子存在于结构孔道被认为与形成绿柱石的蓝颜色有关，一般热处理对这种离子呈现的颜色影响不大，其呈色机理还有待于研究。

当Fe^{2+}、Fe^{3+}同时存在于绿柱石内部，宝石常呈现绿色或黄绿色，这种宝石经热处理常可得到优质的海蓝宝石，颜色最为理想，为漂亮的海蓝色，物理化学性质也比较稳定。

含铁离子和锰离子的橘黄色绿柱石经热处理可以得到漂亮的粉红色绿柱石。还有一种深红色的含锰绿柱石加热到500℃可以褪色。

（2）热处理条件

① 热处理温度　由于绿柱石结构中含有水，热处理温度较低，一般在250 ~ 500℃之间，400℃以上要十分小心，一般停留几分钟即可。若存在的水较多，在低于550℃时就会出现乳白状态，表明晶体结构已被破坏。

少数绿柱石也可以加热到较高温度，如印度和巴西产的一些绿柱石，加热到700℃宝石颜色也无变化，人们常用这种方法消除一些极微细的包裹体和裂隙。

② 注意事项　由于绿柱石中裂隙较多，在热处理过程中为防止宝石炸裂，升温和降温要缓慢进行，在最高温度保持时间不能太久，并且需对宝石进行一些保护。例如，将宝石放入坩埚中封闭，用细沙充填坩埚，或把宝石包在黏土团内，这些保护措施效果都不错。

5.2.2.2　放射性辐照法

放射性辐照对绿柱石的颜色影响很大，绿柱石经不同能量的射线辐照后，可以产生不同的颜色变化。常用的放射性辐照源有X射线，高、低能电子等。由于担心放射性残留，很少采用反应堆的中子辐照。

（1）辐照方法及宝石颜色变化

由于绿柱石中含有不同的杂质离子，辐照后会产生不同的颜色。当有少量Fe^{2+}代替Al^{3+}存在时，辐照可使无色变为黄色，蓝色变为绿色，粉红色变为橘黄色，这些颜色对光是稳定的；Maxixe型无色、绿色、黄色、蓝色绿柱石经过γ射线辐照后可产生深钴蓝色的绿柱石。辐照后的宝石没有放射性残留，但产生的钴蓝色绿柱石不稳定，经过辐照得到的颜色可通过热处理转变或褪至原来的颜色，而且热处理得到的颜色也可以通过辐照恢复。现在市场上出现的钴蓝色绿柱石大多数是辐照后的绿柱石。

部分绿柱石经过不同的热处理气氛可产生不同的颜色，例如，含铁黄色的绿柱石在还原气氛中加热可变为无色；绿色的绿柱石经加热成为海蓝色。这些颜色在光中稳定，但若经X射线、γ射线等辐照还可以恢复原来的颜色。

（2）辐照处理的绿柱石的鉴定特征

辐照处理后的绿柱石一般不易检测，但Maxixe型辐照处理蓝色绿柱石具有以下鉴别特征：颜色呈钴蓝色，与海蓝宝石的天蓝色明显不同；其可见光的吸收光谱是在红区（695nm、655nm）有两个吸收带，在橙、黄、黄绿区628nm、615nm、581nm、550nm伴有较弱的吸收带（也有资料报道为688nm、624nm、587nm、560nm处的吸收带），在海蓝宝石中没有发

现这些吸收特征。观察二色性时，Maxixe型蓝色绿柱石的蓝色出现于常光方向，非常光方向大多呈无色，而海蓝宝石二色性中深色是在非常光方向。另外，Maxixe型蓝色绿柱石，富含金属Cs，密度为2.80g/cm^3，折射率为1.548 ~ 1.592，均高于其他品种的绿柱石。

5.2.2.3 一些加色的方法

祖母绿因内部裂隙较多，需对其进行填充处理，以掩饰裂隙，提高宝石的稳定性。经过填充处理后的祖母绿也能改善宝石的颜色和净度。

（1）注入充填法

注入的油有各种植物油、润滑油、液体石蜡、松节油及树脂等，可以用一种、两种或几种材料混合注入。祖母绿的注入法分为无色油注入、有色油注入和注胶处理。注入法是祖母绿常用的一种优化处理方法。

① 无色油注入　宝石经过无色油注入处理后，裂隙得到了充填和掩盖，肉眼不容易发现，提高了宝石的透明度和亮度。这种处理目前得到国际珠宝界和消费者的认可，市场上极为常见。无色油注入法所需设备简单，容易操作，注入步骤如下：

a.将宝石放入乙醇或超声波中清洗，烘干。

b.用一种接近祖母绿折射率的油在真空、加压或加热条件下对宝石进行浸泡一段时间。

注入无色油的目的是“藏破”，使较多的宝石裂隙得到填充，肉眼不易察觉。放大检查可见表面裂隙中，油多呈无色，时间久了会呈浅黄色（图5-15），长波紫外光下可见黄绿色荧光，热针接触可有油析出。在商业上接受，属于优化，无需指明，可作为天然品出售。

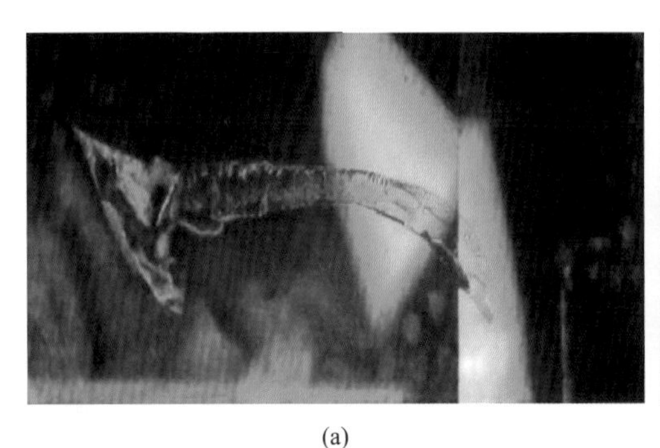

(a)

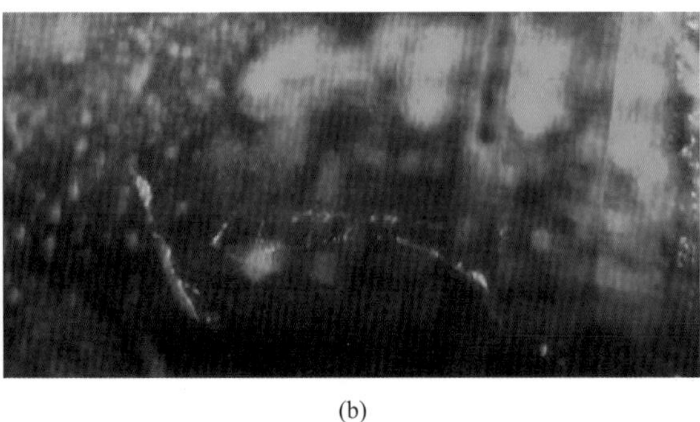

(b)

图5-15　祖母绿注油前（a）和注油后（b）对比

② 有色油注入　有色油注入与无色油注入方法相同。这种处理的目的不仅掩盖了宝石的微裂隙，而且改变了宝石的颜色。有色油注入分为两种情况，一种是用带有颜色的油注入祖母绿内增加颜色，提高祖母绿的价值；另一种是注入裂隙较多的绿柱石中，作为祖母绿的代用品。

祖母绿注入有色油后，会具有以下几个方面的特征，可以用来判断是否注入有色油。

a.染剂沿裂隙呈丝状分布，利用放大镜或显微镜放大检查可见染剂，在亮域或暗域条件下可见闪光效应，有异常干涉色现象（图5-16）。

b.处理后的宝石在受热后，油气从裂隙中渗出，用棉签擦拭有油的痕迹。

c.有色油在紫外灯下可发出较强的荧光。

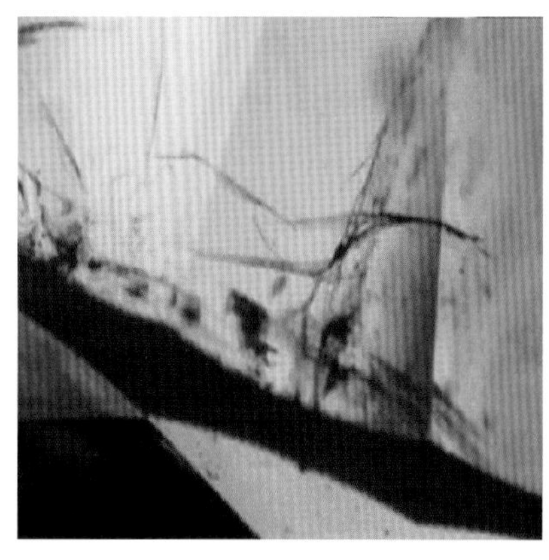
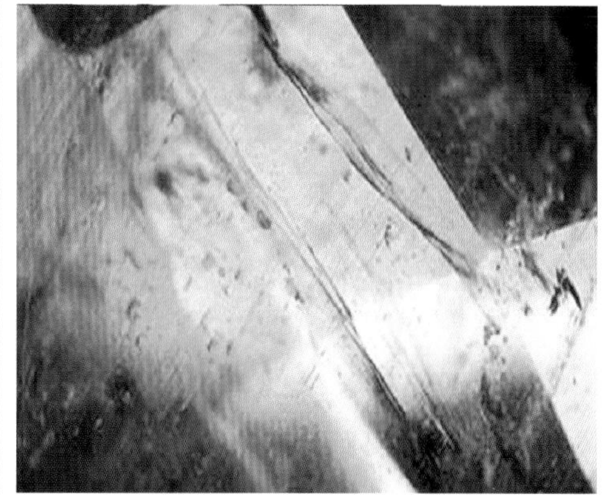

图5-16　充填处的闪光效应和异常干涉色现象

③ 注胶处理　祖母绿经过注胶处理后，充填区呈雾状，可见流动构造和残留气泡，反射光下可见网状裂隙充填物。可见异常干涉色。充填物硬度低，钢针可刺入，光泽弱。

在宝石显微镜下观察充填物，采用不同的照明综合放大观察祖母绿的充填部位，可以获得重要的鉴定信息。

a.闪光效应　在充填裂隙中常可观察到闪光效应，是由祖母绿和充填材料（如环氧树脂）对光的不同散射引起的。在亮域下观察充填裂隙呈现蓝色至紫色的反射光，在暗域条件下倾斜的观察可变成橙色闪光（图5-17）。

(a) 蓝色闪光效应

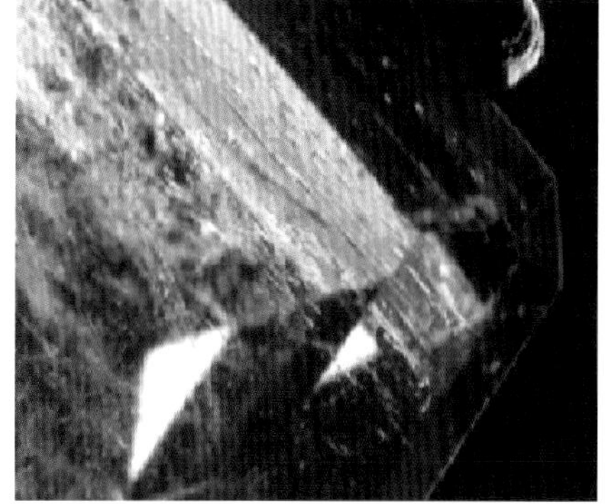

(b) 橙色闪光效应

图5-17　祖母绿充填处显示出蓝色闪光和橙色闪光效应

b.气泡和残余物　天然祖母绿中含有气泡，常存在于两相或三相包裹体中，气泡呈球状，形状不明显。而充填裂隙中的气泡很明显，常常是扁平状的。油充填的裂隙由于被氧化而常常在亮背景下观察可以出现褐色闪光效应，而氧化残余物会形成像树枝状的特征形状。

c.红外光谱　不同充填物具有其特征的吸收峰，如橄榄油的特征吸收峰为2584cm^{-1}、2924cm^{-1}；棕榈油的特征峰为2852cm^{-1}、2920cm^{-1}、3004cm^{-1}；环氧树脂的特征峰为2925cm^{-1}、2964cm^{-1}、3034cm^{-1}、3053cm^{-1}等。利用红外光谱仪可对充填物进行分类和成分的分析，2800 ~ 3000cm^{-1}强吸收峰及3058cm^{-1}、3036cm^{-1}吸收峰是祖母绿人工树脂充填的证据。

d.钻石观察仪（Diamond View） 用钻石观察仪可以更快、更清晰、更准确地判定祖母绿是否经过充填处理。通过Diamond View的观察，可以十分直观清晰地看到显微镜所观察不清或者观察不到的色带、色块以及所有裂隙的分布。最主要的是可以区分裂隙内有无充填物质，在紫外荧光灯下无充填的裂隙呈现出蓝白色荧光，而有充填的裂隙则呈现出浅黄绿色的荧光。由此可以判断出样品有无充填，充填的面积以及充填的位置。但Diamond View也有一定的局限性，当色带比较明显，并且在紫外光下呈现出很强的红色荧光时很可能会影响裂隙充填的观察。

e.拉曼光谱 拉曼光谱仪能迅速判断出宝石中分子振动的固有频率、对称性、分子内部作用力大小以及一般分子的动力学性质，可以快速、有效地分析出宝石内部包裹体的成分。由于不同的充填物有着不同的激光拉曼光谱特征，因此可利用激光拉曼光谱仪对充填物的成分进行分类和分析。胶的特征峰为1602cm^{-1}、1180cm^{-1}、1107cm^{-1}、817cm^{-1}、633cm^{-1}，这些吸收峰的存在可作为祖母绿是否进行充胶处理的重要依据。但此方法也有一定的局限性，当内部充填物不是在宝石的近表面时不容易聚焦，得到的效果也不太理想。

目前，有些国内珠宝检测实验室与国外珠宝检测实验室在充填处理祖母绿的鉴定结论表示方法上还有差异。国外的鉴定证书通常在结论中写“天然祖母绿”，而在备注栏中标注充填程度。根据充填物和充填的程度一般可分为无、不明显、轻微、中等、明显五个等级。国内的鉴定证书则会在结论中直接标注“祖母绿（充填处理）”。

（2）染色和着色

由于绿柱石为单晶宝石，染色效果远不如玛瑙好，一般选择裂隙较多的宝石进行染色。祖母绿的染色和着色只是作为加强颜色的补救措施。染色后祖母绿颜色多集中在裂隙，颜色分布不均匀。利用分光镜进行观察，天然祖母绿具有明显的Cr吸收谱，染色处理祖母绿可在630 ~ 660nm处有染色剂形成的吸收带。

（3）衬底

衬底是一种传统的处理方法，一般是在祖母绿底部放置一块绿色薄膜，以提高祖母绿的颜色。放大检查可观察到祖母绿底部绿色薄膜和宝石的接合缝，时间久了薄膜会起皱或脱落；薄膜和宝石接合处可见气泡。经过处理的祖母绿在分光镜下Cr吸收谱很模糊甚至缺失，二色性较弱或不具有二色性。

（4）附生

在浅色的绿柱石表面上生长一层很薄的祖母绿或海蓝宝石晶体。鉴定特征为生长层不具有天然祖母绿的包裹体特征，具有合成祖母绿的包裹体特征。

（5）镀膜

在祖母绿表面镀上一层很薄的薄膜，有可能是无色的薄膜，也有可能是彩色薄膜。镀膜后的祖母绿表层常产生各种网状、放射状裂纹（图5-18），颜色明显集中于表层；内部可见天然绿柱石的管状、雨点状和气液二相包裹体；外层可见合成祖母绿包裹体。

（6）拼合

祖母绿拼合石常由浅色祖母绿与绿色染料层组成，放大可见拼合层气泡和祖母绿包裹体，橙区可见染料引起的明显的吸收谱线。还有一种常见的仿祖母绿拼合石——苏达石（图5-19），上下层为无色或浅色的玻璃，中间是绿色胶，平行于腰棱放大观察，拼合面可见少量的深绿色粘接物包裹的气泡。

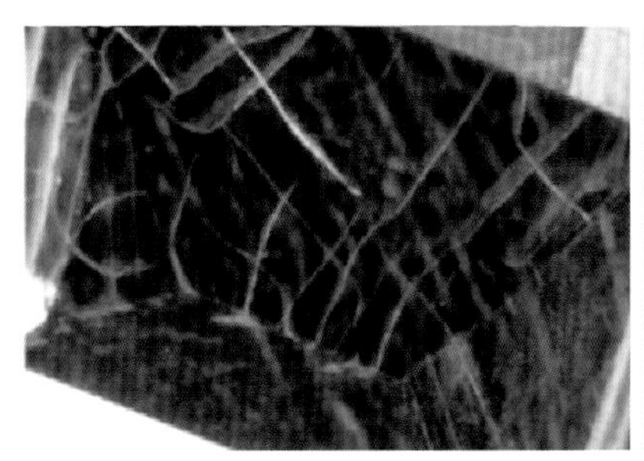

图5-18　镀膜祖母绿表层常产生各种网状、放射状表面增生裂纹

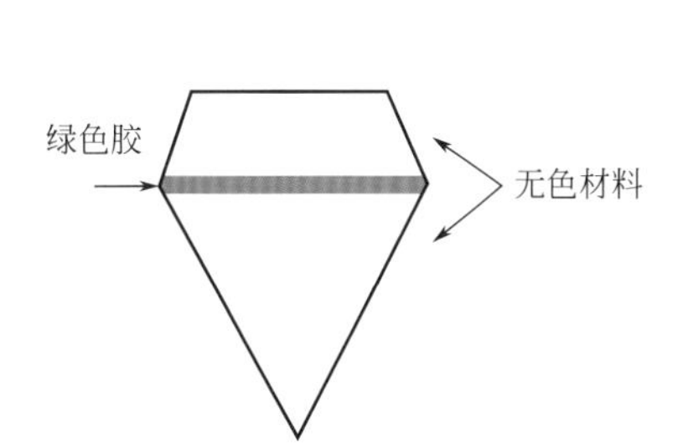

图5-19　祖母绿仿制品——苏达石

常见的祖母绿的优化处理方法及鉴定特征总结于表5-5。

表5-5　常见的祖母绿的优化处理方法及鉴定特征

处理方法	处理结果	鉴定特征	优化或处理
浸油	浸无色油	充填位置有闪光效应，加热后会出油，有色油沿裂隙呈丝状分布	优化
	浸有色油		处理
充胶	充填树脂	闪光效应	处理
染色和着色	使绿色染料进入裂隙	颜色集中在裂隙	处理
衬底	在祖母绿底部加一层绿色的薄膜	方法检查可见结合缝，结合缝处可能有气泡，二色性较弱，Cr吸收谱不明显	处理
附生	在浅色祖母绿上面生长一层颜色较深的合成祖母绿	上下两层包裹体特征不同	处理
镀膜（再生）	以天然祖母绿为中心，在外层生长合成祖母绿薄膜	外层祖母绿易产生网状、放射状裂纹	处理
拼合	由两种或两种材料拼合而成，常见的是天然祖母绿和合成祖母绿、天然祖母绿和绿色薄膜等	拼合缝中有气泡，不同材料的折射率、光泽等有差异	处理

5.3 钻石

5.3.1 钻石的宝石学特征

钻石具有高硬度、高熔点、高绝缘性和化学稳定性。钻石的成分是C元素，纯净的钻石无色透明，钻石中含有不同杂质时会产生不同的颜色。颜色的好坏对钻石的评价起着决定性作用。钻石颜色的分级十分严格，以晶莹无瑕、完全透明为上品，稍有杂色调，价格就猛跌。但彩色钻石例外，不同颜色的彩色钻石价格差别很大。钻石常见的颜色是无色和黄色（图5-20）。

(a)

(b)

图5-20 常见的无色及黄色钻石

钻石常见的矿产类型有两种：金伯利岩型和钾镁煌斑岩型。1870年在南非发现第一个金伯利岩，到目前世界上已发现了5000多个金伯利岩岩体，其中500多个岩体含金刚石；钾镁煌斑岩型中的宝石级的金刚石产量很少，仅占10%左右。

由于钻石具有高硬度、强色散性，具有特有的魅力，一直以来深受人们的喜爱。因此，对质量较差的钻石原石进行优化处理也是很多珠宝学者及商家研究的重点。钻石的优化处理方法较多，如辐照、高温高压处理、激光打孔和裂隙充填等。优化处理后的彩色钻石，大部分是由于人工辐照引起钻石内部结构缺陷，产生不同的色心，与天然彩色钻石的颜色成因有本质的区别。

钻石的颜色成因主要与杂质种类和结构成分变化有关，不同颜色具有不同的成因类型，常见钻石的颜色及成因有以下5种（表5-6）。

表5-6 钻石的颜色成因类型

钻石颜色	成因
蓝色	含有B元素
黄色	含有N元素
粉色、褐色	塑性变形
绿色	色心致色
黑色	包裹体致色

5.3.2 钻石的优化处理及鉴定方法

由于钻石独有的魅力，钻石的产量远远不能满足人们的需要。对于钻石的优化处理方法也不断改进。钻石的优化处理主要包括两方面，一是改善钻石的颜色；二是对钻石中的包裹体加以处理以提高钻石净度。1950年开始对钻石进行辐照处理来改善钻石的颜色。随着技术的发展，为了去除钻石中的深色包裹体，1960年开始逐渐发展激光打孔和裂隙充填，1990年以来进一步改善裂隙充填和激光打孔。合成钻石技术的发展也促进了钻石的优化处理，2000年开始采用高温高压处理（HPHT）来改善带有褐色、棕色调的钻石。

钻石多重处理最早出现在20世纪90年代到21世纪初，刚开始主要见于净度的多重处理，在钻石鉴定过程中发现有钻石先经过激光钻孔处理，然后沿着激光孔道进行玻璃充填处理；也有为了改善钻石净度先后经过两次充填处理。随着高温高压处理手段以及辐照加高温淬火处理技术手段的出现及成熟，逐渐开始利用多重处理来改变钻石的颜色。

钻石的颜色是确定钻石质量的一个重要因素，颜色级别越高，价值越高。钻石的优化处理如辐照、传统的覆膜、衬底、涂层、HPHT等大部分是改善钻石的颜色。有的优化处理方法是提高钻石的净度，如激光钻孔。钻石的优化处理方法主要包括五种：采用辐照处理的方法，改变钻石的颜色；采用裂隙充填和激光钻孔的办法改善钻石的净度外观；钻石的表层处理，包括表面涂层和镀膜处理；高温高压处理（HPHT）；钻石的拼合处理。

5.3.2.1 辐照处理

辐照可以使钻石产生不同的色心，从而改变钻石的颜色，辐照处理后钻石几乎可以呈现任何颜色，并且改善后颜色稳定。这种处理方式适用于彩色钻石，但对于颜色级别在K级以上的无色钻石不能用辐照处理来提高颜色级别。由于经过辐照处理的金刚石的残留辐射对人体具有潜在危害，限制了消费者对辐照处理宝石的接受程度。

辐照的本质是利用辐射源产生高能离子或射线，使钻石结构遭到破坏而产生色心。放射性辐照法可以改善钻石整体的颜色。原理是由于辐照破坏了钻石的部分晶格，形成无序区域及点缺陷，结构上的缺陷影响了宝石对可见光的吸收，增加了对某些波长的光的特定吸收，从而出现了颜色。

辐照的时间和剂量按所需要的颜色而掌握，需要的颜色越深，辐照的时间越长，剂量越大。辐照后的钻石常为黄绿色、绿色、绿蓝色等颜色。

不同类型的钻石可产生不同的颜色，不同的辐射源也可产生不同的颜色。常见的辐射源有四种，辐照过程及处理最终颜色见表5-7。

表5-7 辐射源与改善后的颜色

辐射源	处理过程	最终颜色
^{60}Co	辐照时间长，颜色不稳定	绿色、蓝绿色、粉红色-红色、金黄色等
镭盐	回旋加速器辐照处理，不常用	绿色，时间过长可形成黑色
中子处理	整体呈色，颜色稳定，最常用	在500～900℃热处理可产生褐色、黄色、橙色或粉红-紫红色
电子处理	整体呈色，较常用	淡蓝色-绿色，热处理后产生橙-黄色、粉红色、褐色

① ^{60}Co辐照　用^{60}Co产生的γ射线辐射钻石，可产生绿色、蓝绿色、粉红色-红色、金黄色等。但所需时间长，颜色不稳定，此方法目前不常用。

② 镭盐辐照　经回旋加速器辐照的钻石，可产生绿色，如加热时间较长，可产生黑色。但颜色仅限于表面，可产生放射性残余。

③ 中子处理　将钻石放入核反应堆中用中子轰击，可直接穿透钻石，产生绿色、蓝绿色，颜色稳定。辐照后加热到500～900℃，Ⅰa型钻石可产生黄色、橙黄色；Ⅰb型钻石产生粉红色、紫红色。这种方法比较常用。

④ 电子处理　电子处理后钻石可产生淡蓝色或蓝绿色，仅限于表层，无放射性残余，稳定性好。加热到400℃，可产生橙色、黄色、蓝色、褐色等。这种方法较为常用。

辐照处理得到的彩色钻石，可以用颜色分布、吸收光谱、荧光光谱或导电性等特征来区别。不同的颜色的辐照彩色钻石具有不同的吸收光谱。辐照后的颜色比较稳定，但在出售时要注明，在宝石优化处理分类上属于处理。如果辐照钻石含有放射性残余，必须放置一段时间，含量低于国家标准后才能够上市。

（1）吸收光谱

在钻石中，一般会存在微量的氮原子。这些氮原子有两种赋存状态：一种以单原子的形式代替晶格中的碳原子，如氮原子成为氮施主，晶体呈现特征的黄色；另一种氮原子在晶体中以聚集体形式存在。无论是由两个邻近氮原子组成的聚体，还是由四个氮原子组成的聚体，在可见光范围内都不能产生吸收，不产生任何颜色。

含氮无色钻石经辐照和加热处理后可产生黄色。认为这种黄颜色是由H3（503nm）和H4（496nm）色心引起的，且以H4色心占优势，而天然黄色钻石没有H3或H4色心或不明显，在吸收光谱中，由H4色心引起的吸收线的存在被认为是钻石经辐照的证据。但H4色心的缺失并不说明钻石颜色就一定是天然的。

另外经辐照而成的黄色钻石还可存在595nm的吸收线。1956年GIA的研究人员发现经辐照和加热处理的钻石在595nm处有吸收峰，而天然钻石没有，虽然后来的研究发现这一吸收峰在高温处理（大于1000℃）中可以消失，但又会出现1936nm（Hlb）和2024nm（Hlc）两处新的吸收峰。因此595nm、1936nm和2024nm处的任一吸收峰是人工辐照的诊断谱线。从目前的技术看，不可能做到既无595nm吸收线，又无Hlb和Hlc吸收线的辐照钻石，因此，595nm、1936nm和2024nm三条中出现的任何一条吸收线都可作为处理钻石的鉴别特征。

辐照处理的蓝色或绿色钻石在红区末端出现741nm吸收线。但天然的绿色钻石也可以具有该吸收线。

辐照处理过的粉红色、紫红色钻石的特征吸收线为637nm，同时还可出现595nm、575nm吸收线。其中637nm吸收线为粉红色处理钻石的诊断线。天然致色的粉红色钻石主要显示563nm宽带。在Ⅰa型钻石上镀膜的蓝色钻石常显示出N3中心和415nm吸收带，而天然蓝色钻石是由硼致色，不会显示415nm吸收峰，并且天然蓝色钻石具有导电性，而辐照蓝色钻石不具有导电性。

（2）颜色分布特征

天然彩色钻石色带呈直线状或三角形状，色带与晶面平行；辐照后的钻石颜色仅限于钻石的表层；辐照后钻石颜色仅存在于钻石表面，常在表面的刻面棱处呈暗色标记。如用回旋加速器处理的钻石，颜色仅在表层，并且颜色分布式样与钻石的琢型及辐照方向有关（图5-21）。

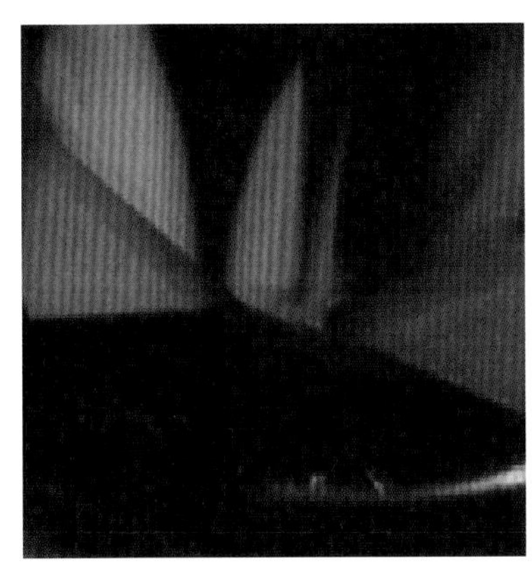

图5-21　辐照处理颜色分布不均匀

当辐照方法从亭部方向对明亮式琢型的钻石进行轰击后，从台面观察时，可见颜色围绕亭尖呈“伞状”分布，或称伞状效应；当辐射是从冠部方向开始时，则环绕腰棱可见一个深色环；如果从侧面轰击钻石，侧面靠近辐射源一侧颜色加深。

（3）导电性

天然Ⅱb型蓝色钻石具有导电性，辐照处理的蓝色钻石不具有导电性。

（4）其他

用镭处理的钻石，常显示强的残余放射性，将这种被处理的钻石置于照相胶片上一段时间，感光后胶片上可出现模糊的钻石图像，该图像是钻石中具有放射性所致。

5.3.2.2　激光去杂和裂隙充填

激光处理用于去除钻石中的深色矿物包裹体，再用树脂、玻璃等材料充填在裂隙中。

（1）处理方法和工艺

将激光聚集到金刚石上，使金刚石气化，打到需要去除矿物包裹体的位置，同时用激光使矿物包裹体气化，然后再用激光熔融与钻石光学性质相似的物质去充填留下的小孔。

KM激光处理是一种近年来新型的处理方式，采用激光加热包裹体，使内部的天然裂隙与表面的裂隙连接，用酸处理去除深色包裹体。该法适用于钻石中含有与表面非常接近的深色包裹体，处理后一般会含有从内部延伸到表面的“之”字形管道。

（2）激光打孔处理钻石的鉴别

在放大镜和宝石显微镜下放大检查，可看到激光处理及裂隙充填后的钻石具有如下几个特征：

① 由于钻石表面会有永久性的激光孔，且填充材料的硬度远低于钻石，会在钻石表面形成较难发现的凹坑。

② 转动钻石，观察线形的激光孔道。激光孔道因充填物的折射率、透明度、颜色与钻石不一致而表现较为明显（图5-22）。

图5-22　钻石的激光打孔处理

③ 激光孔充填物与周围钻石颜色、光泽存在差异（图5-23）。

图5-23　激光孔充填前后的钻石

（3）裂隙充填处理钻石的鉴别

目前市场上出现的绝大部分充填处理钻石在常规仪器下即可鉴别，具有以下几个显著特征：

① 闪光效应　放大观察充填裂隙面，具有橙黄色、黄绿色或紫红色的闪光效应，这种闪光现象在裂隙面的不同位置可表现出不同的颜色，并且随样品的转动，闪光颜色可发生改变（图5-24）。

② 观察裂隙面特征　充填处理的钻石，充填裂隙时会产生一些明显的特征，包括在裂隙内可能存在的异形气泡、流动痕迹、充填物絮状结构，充填物较厚呈现的浅棕色或棕黄色等。有时部分充填物可残留在钻石表面，并且在裂隙表面处的充填物的光泽和颜色同钻石相比仍有细微的差别。

③ 观察钻石颜色　裂隙充填之后，钻石的颜色也会发生变化，在十倍放大镜下，常常会出现朦胧的蓝紫色调。

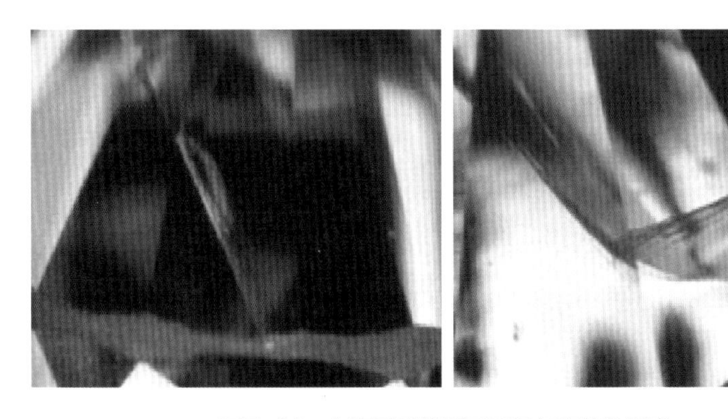

图5-24 充填后裂隙面可见红色和蓝色闪光

除了用常规仪器进行鉴定外，也可以采用大型检测仪器如拉曼光谱仪、波谱仪、能谱仪、X射线照相技术等对充填物的成分物相及充填特征进行分析。

5.3.2.3 表层处理

（1）表面涂层

为了改变体色偏黄的钻石，最古老的方式是在钻石表面进行涂色，以掩盖真正的体色，这是一种传统的表面处理方法，目的是改善体色偏黄的钻石。常用的有两种方法：第一种是在钻石的腰棱处涂上蓝色物质，可明显地改善偏黄的体色，提高钻石1 ~ 2个颜色级别；第二种是在钻石表面涂上一层有色氧化物薄膜，涂层后颜色也会有明显的改善，这种涂层相对比较持久。

鉴别方法：在高倍显微镜下观察可见彩虹状的表面光泽，在强酸中煮沸几分钟也可使其表层颜色褪去。涂层后的钻石整体呈橙色。由于钻石涂层材料硬度低于钻石，涂层表面常见划痕（图5-25）。

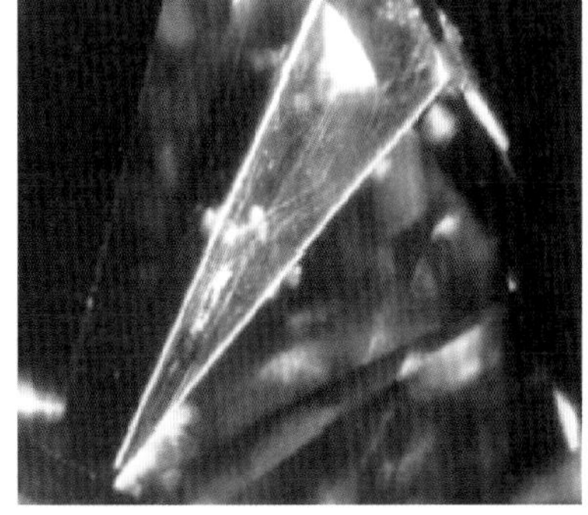

图5-25 涂层后的钻石呈橙红色及其表面划痕现象

（2）钻石镀膜

钻石镀膜是在钻石涂层工艺上逐渐改进而成，是现代技术在宝石表面处理中的应用。

① 工艺方法 在低压、中温条件下，采用化学沉淀法在钻石或其他材料表面形成一层合成金刚石薄膜或似金刚石碳膜。最初工艺比较简单，合成的金刚石膜是多晶质，很容易鉴定。该钻

石膜是由碳原子组成的具有钻石的结构、物理化学性质的多晶质材料，膜的厚度一般为几十到几百微米，最厚可达几毫米。

据报道，美国Sumitomo电子工业公司研究出在近无色的天然金刚石八面体上镀上厚达20mm的天蓝色合成金刚石膜。在刻面钻石上镀上少量蓝色的金刚石膜，以掩盖微弱的黄色调，提高钻石的颜色。

② 镀膜钻石的鉴定特征 经镀膜处理的钻石，薄膜一般是透明的，带有所需的颜色，可以填平宝石表面的凹点，使宝石表面光滑，光泽度提高，也可以增加宝石的颜色浓度。在宝石与镶嵌金属接触的边缘处常有斑点或颗粒状的区域存在，同时用酸也可清洗除膜。

由于薄膜是多晶质集合体，在高倍显微镜下观察，具有粒状结构，与钻石的单晶体很容易区分。

采用气相沉积法或离子喷射法镀膜的金刚石，如果镀上的膜是彩色的，可以用油浸检查，即把钻石浸入到二碘甲烷中，钻石表面的金刚石膜会产生干涉色。目前研究成功的合成金刚石膜或似金刚石碳膜大多数都是多晶薄膜，透明度很差，与单晶钻石相比更易于辨认。

用大型仪器如扫描电镜、拉曼光谱等也可以对钻石膜进行测试分析。

5.3.2.4 高温高压（HPHT）处理

高温高压处理是将塑性变形产生的结构缺陷致色的褐色钻石，放在高温高压炉里进行晶体结构重塑产生色心，从而改善钻石的颜色，是钻石新的优化处理方式，产量很小，不足全球钻石的1%。

高温高压处理钻石主要有两种类型，Ⅰa型和Ⅱa型。Ⅰa型褐色钻石晶体内由于存在致色杂质氮原子和空位，在现有高温高压处理技术的条件下尚无法消除其褐黄色而提高其色级。只有在金刚石晶体原本存在晶格缺陷的基础上，通过高温高压处理并进一步增强其塑性变形强度，促进其晶格缺陷的产生，从而达到改色的目的。一般通过高温高压技术，可以将褐黄色转变为黄绿色、金黄色及少量的粉红色和蓝色等。

高温高压处理可以使Ⅱa型褐黄色金刚石晶体克服其所在的势垒，促使其结构在高温高压条件下发生重组，恢复到塑性变形前的初始稳定状态，从而使其颜色变成无色（图5-26）。

图5-26 HPHT处理前后Ⅱa型钻石的颜色变化

（1）高温高压处理钻石的工艺

高温高压实验室模拟自然界中金刚石晶体生长环境，人为地控制温度、压力及介质条件，为金刚石晶体内部的缺陷及杂质原子提供足够的活化势能，加剧其塑性变形的强度，从而改善或改变金刚石中的晶格缺陷，达到改色的目的。

HPHT处理的钻石主要有两种类型：褐色Ⅱa型和Ⅰa型钻石。主要处理方法如下：

① 选取钻石裸石或原石，选择裂隙和包裹体较少的钻石样品。

② 确定升温和升压速度，避免升温过快发生脆性破裂。

③ 达到温度和压力最高值，保持一段时间，不同处理对象温度压力条件不同，Ⅰa型钻石处理温度约为2100℃。压力为（6～7）$\times 10^9$Pa，稳定时间30min；Ⅱa型钻石所需温度稍低，1900℃左右，压力与Ⅰa型钻石相似，稳定时间较长，需要几个小时。

④ 处理结束后先降压再缓慢降温，使晶体结构中的空位有足够的时间重组、稳定。

⑤ 取出样品，对裸钻进行再次抛光。

高温高压处理钻石主要有两类钻石，一类是美国GE公司GE-POL钻石，另一类是Nova钻石。

（2）GE-POL钻石

GE-POL钻石采用的是一种新的颜色优化处理的方法，该方法又称为高温高压修复型方法。采用高温高压条件来改善钻石的颜色，最早是由美国通用电气（GE）公司研发出来的技术。之所以称为GE-POL钻石，是因为这是由以色列LKI子公司POL公司在1999年独家销售的新产品。该技术是将天然钻石经高温高压处理，以提升钻石的颜色等级。一般可提升4～6个等级。要求钻石原石颜色在J色以上，且不含杂质，为高净度的Ⅱa型钻石。可将褐色、灰色的Ⅱa型钻石处理为无色钻石，同时，经过HPHT处理的钻石也有可能颜色加深或改变，偶尔可出现淡粉色或淡蓝色，成为彩钻级别。

GE-POL钻石鉴定特征：处理后的钻石颜色级别大多数都在D到G的范围内，稍具雾状外观，带褐或灰色调。GE-POL钻石在高倍放大镜下可见内部纹理，常见羽毛状裂隙，并伴有反光，裂隙常出露到钻石表面、部分愈合的裂隙、解理及形状异常的包裹体上。一些经处理的钻石还在正交偏光下显示异常明显的应变而产生异常消光现象。这种方法处理的钻石与天然钻石相似，鉴定比较困难。通用电气公司曾承诺由他们处理的钻石都会在腰棱表面用激光刻上“GE-POL”字样。

（3）Nova钻石

采用高温高压处理方法将Ⅰa型天然褐色钻石改为彩色钻石。前人研究认为，褐色钻石的致色原因是金刚石在形成后塑性变形所产生的位错及其伴生产生的点缺陷。1999年，美国诺瓦公司（Nova Diamond）利用高温高压技术将常见的Ⅰa型褐色钻石处理为鲜艳的黄色-黄绿色钻石，该类型又称为高温高压增强型或Nova钻石。

Nova钻石鉴定特征：该类钻石呈特征的黄绿色，部分晶体内有石墨包裹体和表面熔蚀坑。经过高温高压处理后，钻石结构发生很强的塑性变形，具有明显的异常消光，显示强黄绿色荧光并伴有白垩状荧光，具有特征的529nm谱线和986nm吸收谱线。

5.3.2.5 拼合处理

钻石拼合处理包括两种情况：一种是将两块小的钻石黏合成较大的钻石；另一种是将钻石作为冠部（或上部），亭部（或下部）为无色透明的蓝宝石或玻璃等材料，二者黏合在一起，在镶嵌时往往采用包镶的方法以掩盖拼合层。拼合钻石具有以下几个鉴定特征：

① 观察拼合层面的特点及可能存在的气泡；

② 拼合层上、下部分光泽，包裹体的折射率及荧光差异；

③ 将样品放置水中测试，观察其分层现象，谨慎使用有机浸油观察，因为有机质可能将拼合层溶解使两部分散开；

④ 观察圆明亮式琢型的拼合钻石，切工比例及内部全反射现象比天然钻石差。

5.4 黄玉

5.4.1 黄玉的宝石学特征

黄玉又称托帕石，化学成分为$Al_2SiO_4(F,OH)_2$，可含有Li、Be、Ga等微量元素，常见无色、淡蓝色、蓝色、黄色、粉色、粉红色、褐红色、绿色等颜色，粉红色托帕石可含铬离子。

依据成分不同，黄玉分为两种类型：F型黄玉和OH型黄玉。F型黄玉的颜色主要有无色、淡蓝色或褐色，产于伟晶岩；OH型黄玉的颜色主要有黄色、金黄色、粉红色、红色等。产在云英岩或脉岩中，含铬的红色OH型黄玉是十分珍贵的品种。主要产于花岗伟晶岩、云英岩。产地分布于全世界，有巴西、缅甸、美国、斯里兰卡等，我国云南及广东、内蒙古等地也有产出。

5.4.2 黄玉改善前后颜色的变化

不同类型的黄玉经过优化处理后会产生不同的变化，黄玉的优化处理主要是改善颜色，按照类型不同，具体颜色变化如下：

（1）F型黄玉

无色或褐色F型黄玉经放射性辐照，变为深褐色或绿褐色，再经200℃左右的热处理就可以得到深浅程度不同、漂亮的蓝色黄玉（图5-27）。

F型黄玉改善后外观酷似海蓝宝石，已成为海蓝宝石的代用品。改善后黄玉的蓝色稳定，过量的加热可恢复原状。

（2）OH型黄玉

OH型黄玉有各种颜色，其中最昂贵的是橘黄色黄玉，被称为“帝王黄玉”。其他颜色的黄玉通过优化处理也能改成“帝王黄玉”的色彩。

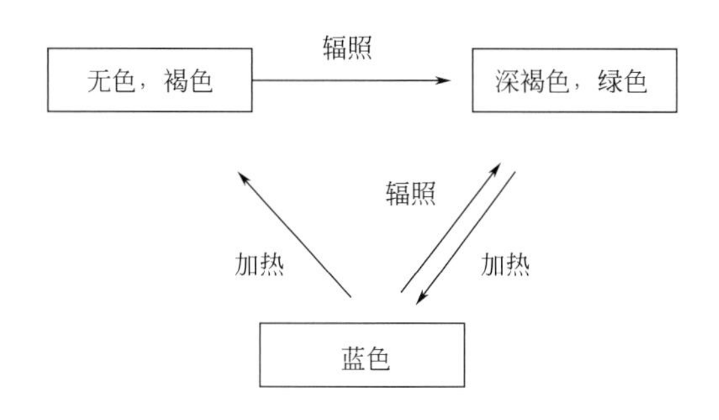

图5-27　F型黄玉辐照加热的颜色变化

含铬的粉红色或紫色的黄玉，经辐照后可变为橘红色和红色，再经加热可恢复至原来的颜色。

巴西粉红色和红色的黄玉是由该产地的黄色和橙色黄玉加热而成的。有一种巴西产的青色黄玉，经放射性辐照后发黑，日光照射可以恢复为原来的颜色。若进行有控制的热处理，可转变为粉红色，再经适当的辐射可出现金黄色色彩，但不出现蓝色。OH型黄玉经辐照后颜色变化见图5-28。

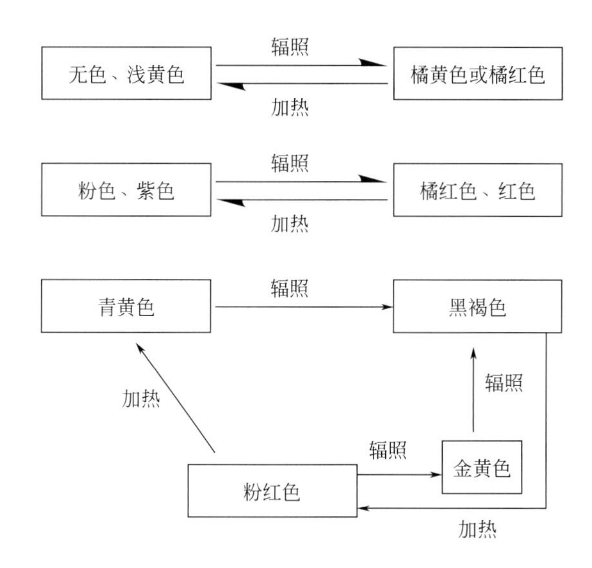

图5-28　OH型黄玉辐照加热颜色变化

5.4.3　黄玉常用的优化处理方法

黄玉的优化处理方法较多，最常见也是最有商业价值的优化处理方法是辐照。蓝色托帕石大多数是由无色托帕石先经辐照处理，然后再加热处理，去除黄、褐色调形成的。这种改色方法得到的颜色比较鲜艳，并且非常稳定。经过辐照处理的F型蓝色黄玉在市场上非常畅销，但残余放射性必须低于国家标准才可以投入市场。其他的处理方法如热处理、覆膜、扩散等也是黄玉常见的优化处理方法。

改色处理后蓝色托帕石的蓝色稳定性一直是珠宝界及消费者最关心的问题。通过褪色模拟实验及近5年置于阳光下曝晒实验表明，辐照蓝色黄玉5年仅褪色2% ~ 3%，也就是说在5年内是无法看到明显褪色的。

（1）辐照技术与设备

黄玉在市场上广泛应用的处理方法是辐照处理，而且辐照处理的黄玉多年来已经具有较高的知名度。通过辐照处理和（或）热处理可增强或产生黄玉的粉红色、黄色、褐色和蓝色色调。一切可以产生放射性射线的装置，均可以作为黄玉辐照处理的设备。常用的设备有钴源辐照装置、快中子反应堆、高低能电子加速器等。快中子反应堆是目前改善黄玉的主要设备。

快中子反应堆辐照的特点是效率高，穿透能力强，可以得到深蓝色的黄玉成品。由于反应堆的孔道很多，体积大，一次辐照的样品很多。

高低能电子加速器可获得较深的颜色，但也必须再进行热处理以去除其产生的黄色色调。这种方法会导致残余放射性，所以处理过的黄玉不能马上投放市场。用反应堆对黄玉进行辐照处理可直接将其变成蓝色而不需要随后的加热步骤。最典型的反应堆辐照致色是中至深的灰蓝色，常常具有“墨水”外观。有时采用热处理去除这种墨水外观，产生较浅的更饱和的颜色（图5-29）。但用反应堆处理的任何宝石都具有残余放射性。因此辐照后的托帕石必须储存一定时间直到放射性衰减到一定水平，才可用于商业。

图5-29　辐照蓝色黄玉

有时综合几种处理方法用于产生较深颜色且不带有墨水状外观的黄玉。这种综合处理首先采用以反应堆辐照，然后采用电子加速器，最后采用热处理，最终可得到颜色鲜艳、饱和度高的黄玉。

辐照处理后的蓝色黄玉颜色稳定，在宝石领域中应用广泛，深受人们的喜爱。

（2）热处理

热处理的目的是去掉颜色不好和不稳定的色心，留下颜色好、稳定性好的色心。通过加热以去掉F型黄玉中棕色、褐色色心，使蓝色的色心显示出来。

热处理常用的设备是烘箱或马弗炉，加热温度为180 ~ 300℃，温度要控制准确。黄玉蓝色色心出现在一个瞬间温度，低于这个温度颜色不变，高于这个温度，蓝色消失褪成无色。

（3）表面覆膜

表面覆膜是黄玉常见的一种处理方式，在无色或浅色黄玉上面覆一层彩色的薄膜，可产生不同的颜色外观。表面覆膜一般是彩色的，膜层很薄，目前最常用的是金属氧化物薄膜。

（4）扩散处理

一般采用Co^{2+}扩散处理可以得到蓝色的黄玉，其扩散工艺与蓝宝石扩散相似，采用高温加热的方式，无色或浅色黄玉经扩散后可产生钴蓝色黄玉。

5.4.4 优化处理后的黄玉鉴定特征

经过优化处理后的黄玉，要根据处理后的特征加以区分。除了热处理属于优化，其他均属于处理，在定名时要标注出处理方法。处理后的黄玉鉴定特征总结如下。

（1）辐照处理黄玉的鉴定方法

大多数经过辐照处理后的黄玉呈深浅不同的蓝色，尽管这种蓝色黄玉颜色的强度和深度在自然界还从没有发现，但到目前为止，还没有任何非破坏性办法能准确证明蓝色托帕石的颜色是否经辐照处理。然而，如果已确定它是经过辐照处理过，则应该在鉴定证书中标注。另外，一些黄色和褐色黄玉，无论是天然还是人工致色的，在光的照射下均可能褪色。

F型蓝色黄玉的颜色成因，是经过外界辐照而形成蓝色色心。与天然黄玉相比，二者的区别是辐照品是经过人工大剂量、短时间的辐照和加热而成；天然品是自然界小剂量、长时间辐照和光照的结果。经过辐照处理的蓝色黄玉颜色稳定，因此对蓝色黄玉一般不必鉴别是否是天然的，但要对辐照黄玉进行残留放射性检测。

用中子反应堆辐照的样品，不可避免地会产生残留放射性。因此，必须进行较长时间的冷却和放置，以减少残留放射性。经辐照处理后的托帕石，至少需放置一年以上才能投放到市场中，因为托帕石的残余放射性有大约一百天的半衰期，要等到三个半衰期过后，确保不会对人体造成伤害才能投放市场。

目前，各国对辐照黄玉最高放射性残留量的标准不尽相同。大部分国家和地区采用70Bq作为标准，即宝石中的放射性残余低于70Bq才可以投入市场，美国和中国香港的标准还要低些。

（2）覆膜黄玉的鉴定特征

经过覆膜处理的黄玉，可在黄玉表面看到非常鲜艳的彩虹色［图5-30（a）］，放大检查，可以看到表面有划痕，是因为覆膜材料硬度较低产生的。

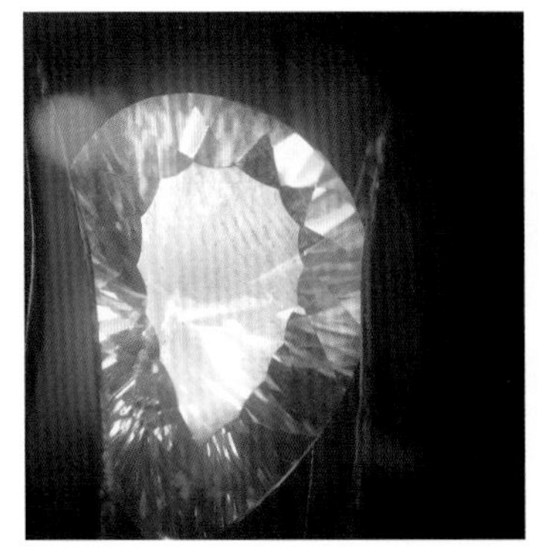
(a) 彩虹色

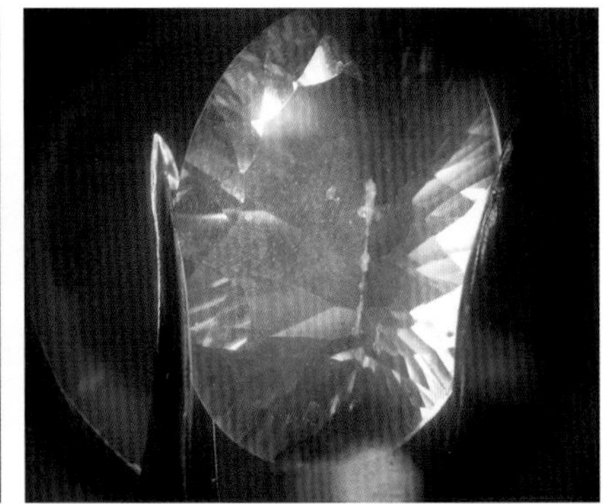
(b) 划痕

图5-30 覆膜黄玉

（3）扩散处理黄玉的鉴定特征

扩散处理黄玉与扩散蓝宝石原理相似，均是在加热条件下使致色离子进入宝石表面的晶格或裂隙。黄玉经扩散处理后，主要鉴定特征如下：

① 黄玉颜色显示出Co^{2+}特征的蓝绿色；并且蓝绿色仅限于表层，一般厚度不超过5μm。

② 放大检查可发现黄玉表面颜色不均匀，常常可观察到聚集褐黄绿色斑点，如将宝石放入浸液中观察更为明显。

③ 由于扩散黄玉中含有大量的Co^{2+}，在查尔斯滤色镜下呈橙红色。

④ 吸收光谱可显示出Co^{2+}吸收谱。

5.5 碧玺

5.5.1 碧玺的宝石学特征

宝石级的电气石称为碧玺，其化学成分复杂。碧玺属于复杂的含硼硅酸盐矿物，化学分子式为$Na(Mg,Fe,Mn,Li,Al)_3Al_6(Si_6O_{18})(BO_3)_3(OH,F)_4$，按照组分不同，主要分为镁电气石、黑电气石、锂电气石及钠锰电气石四个品种。其中微量元素铁、镁、锂、锰、铝等金属离子可以相互替代，各离子含量不同，会影响电气石颜色和种类。

镁电气石-黑电气石之间以及黑电气石-锂电气石之间形成两个完全类质同象系列，镁电气石和锂电气石之间为不完全的类质同象。色泽鲜艳、清澈透明者可做宝石。富铁碧玺呈黑色和绿色，铁含量越高，颜色越深；富镁碧玺显示黄色或褐色；富锂、锰、铯碧玺显示玫瑰红色、粉红色、红色或蓝色；富铬碧玺显示绿色到深绿色。其中以蔚蓝色和鲜玫瑰红色碧玺颜色最佳，重量大、质量好的碧玺与同级别的红宝石价格相当。

在同一个碧玺晶体中，由于成分分布的不均匀性，也往往会导致颜色的变化，沿碧玺出现双色碧玺、多色碧玺或内红外绿的西瓜碧玺等。碧玺宝石品种主要按颜色划分为红色系列、蓝色系列、绿色系列及双色系列等。碧玺的宝石品种及颜色成因如表5-8所示。

表5-8 碧玺的宝石品种及颜色成因

宝石名称	主要化学成分	颜色	致色成因
红色碧玺	$Na(Li,Al)_3Al_6B_3(Si_6O_{27})(OH,F)_4NaMn_3Al_6B_3(Si_6O_{27})(OH,F)_4$	粉红至红色	锂离子和锰离子
绿色碧玺	$Na(Mg,Fe)_3Al_6B_3(Si_6O_{27})(OH,F)_4$	黄绿色至深绿色以及蓝绿色、棕绿色	少量的铁离子，铁离子多时可致黑色
蓝色碧玺	$Na(Fe,Cu)_3Al_6B_3(Si_6O_{27})(OH,F)_4$	浅蓝色至深蓝色	铁离子和少量的铜离子
帕拉伊巴碧玺	$Na(Cr,Mn)_3Al_6B_3(Si_6O_{27})(OH,F)_4$	绿色至蓝色	铜离子和锰离子

碧玺中包裹体丰富，裂隙发育。一般工厂在半宝石的加工过程中，为了避免原料的破裂，增加出品率，会在切割之前充胶，其作用是增加黏合度并附带着增加透明度。即使在充胶之后也才只有10% ~ 20%的出品率，如果不充胶，出品率可能连5%都不到。为了降低成本，提高出品率，几乎所有的碧玺在切割之前都会有充胶这个环节。

5.5.2 碧玺优化处理及鉴定方法

碧玺常见的优化处理方式有热处理、充填处理、染色处理、镀膜处理、辐照处理及扩散处理等。

（1）热处理

热处理可用于改善碧玺的颜色，一般对颜色较深的碧玺进行加热处理，使其颜色变浅，从而增强透明度，提高宝石档次。

由于天然碧玺中的裂隙较多，加热前需要预处理，将碧玺打磨成所需要的形状，不用细磨和抛光。加热温度不能太高，加热速度要缓慢进行，以防宝石炸裂。碧玺经过热处理后，会产生以下几个特征：

① 碧玺的热处理在国标中列为优化，在证书中可不予标明，热处理可以改变碧玺颜色和提高碧玺的净度。

② 颜色变化，加热后可使蓝绿色颜色变浅，透明度提高，绿色加强蓝色消失；除去碧玺颜色中的红色调；某些褐色变成粉红色或无色；紫红色调变成蓝色；橙色色调变成黄色等。热处理后颜色比较稳定。

③ 经过热处理的碧玺，其内部包裹体常有明显的变化，放大检查可见到一些气液包裹体破裂而产生变暗的现象。

（2）充填处理

由于天然碧玺有很多裂隙，经过充填会提高碧玺的出品率，增强宝石的稳定性，因此，充填处理是碧玺应用广泛的一种优化处理方法。

① 充填的目的是防止原石在加工过程中裂开，使其结构更加坚固，一般在碧玺丰富的裂隙中填充有机物或玻璃。

② 常用的充填物材料有有机物、玻璃，细分为无色胶、无色油、有色胶、有色油、无色玻璃、有色玻璃等。

填充处理常用于中低档碧玺，常见于手链、雕件及装饰品。在市场上中低档碧玺首饰大概有9成以上经过不同程度的填充（图5-31）。高质量碧玺有时也会有充填处理，一般充填量很少，不容易鉴别。

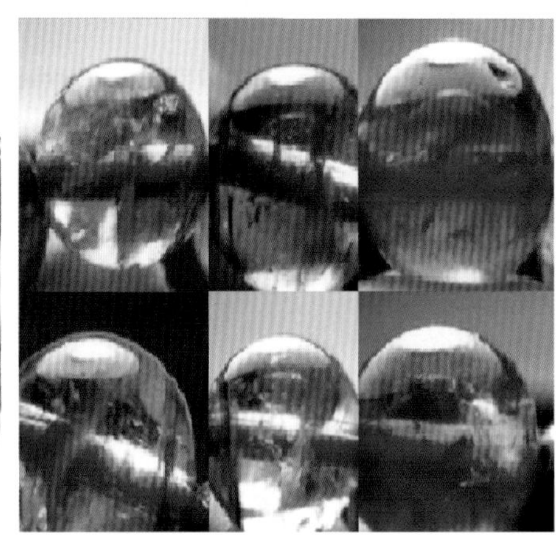

图5-31 充填碧玺

③ 充填处理鉴定特征：充填后的碧玺，放大检查可见充填物出露部分表面光泽与主体宝石有差异，充填处可见闪光、气泡。

a.在常规的宝石检测仪器下，充填碧玺的充填物可以白色絮状物、黄色絮状物、蓝色闪光、流动构造等存在于碧玺内部。

b.充填物是充填在开放性裂隙中的，鉴定充填过油和胶的碧玺时，要注意观察碧玺表面光泽和充填物光泽的区别，一般可见黄褐色填充物；鉴定充填玻璃的碧玺时，在碧玺晃动过程中会出现闪光效应（图5-32）。

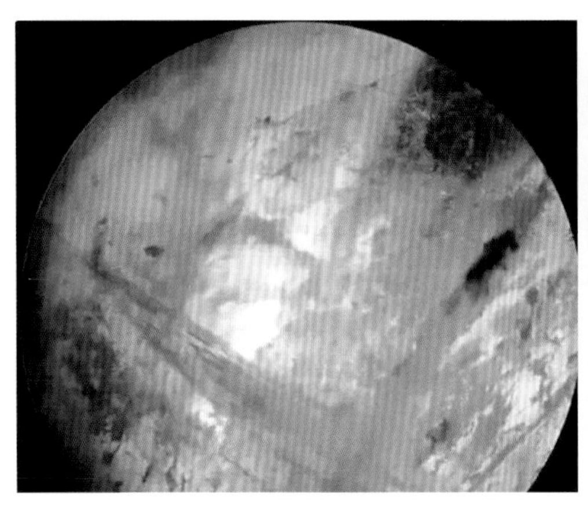
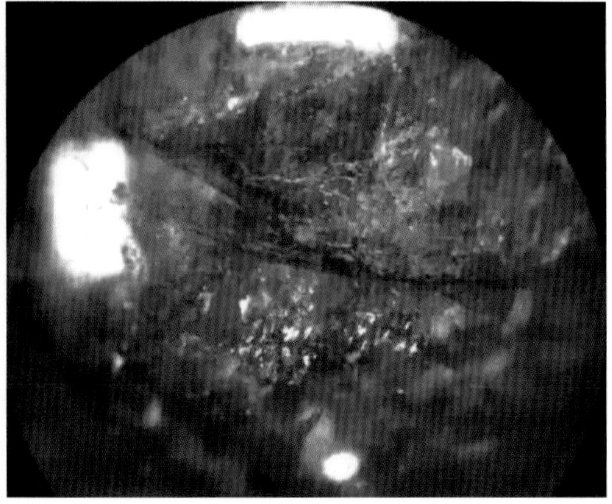

图5-32 裂隙填充部分可见闪光及黄褐色填充物

除了常规仪器外，大型仪器如红外光谱测试可见充填物特征吸收谱，发光图像分析（如紫外荧光观察仪等）可观察充填物分布状态。

④ 充填程度的级别划分　在市场上按照碧玺中充填量的多少划分为极轻、轻度、中度、严重等几个等级，各等级鉴定特征见表5-9。

表5-9　碧玺充填量的划分及鉴定特征

特征	极轻	轻度	中度	严重
充填处特征	面积极小且极浅	面积较小且较浅	面积小且浅	面积较大且较深
裂隙充填特征	裂隙极浅，很难分辨充填物	裂隙较浅，充填部分小于样品的1/2	裂隙明显，充填部分接近1/2	裂隙明显，充填部分超过样品1/2
充填位置	不限	多为样品边缘	无明显的开放裂隙	居中有明显裂隙
宝石显微镜	极难发现	不易发现	较易发现	极易发现
红外光谱	不能鉴别	不能鉴别	可鉴别部分特征	可鉴别全部特征

（3）染色处理

染色处理常用于裂隙较多的碧玺，常见于红色、绿色、蓝色的串珠中，一般把颜色浅的染成颜色深的，或者把无色的染成彩色的。在染色过程中一般进行加热，使颜色均匀渗透到碧玺裂隙中。

染色碧玺鉴定特征：用肉眼或十倍放大镜观察，染色后的碧玺颜色分布不均匀，多在裂隙或表面凹陷处富集，无明显多色性。在宝石显微镜下颜色不均匀现象更加明显。

（4）辐照处理

无色或颜色浅、多色的碧玺运用高能射线进行辐照处理，依据辐照的时间、射线剂量等不同使其呈现不同的颜色。电子轰击也可以使无色或粉红色电气石变为鲜艳的红色电气石，但同时会产生大量裂纹。

（5）镀膜处理

该项处理一般适用于无色或近无色的碧玺，经镀膜处理后可以形成各种颜色，颜色鲜艳，有时也会镀上一层彩色薄膜（图5-33）。

图5-33　各种颜色的镀膜碧玺

鉴定特征：放大检查可见光泽异常，局部膜脱落现象。大部分的镀膜碧玺在折射仪上只有一个读数，并且RI变化范围变大，甚至超过1.70，多色性不明显。红外光谱或拉曼光谱测试可见膜层特征峰。镀膜后，可以观察到晕彩效应浮于表面。

（6）扩散处理

① 扩散处理是最新提出的方式，最早出现在非洲产出的碧玺。

② 一般多出现在蓝色碧玺中，把浅色的表面扩散成深色的，注意碧玺中会有受热不均匀时产生的炸裂。

这种处理方式大多出现在高档碧玺中，常规仪器不容易区别扩散碧玺与天然碧玺，需要借助于大型仪器，测试其表面成分。由于染色剂产生的致色离子浓度较高，采用离子质谱仪可测出含量比天然碧玺高的致色离子。

5.6 锆石

5.6.1 锆石的宝石学特征

锆石是一种中低档宝石，主要化学成分为硅酸锆。除主要含锆外，还常含稀土元素、铌、钽、钍等。天然锆石有无色、蓝色及黄色、红色、橙黄色、绿色、鲜绿色、暗绿色、褐黄色、褐色等各种颜色。在宝石中以无色、蓝色和橙黄色最为常见，颜色色调一般都较暗（图5-34）。ZrO_2、SiO_2含量相应较低时，其物理性质也发生变化，硬度和相对密度降低。锆石一般具有弱放射性，有些锆石因含U、Th等，放射性较强而产生非晶质化现象，这种锆石硬度可降至6，相对密度可降至3.8，因而可形成多种变种。

图5-34 各种颜色的锆石

锆石在我国分布范围较广，主要产于东南沿海各地，如海南文昌、福建明溪、江苏六合等地。

天然锆石在矿物学上分高型和低型两种，介于两者之间的称为中间型。高型、低型和中间型这三种锆石的物理性质存在差异。

高型锆石是结晶程度好的锆石，其折射率、硬度和密度都比其他两种类型的锆石高，宝石级锆石多为高型锆石。

低型锆石常含有一些U_3O_8、HfO_2等放射性杂质，使ZrO_2和SiO_2的相对含量降低，内部晶格受到破坏，使晶体非晶质化，导致折射率、相对密度、硬度等降低，完全低型锆石可达到非晶质，一般不能用作宝石。

中间型锆石的放射性杂质元素含量不算太高，晶体内部晶格受破坏程度不大，晶体未达到低型锆石的非晶质程度，中间型锆石常为黄绿色、褐绿色。

三种锆石的物理性质如硬度、密度和折射率等物理参数都有较大的差别，具体物理参数差异见表5-10。

表5-10　三种锆石的物理性质对比

类别	高型	中间型	低型
晶系	四方晶系	四方晶系	非晶质
产出形态	四方柱状和四方双锥砾状等		柱状或砾状
硬度	7~7.5	6.5~7	6.5
密度/(g/cm^3)	4.60~4.80	4.10~4.60	3.90~4.10
断口	贝壳状	贝壳状	贝壳状
折射率	1.925~1.984	1.875~1.905	1.810~1.815
双折射率	0.054	0.008~0.043	0~0.008
色散值	0.039	0.039	0.039
多色性	蓝色有明显的二色性，其他为弱二色性	弱二色性	弱二色性，完全低型无多色性

天然锆石属于中低档宝石，市场上以无色和蓝色锆石为多，这两种颜色的锆石在自然界均有产出，但数量不多，大多数是用人工方法热处理得到的。锆石是天然宝石中折射率仅次于钻石，色散值很高的宝石。无色透明的锆石酷似钻石，是天然宝石中与钻石性质最为相似的宝石品种，经常作为钻石代用品。锆石经常用热处理来提高其质量，改变颜色或改变锆石的类型，因其在优化过程中未添加任何其他物质，故在珠宝鉴定时，仍旧将其认定为天然宝石。

5.6.2　锆石与钻石的区别特征

锆石是很好的钻石仿制品，外观、性质与钻石相似，二者的区别主要有以下几个特征：

① 具有双折射　宝石级锆石是高型锆石。锆石是非均质体，双折射率是0.054，透过锆石的冠部刻面观察，能见到对应刻面邻接处的双影；钻石是均质体，不能看到双影现象。

② 锆石的特征吸收光谱　常为两条非常明显的红色谱线，较强的一条是在653.5nm处，并且经常可见到659nm的一条伴随谱线（图5-35）。

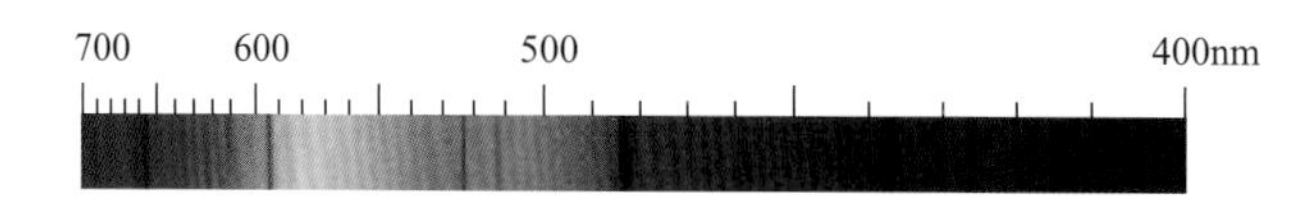

图5-35　锆石的特征吸收光谱

③ 相对密度　无色锆石的相对密度为4.70，钻石的相对密度是3.52左右。

④ 线条实验　根据不同宝石在直线上的可见性可以区分钻石和锆石。在一条画直线的白纸上，将锆石与钻石台面向下放置，从上垂直于纸面观察，因为左边的钻石是全内反射，所以看不到直线；而右边的锆石可以看到弯曲的直线（图5-36）。

图5-36　锆石与钻石线条实验

5.6.3　锆石的优化处理及鉴定方法

5.6.3.1　锆石的热处理

热处理可以改变锆石的颜色，也可以改变锆石的类型。锆石的改色实验最早开始于20世纪80年代，由于热处理的成本较低，处理后锆石颜色稳定，成为锆石最常见的优化处理方法。几乎所有的蓝色锆石都是通过热处理获得的。

（1）改变颜色

在还原的条件下进行热处理可产生蓝色或无色的锆石。不同产地的锆石经热处理会出现不同的颜色。例如越南产出的褐红色锆石原料，经热处理后产生无色、蓝色、金黄色锆石；我国海南省产的红色、棕色锆石，经过热处理，可以变成无色锆石。其中无色和蓝色是锆石中最常见的颜色类型。

热处理步骤如下：首先样品放在封闭的坩埚里，放进炉子中，在减压还原的条件下加热到900 ~ 1000℃，可使样品达到宝石级颜色。热处理的目的是去除锆石中的褐色色调，以产生无色的锆石，同时产生白雾状效果。

在氧化条件下进行热处理，温度达到900℃时可产生金黄色和无色的锆石，有些样品可呈红色，未达到宝石级颜色的样品也可以在氧化条件下热处理成无色或金黄色的锆石。

经热处理可得到无色、蓝色锆石。剩下的颜色差但净度好的蓝色锆石，再经进一步加热可产生无色、黄色及橙红色锆石。锆石热处理优化过程因未添加其他任何物质，在珠宝鉴定时仍将其认定为天然宝石。

（2）改变类型

将锆石原料加热至1450℃，持续长时间的热处理可引起硅和锆的重结晶，可将低型锆石转化为高型锆石。经这种处理，低、中、高型的锆石都能提高密度（可达4.7g/cm^3），具有较高的折射率和清晰的吸收线，同时还可以提高透明度和明亮程度。热处理引起的重结晶还可产生纤维状微晶，形成猫眼。如斯里兰卡的锆石多为绿色低型锆石，经过热处理后，颜色明显变淡，成为高型的锆石宝石。

5.6.3.2 锆石辐照处理

由于天然锆石的颜色较暗，常辐照处理成明亮度较高的无色和蓝色锆石。

锆石的辐照处理与热处理是逆反应过程。几乎所有经热处理得到的高型锆石改善品再经辐照处理（X射线、γ射线、高能电子等）都可以恢复至热处理前的颜色，甚至颜色变得更深。天然产出的锆石在辐照下也会发生颜色变化，如无色锆石在X射线照射下可变成深红色、褐红色或紫色、橘黄色锆石；蓝色锆石在X射线辐照下可变成褐色-红褐色锆石。但这类辐照改色锆石改色过程均可逆，在极端高温高压下可以恢复原状。

5.7 水晶

石英是地壳中含量最多的矿物，也是珠宝种类最丰富的一个宝石种族。石英宝石按照结构分类有显晶质、隐晶质等多种结晶形态，其中单晶石英在宝石学上称为水晶。水晶的主要化学成分为SiO_2，纯净的水晶是无色透明的晶体，含有不同的微量元素如铁、锰、钛等，可产生不同的颜色（图5-37）。当含微量元素铝或铁时，经辐照，微量元素形成不同类型的色心，产生不同的颜色，如烟色、紫色、黄色等。

图5-37 水晶常见的颜色

5.7.1 水晶的主要品种及鉴定特征

根据水晶的颜色，可将水晶划分成不同的宝石品种：无色水晶、紫晶、黄晶、烟晶、芙蓉石等；根据水晶内部的包裹体（简称包体）特征，又可将其划分为发晶、水胆水晶等，如表5-11所示。

表5-11 水晶的主要种类及特征

颜色	特征	致色离子
无色水晶	化学成分是单一的SiO_2，是在纯净条件下产出的，呈完全无色透明状	无
紫晶	颜色从浅紫色到深紫色，以紫色浓重，色正而艳，透明度高者为最好	含有微量元素铁，经辐照产生$[FeO_4]^{5-}$色心致色
黄晶	也称黄晶石，呈淡黄色、黄色、橙黄色，色艳而浓为最好。天然黄晶数量极少，价格昂贵	主要致色离子是Fe^{2+}
烟晶	烟色至棕褐色的水晶，颜色不均匀，也称“茶晶”，价值相对较低	Al^{3+}代替Si^{4+}，受到辐照后产生$[AlO_4]^{5-}$空穴色心
芙蓉石	淡红色至蔷薇红色石英，色调通常较浅，也称“蔷薇水晶”	主要致色离子为锰和钛离子
蓝水晶	淡蓝色、暗蓝色，天然蓝水晶罕见，一般为合成品	铁和钛离子
绿水晶	绿色至绿黄色，天然绿水晶罕见，一般为合成品	致色离子主要是Fe^{2+}
发晶	无色、浅褐色、浅黄色，含有不同的矿物包裹体而产生不同的颜色	包裹体致色

（1）无色水晶

无色透明纯净的二氧化硅晶体，内部可含丰富的包体，常见的包体有负晶、流体包体及各种固态包体。水晶内固态包体种类繁多，常见的固体包体有金红石、电气石、阳起石等。

（2）紫晶

紫晶的颜色从浅紫到深紫色，可带有不同程度的褐色、红色和蓝色调，巴西所产高品质紫水晶呈较深的紫色，非洲等地的紫水晶则带有浓的蓝色色调。我国河南等地产的紫水晶颜色较浅，颜色特点与巴西浅色紫晶相同，均为浅紫色，可带微弱的褐色色调，透明度较高。

紫晶颜色分布不均匀，最常见的是色带，紫色色带平行分布，有时两组色带以一定角度相交分布；有时可见到色块，色块边缘有平直的边，呈不规则的几何图形。

含有微量元素铁的水晶，经辐照作用，Fe^{3+}的电子层中的电子受到激发，产生空穴色心$[FeO_4]^{5-}$，空穴色心主要在可见光550nm处产生吸收，而使水晶产生紫色。在加热或阳光曝晒下紫晶中的色心会遭到破坏，发生褪色。

（3）黄晶

黄晶即为黄色的水晶，常见的颜色有浅黄色、黄色、金黄色、褐黄色等。化学成分中含有微量的铁和结构水。颜色可能与晶体中成对占位的Fe^{2+}有关，黄晶一般都具有较高的透明度，内部特征与紫晶相似。黄晶在自然界产出较少，常同紫晶及水晶晶簇伴生，市面上流行的黄晶多数是由紫晶加热处理而成或为合成黄晶。

（4）烟晶

一种烟色至棕褐色的水晶，颜色不均匀，也称“茶晶”。化学成分中含有微量的Al^{3+}，Al^{3+}代替Si^{4+}，受到辐照后产生$[AlO_4]^{5-}$空穴色心，而使水晶产生烟色。烟晶加热后可变成无色水晶。

（5）芙蓉石

一种淡红色至蔷薇红色的水晶，也称“蔷薇水晶”，因成分中含有微量的Mn和Ti而致色。芙蓉石透明度较低，常为块状，颜色不太稳定，加热可褪色；如果长时间曝晒，颜色会逐渐变淡。

（6）蓝水晶

蓝水晶主要是指颜色为淡蓝色、暗蓝色的水晶。天然的蓝水晶罕见，几乎所有的蓝色水晶都是人工合成的。

（7）绿水晶

绿水晶的颜色为绿色至黄绿色。颜色形成与Fe^{2+}有关，市场上几乎不存在天然形成的绿色水晶，通常是紫水晶在加热成黄水晶的过程中形成的一种中间产物。

（8）发晶

发晶常见的颜色有无色、浅黄色、浅褐色等，可因含金红石常呈金黄色、褐红色等色，含电气石常呈灰黑色；含阳起石常呈灰绿色。

5.7.2　水晶的优化处理及鉴定方法

水晶常用的优化处理方式主要有热处理、辐照处理、染色处理和镀膜处理。

（1）热处理

热处理多用于一些颜色较差的紫晶，将颜色不好的紫晶加热到400 ~ 500℃可变成黄水晶或者过渡产品绿水晶。加热处理后的黄水晶可具有色带（加热过程色带可保持不变），没有多色性。

另一种加热处理的产品是紫黄晶。紫色和黄色形成各自的色斑或色块，往往没有明显的界线，有时也形成明显的与菱面体生长区相关的色区。天然的紫黄晶只产于玻利维亚，但这种颜色特征可用紫晶（或合成紫晶）经过加热处理来实现，处理的紫黄晶与天然的紫黄晶尚无有效的方法区别。

这种热处理已被人们广泛接受，属于优化，定名时直接以天然宝石名称命名。

（2）辐照处理

辐照处理用于无色水晶转变成烟晶或紫晶，在这种情况下先对无色水晶进行辐照使其变为深棕色、黑色，再经热处理改变颜色，以形成所需的颜色。原理是水晶经过辐照形成空穴色心而产生颜色。无色水晶中必须含有杂质Al^{3+}，当Al^{3+}代替了Si^{4+}，为保持晶体的电中性，Al^{3+}周围必须有一些碱（如Na^{+}或H^{+}）存在。

当水晶受到X射线、γ射线等辐射源辐照时，与Al^{3+}相邻氧原子的能量增大，它的一对电子中的一个就能从正常位置抛出，如果辐照强度较大并且晶体中有足够的Al^{3+}，水晶可经辐照后变为黑色。烟水晶的空穴色心形成示意图见第3章图3-18。

紫水晶的主要致色原理是含有微量的铁离子和锰离子。紫水晶也可用辐照加热处理的方式形成，只是形成原理与烟水晶略有不同。紫水晶具有同样的空穴色心，只是其杂质是铁而不是铝。

含有杂质铁离子的水晶经过辐照作用，Fe^{3+}中的电子受到激发而产生空穴色心，使水晶产生紫色。当辐照紫水晶加热时空穴色心消失而紫色也随之消失。热处理后的紫水晶，经辐照色心又可产生，紫色也随之恢复。

当紫水晶受热时，颜色变成黄色或者绿色。这时的颜色就不是色心引起的了，而是由过渡金属铁的位置和价态致色的。辐照水晶在国标中归为优化，在鉴定证书中不用标注。

（3）染色处理

水晶的染色处理，首先是把待处理的无色水晶加热、淬火，然后浸于配好颜色的溶液中，有色溶液沿淬火裂隙浸入使水晶染上各种颜色。染色水晶有明显的炸裂纹，颜色全部集中在裂隙中，用放大镜或显微镜仔细检查是很容易识别的。还有另一种情况是将加热淬火的无色水晶，浸于无色溶液中，这时无色溶液沿裂隙充填，由于裂隙内液体薄膜干涉效应，使这种原本无色的水晶带上了一种五颜六色的晕彩。

（4）镀膜处理

一般在无色水晶上镀一层彩色的膜，使水晶表面光泽增强；还有一种方式是在浅色水晶亭部镀上一层带颜色的膜以增强水晶的颜色。镀膜水晶一般比较容易鉴定，有时肉眼可见表面彩虹状薄膜。在亭部镀膜的水晶不太容易鉴定，一般需要放大观察其亭部与冠部的颜色和光泽的变化（图5-38）。

图5-38　镀膜水晶中的颜色变化

5.8　尖晶石

5.8.1　尖晶石的宝石学特征

图5-39　各种颜色的尖晶石

尖晶石的化学成分是$MgAl_2O_4$，纯净的尖晶石是无色的，含有微量元素Cr、Fe、Zn、Mn时，可产生红色、橙红色、粉红色、紫红色、黄色、橙黄色、褐色、蓝色、绿色、紫色等颜色（图5-39），铬离子致色可产生鲜艳的红色，极品红色尖晶石与鸽血红红宝石颜色相似，价格也非常昂贵。尖晶石的折射率一般为1.718左右，随着铁、锌、铬元素的增加，折射率逐渐增大至1.78以上。

5.8.2 尖晶石的优化处理及鉴定方法

尖晶石常见的优化处理方式有热处理、充填、染色、扩散处理等。

(1)热处理

可用于热处理的尖晶石不多，只限于改善粉色尖晶石。产自坦桑尼亚的粉色尖晶石，通过热处理，颜色从淡粉色到深粉色或者粉色到红色，但颜色色调整体偏暗(图5-40)。尖晶石在1400℃的高温处理后，颜色明显变暗。加热温度如果低于1400℃，仅能改变尖晶石的净度，不能改变尖晶石的颜色。

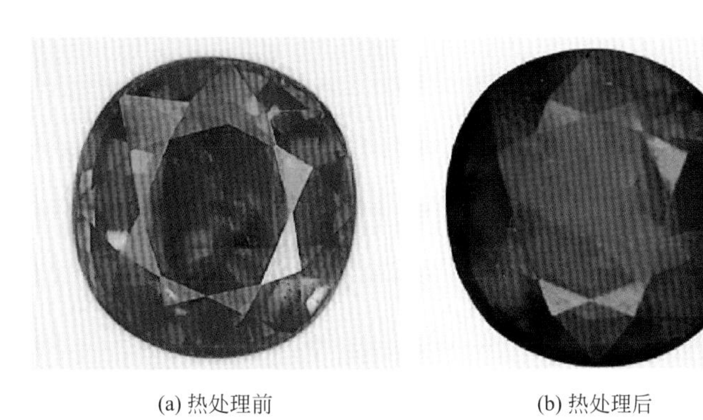

(a) 热处理前　　(b) 热处理后

图5-40　热处理前后尖晶石的颜色变化(GIA，2005)

(2)充填

尖晶石的充填方式与红宝石、祖母绿相似，均是采用无色油、有色油或塑料、蜡等材质充填。充填后使天然尖晶石中的裂隙减少，改善其颜色和透明度。

尖晶石的充填是在真空条件下完成的，处理前对尖晶石预加工、粗磨，打磨成所需要的形状，先用酸洗，去除裂隙中的杂质，然后将干燥后的尖晶石与充填物质放入加热装置进行充填，充填结束后再进行细磨和抛光。

充填尖晶石的鉴定特征：放大检查可见充填物出露部分表面光泽与主体宝石的差异，充填处可见闪光效应，有时可见气泡。红外光谱测试可见充填物特征红外吸收峰。

(3)染色

尖晶石的染色主要用于浅色且含有大量裂隙的天然尖晶石，大多数是染成红色用来冒充红宝石。染色剂一般为铬盐，在加热条件下让铬盐充分进入到尖晶石裂隙里。

染色尖晶石鉴定特征：染色尖晶石在放大条件下检查可见颜色分布不均匀，多在裂隙处或表面凹陷处富集；紫外荧光灯下荧光较强，红外光谱测试可见染色剂的存在。

(4)扩散处理

尖晶石扩散处理一般是采用钴离子致色，通过加热的方式使钴离子进入到尖晶石的表面晶格中，形成特征的钴蓝色，用于改善颜色浅、裂隙较多的蓝色尖晶石。

扩散处理尖晶石的鉴定特征：放大检查可见受热引起的愈合裂隙及部分熔融的晶质包裹体；

放大检查或油浸观察可见颜色在裂隙中富集，结构致密处的宝石颜色较浅，裂隙处的颜色较深；成分分析表明扩散层（表层）致色离子浓度高，内部致色离子浓度低；查尔斯滤色镜下呈红色；吸收光谱可见特征的钴离子吸收线，激光光致发光（如紫外可见光光谱）也可区分扩散尖晶石和天然尖晶石。

5.9 石榴石

石榴石族宝石矿物中有很多类质同象替代现象，根据化学成分不同，可划分为多个石榴石品种，因此每一种石榴石的颜色、化学成分及物理性质也都有较大变化。

5.9.1 石榴石族宝石学特征

石榴石的化学成分通式为$A_3B_2(SiO_4)_3$，其中A表示二价阳离子，以Mg^{2+}、Fe^{2+}、Mn^{2+}、Ca^{2+}等为主；B代表三价阳离子，多为Al^{3+}、Cr^{3+}、Fe^{3+}、Ti^{3+}、V^{3+}及Zr^{3+}等。由于进入晶格的阳离子的半径相差较大，又将这种类质同象替代分为两大系列：一类是B位置以三价阳离子Al^{3+}为主，A位置是半径较小的Mg^{2+}、Fe^{2+}、Mn^{2+}等二价阳离子之间进行类质同象替代所构成的系列，称为铝质系列，铝质系列的石榴石也称为红色系列，常见品种有镁铝榴石、铁铝榴石、锰铝榴石（图5-41）；另一类是A位置以半径最大的二价阳离子Ca^{2+}为主，B位置是Al^{3+}、Cr^{3+}、Fe^{3+}等三价阳离子之间进行类质同象替代所构成的系列，称为钙质系列，常见的有钙铝榴石、钙铁榴石、钙铬榴石（图5-42）。此外，一些石榴石的晶格还附加有OH^-，形成含水的亚种，如水钙铝榴石等。

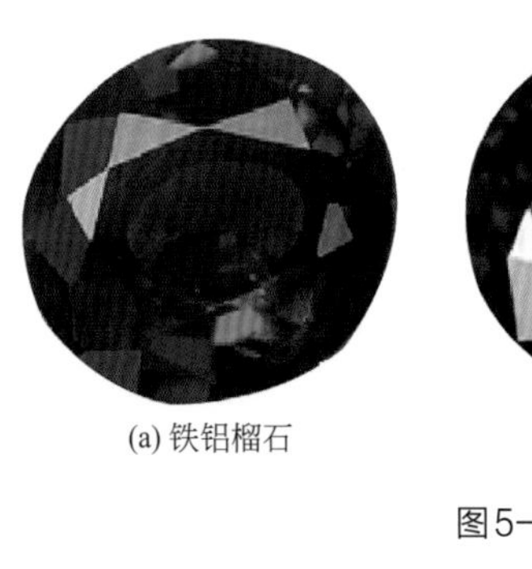

(a) 铁铝榴石　(b) 镁铝榴石

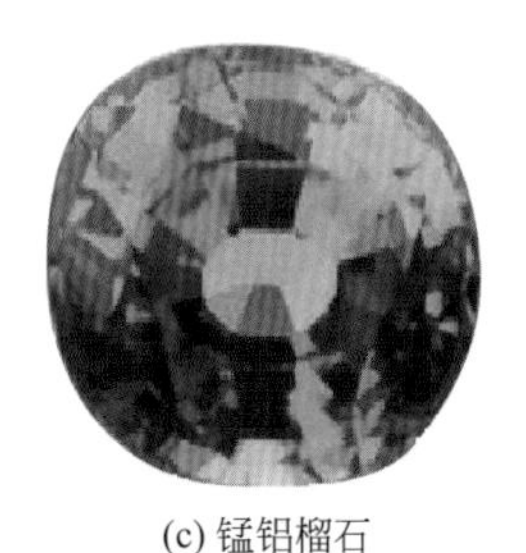

(c) 锰铝榴石

图5-41　铝质系列石榴石

(a) 钙铝榴石

(b) 钙铁榴石　(c) 钙铬榴石

图5-42　钙质系列石榴石

5.9.1.1 铝质系列石榴石

(1)镁铝榴石

宝石级镁铝榴石颜色常为紫红色、粉红色、褐红色、橙红色等，主要化学成分是$Mg_3Al_2(SiO_4)_3$。颜色的深浅变化与镁铝榴石中的铁离子含量有关，铁离子含量越高，颜色越深。镁铝榴石中的橙色调与其含有的Cr_2O_3有关，当Cr_2O_3含量较高时，红色色调加深，当Cr_2O_3含量低时，橙色色调加深。镁铝榴石吸收光谱：564nm宽吸收带，505nm吸收线，含铬的镁铝榴石在红区有特征的铬吸收，685nm、687nm吸收线及670nm、650nm吸收带（图5-43）。内部常见针状及矿物包体。

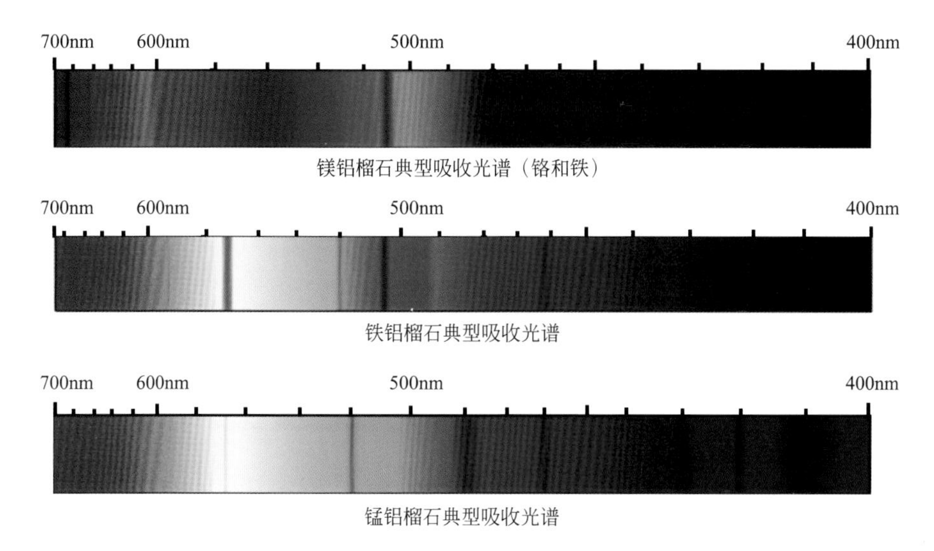

图5-43 镁铝榴石、铁铝榴石、锰铝榴石典型吸收光谱图

(2)铁铝榴石

宝石级铁铝榴石常见的颜色为褐红色、粉红色、橙红色等；主要化学成分为$Fe_3Al_2(SiO_4)_3$，其中Fe^{2+}常被Mg^{2+}、Mn^{2+}等取代，形成类质同象替代系列。铁铝榴石致色离子主要是亚铁离子，铁铝榴石的特征吸收光谱由Fe^{2+}的吸收造成。铁铝榴石吸收光谱：573nm强吸收带，504nm、520nm处两条较窄的强吸收带称为“铁铝榴石窗”。在红区、蓝紫区还可能有一些弱的吸收带。（图5-43）。铁铝榴石吸收谱线的强弱与Mg^{2+}的类质同象替代有关，Mg^{2+}取代Fe^{2+}越多，则吸收就越弱。内部可见针状包体，规则排列时可产生星光效应，也可能出现矿物包体。

(3)锰铝榴石

宝石级锰铝榴石常见颜色有棕红色、玫瑰红色、黄色、黄褐色等。主要化学成分为$Mn_3Al_2(SiO_4)_3$，其中Mn^{2+}通常由Fe^{2+}部分取代，Al^{3+}常由Fe^{3+}取代。锰铝榴石吸收光谱：410nm、420nm、430nm三条强吸收带和520nm、480nm、460nm三条弱的吸收带（图5-43）。内部可有波浪状、浑圆状、不规则状晶体或液态包体。

5.9.1.2 钙质系列石榴石

常见的有钙铝榴石、钙铁榴石、钙铬榴石。此外，一些石榴石的晶格还附加有OH^-，形成含水的亚种，如水钙铝榴石等。

（1）钙铝榴石

钙铝榴石的颜色多种多样，主要有绿色、黄绿色、黄色、褐红色等。钙铝榴石是钙质系列石榴石中最常见的一种石榴石，其主要化学成分为$Ca_3Al_2(SiO_4)_3$。钙铝榴石和钙铁榴石是一个完全的类质同象系列，即Al^{3+}和Fe^{3+}形成完全类质同象替代。当Al^{3+}数量大于Fe^{3+}时，称为钙铝榴石。

钙铝榴石通常没有特征的吸收光谱，但当钙铝榴石中含有铁铝榴石成分时，也可以显示弱的铁铝榴石的吸收谱特征。可见407nm、430nm处的两条吸收带。

（2）钙铁榴石

宝石级钙铁榴石常见颜色有黄色、绿色、褐色、黑色等。主要化学成分为$Ca_3Fe_2(SiO_4)_3$，其中Ca^{2+}常被Mg^{2+}和Mn^{2+}置换，Fe^{3+}常被Al^{3+}取代；当部分Fe^{3+}被Cr^{3+}置换时，即为翠榴石。翠榴石具有非常特征的马尾状包体，马尾即由纤维状石棉构成，最重要的产地是俄罗斯乌拉尔山，其中含Ti较多的黑色钙铁榴石称为黑榴石。

（3）钙铬榴石

钙铬榴石是一种与翠榴石相似的品种，常见的颜色为鲜艳绿色、蓝绿色，常被称为祖母绿色石榴石。钙铬榴石的主要化学成分为$Ca_3Cr_2(SiO_4)_3$，其中的Cr^{3+}通常被少量的Fe^{3+}置换。纯净的钙铬榴石颜色鲜艳，随着铁离子的增加蓝色调加强。

由于广泛的类质同象替代，石榴石的化学成分通常很复杂，主要宝石种属的划分见表5-12。自然界石榴石的成分通常是类质同象替代的过渡态，很少有端员组分的石榴石存在。

表5-12 石榴石族宝石种类划分

名称		颜色	折射率	化学成分	致色离子
铝质系列	镁铝榴石	紫红色、褐红色、粉红色、橙红色等	1.740～1.760	$Mg_3Al_2(SiO_4)_3$	Fe^{2+}、Mn^{2+}、Cr^{3+}
	铁铝榴石	褐红色、粉红色、橙红色等	1.760～1.820	$Fe_3Al_2(SiO_4)_3$	Fe^{2+}、Mn^{2+}
	锰铝榴石	棕红色、玫瑰红色、黄色、黄褐色等	1.790～1.814	$Mn_3Al_2(SiO_4)_3$	Mn^{2+}、Fe^{2+}、Fe^{3+}
钙质系列	钙铝榴石	绿色、黄绿色、黄色、褐红色及乳白色等	1.730～1.760	$Ca_3Al_2(SiO_4)_3$	少量Fe^{3+}替代Al^{3+}
	钙铁榴石	黄色、绿色、褐色、黑色等	1.855～1.895	$Ca_3Fe_2(SiO_4)_3$	Fe^{3+}、Cr^{3+}、Ti^{3+}
	钙铬榴石	鲜艳绿色、蓝绿色	1.820～1.880	$Ca_3Cr_2(SiO_4)_3$	Cr^{3+}、Fe^{3+}
	水钙铝榴石	常见绿色，也有少量蓝绿色、白色和粉色	1.670～1.730	$Ca_3Al_2(SiO_4)_{3-x}(OH)_{4x}$	Fe^{2+}、Cr^{3+}

5.9.2 石榴石的优化处理及鉴定方法

由于石榴石的致色机理是自身矿物组分致色，因此目前针对石榴石进行的优化处理相对较少，主要有热处理、扩散、拼合等优化处理方法。

（1）热处理

石榴石进行热处理的目的是改善石榴石的颜色，经过优化处理后石榴石的颜色可以由浅黄色变为橘黄色、绿色。对镁铝榴石、铁铝榴石、锰铝榴石热处理后，其表面黄色变为橘黄色；钙铝榴石、翠榴石进行热处理后，其颜色和透明度得到改善，内部马尾状包体出现轻微熔蚀。热处理能够改善石榴石的颜色是因为石榴石裂隙中含有微量的杂质离子，通过加热可改变杂质离子的含量和价态，从而改善石榴石的颜色。

热处理石榴石的鉴定特征：经过热处理后的石榴石，内部包裹体会发生改变，如石榴石中的气泡破裂、矿物包体出现部分熔蚀现象。

（2）扩散处理

石榴石的扩散处理是针对浅黄色的钙铝榴石。采用铁离子和铬离子作为致色剂，通过加热的方式进行扩散，浅黄色的石榴石可改善为橘黄色；采用钴离子作为致色剂，可将浅黄色石榴石改善为绿色、黄绿色。

扩散处理石榴石的鉴定特征：扩散处理后的颜色仅存在于石榴石表面。表面颜色深，内部颜色浅，集中在表面和裂隙中，如果重新切磨或抛光，扩散的颜色则不明显。

（3）拼合处理

拼合是一种常见的石榴石优化处理方法，常见的拼合方式是二层石。拼合材料通常上层是石榴石，下层是玻璃，称为石榴石顶拼合石。常见的拼合石为以红色石榴石为顶，绿色玻璃为底，用来仿制天然祖母绿。

石榴石顶拼合石的主要鉴定特征是观察是否有“红圈”效应（图5-44）。观察方法是将宝石底尖朝上放置在白色背景中，用点光源照射，如果看到腰围部位有红色圈的痕迹，即可证明是拼合宝石。除此之外，仔细观察拼合部位可看到拼合缝，在拼合缝中也有可能会有气泡。

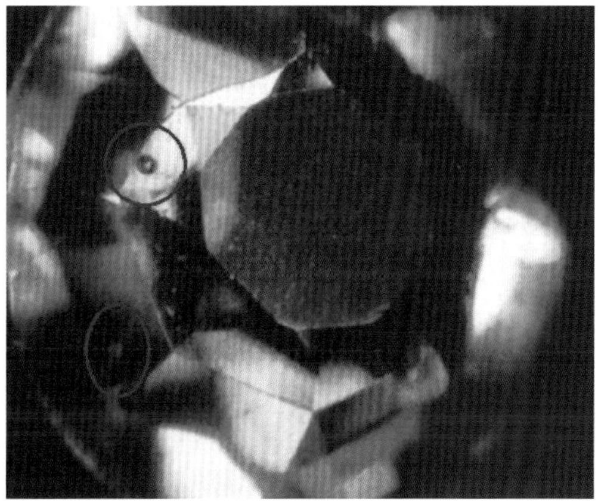

图5-44　石榴石顶拼合石的“红圈”效应

5.10 坦桑石

坦桑石的矿物学名称为黝帘石（zoisite），在矿物学中属绿帘石族。1962年，坦桑石首次被George Kruchiuk发现，起初主要用作装饰材料，自1967年在坦桑尼亚发现蓝紫色透明晶体后，逐渐应用于宝石领域。后来根据其产地国坦桑尼亚（tanzania）的名字而将这种宝石命名为坦桑石（tanzanite）。

5.10.1 坦桑石的宝石学特征

坦桑石是一种含水钙铝硅盐，化学成分为$Ca_2Al_3(SiO_4)_3(OH)$，含有V、Cr、Mn等微量元素。V元素取代晶格中的Al使坦桑石呈蓝紫色，含Mn的粉红色不透明品种称为锰黝帘石。此外，黝帘石与不透明红宝石、黑色角闪石共生的粒状集合体在市场上称为红绿宝石，而与斜长石共生的粒状集合体则称为独山玉。

含钒的黝帘石为斜方晶系，晶体常沿c轴延长，呈柱状或板柱状，有平行柱状条纹，横断面近于六边形。其它黝帘石品种常呈粒状集合体，常见色调有带褐色调的绿蓝色，还有灰色、褐色、黄色、绿色、浅粉色等，经热处理后可去掉褐绿色至灰黄色，呈蓝色、蓝紫色。蓝色黝帘石在595nm处有一强吸收带，在528nm处有一弱吸收带。黄色黝帘石在455nm处有一吸收谱线（图5-45）。

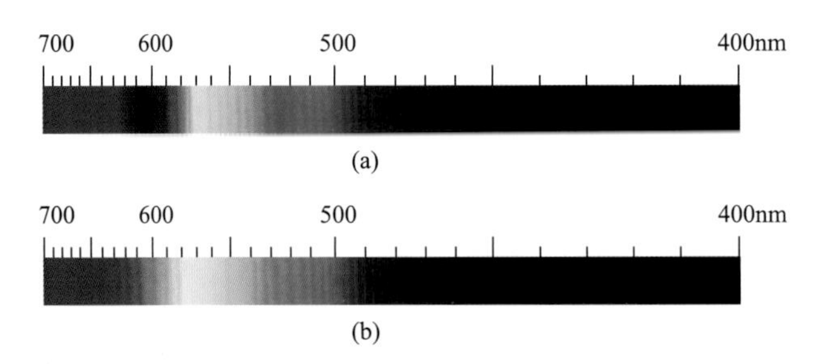

图5-45 蓝色（a）和黄色（b）黝帘石的特征吸收谱线

5.10.2 坦桑石的优化处理及鉴定方法

由于天然坦桑石颜色较杂，少见迷人艳丽的蓝-紫色，故常对其进行人工热处理。常见方法为低温加热或中温加热，其次为覆膜，少见扩散处理。

（1）热处理

目前市场上大约95%的紫蓝色坦桑石是经过600 ~ 650℃热处理的，这种热处理温度可将坦桑石的棕色、黄色、绿色转变成蓝色。经数据分析可得，坦桑石从965℃开始失水变性，内部结构发生变化。因此，坦桑石的热处理温度应低于965℃，以确保热处理发生在坦桑石稳定相范围内，结构不会发生变化。

钒在褐色等黝帘石的晶体内部呈三价，在坦桑石中呈四价。通过中低温加热，使钒的化合价态由三价变为四价，产生紫蓝色，并且颜色稳定。不过，绿色的宝石级黝帘石一般不经热处理可直接投入市场。

由于应用在坦桑石上的热处理温度属中低温，一般坦桑石内部的包体特征并不会出现非常明显的变化，有别于高温热处理后的刚玉内部常见的熔融的晶体包体、熔断且弯曲的点状金红石针等。此外，热处理前后坦桑石的红外和拉曼光谱也没有出现明显的变化，都具有天然未处理坦桑石的特征。

然而，对于三色性强且三色颜色差异大的坦桑石而言，其三色性在加热后的改变最显著，即从黄绿色－紫色－蓝色转变为紫色－蓝色。

（2）覆膜处理

在宝石优化处理中覆膜属于处理，是宝石优化处理中的物理修饰法，即在真空中利用热蒸发法或阴极溅射法将薄膜材料挥发或溅射出来，并在宝石表面沉积成薄薄的一层。对于坦桑石而言，覆膜的目的在于增强坦桑石的蓝色色调。

坦桑石覆膜的应用程度远不如热处理。Shane.F，McClure等在2008年报道，检测到含钴（Co）、锌（Zn）、锡（Sn）等元素的覆膜坦桑石；Amy Cooper，Nathan Renfro在2014年报道了含钛（Ti）元素的覆膜坦桑石。

覆膜处理后坦桑石的鉴定特征：

① 体色艳丽但不灵动，颜色的分界较为分明；

② 处理前后差异明显，覆膜处光泽强且伴有彩虹色；

③ 棱角易磨损，为表面膜层脱落所致（图5-46）；

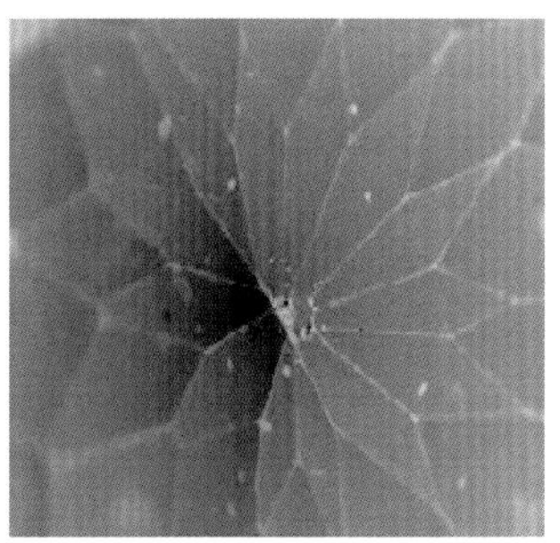

图5-46　覆膜后的坦桑石及亭部常见覆膜部分脱落现象（据GIA，2014）

④ 进行重新抛光的部位的颜色会明显变浅；

⑤ 显微镜下放大观察，表面有许多微小的孔洞和大量杂乱无章的划痕；

⑥ X射线荧光光谱测试，Ti或Co等金属元素含量异常；

⑦ 紫外可见光光谱分析：天然的蓝色坦桑石的吸收峰均在528nm、595nm处，而Ti元素覆膜的坦桑石缺失天然蓝色坦桑石的528nm处吸收带，且595nm处的吸收带偏移到了620nm处。

对Ti元素覆膜的样品进行红外光谱测试，并未出现其他物质的峰，故不可用红外光谱鉴别钛

覆膜的坦桑石；同样，拉曼光谱仪与钻石观测仪（Diamond View）均不适用于检测钛覆膜处理后的坦桑石。覆膜处理的坦桑石，长时间用超声波清洗，可能会褪色。

（3）扩散处理

在宝石优化处理中扩散处理属于处理，是宝石改善中的一种常见方法，通过在宝石内部渗入致色离子，达到增强坦桑石紫蓝色的效果。然而这种优化处理在坦桑石中少见，2003年于纽约发现了呈深蓝紫色的扩散处理坦桑石。但与普通扩散处理过后的宝石不同的是，这种扩散坦桑石在浸液观察法中看不到“蜘蛛网”现象，不过仍然可以通过电子探针等大型仪器检验元素含量是否异常，来确定坦桑石是否经过扩散处理。

5.11 长石

长石族矿物产于各类成因的岩石中，它大约占地壳质量的50%，是一种最重要的造岩矿物。长石属于铝硅酸盐矿物，它的一般化学式可以表示为$XAlSi_3O_8$，其中X为Na、Ca、K、Ba以及少量的Li、Rb、Cs、Sr等，它们是离子半径较大的一价或二价碱金属离子；Si可以被Al以及少量的B、Ge、Pe、Ti等替代，它们多为离子半径较小的四价或三价离子。

5.11.1 常见长石族宝石品种及其宝石学特征

长石族矿物品种繁多，凡色泽艳丽、透明度高、无裂纹、块度较大的均可用做宝石，重要的长石族宝石还有特殊光学效应，如月光石、日光石和拉长石等。长石族宝石在自然界中广泛存在。放大检查时，在长石中可见到少量固态包体、聚片双晶、解理包体、双晶纹、气液包体、针状包体等。主要的长石族宝石品种有月光石、天河石、拉长石及日光石。

（1）月光石

月光石是正长石（$KAlSi_3O_8$）和钠长石（$NaAlSi_3O_8$）两种成分层状交互的宝石矿物，通常呈无色至白色，还有红棕色、绿色、暗褐色等颜色，透明或半透明，常见蓝色、无色、黄色等晕彩，具有特征的月光效应（图5-47）。

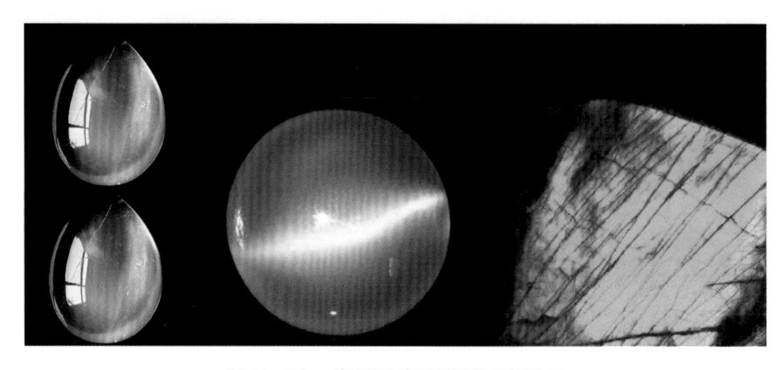

图5-47　常见的各种颜色月光石

月光石解理发育，可见两组解理近于垂直相交排列构成的“蜈蚣”状包体、指纹状包体、针状包体等。在某一角度，可以见到白色至蓝色的发光效应，似朦胧的月光。这是由于正长石中出溶的钠长石在正长石晶体内定向分布，两种长石的层状隐晶平行相互交生，折射率稍有差异对可见光发生散射产生的物理光学效应。当有解理面存在时，可伴有干涉或衍射现象，长石对光的综合作用使长石表面产生一种蓝色的浮光。

（2）天河石

天河石又称“亚马逊石”，它是含铷（Rb）的微斜长石，常见的颜色为绿色至蓝绿色，宝石表面可以见到解理面的反光。天河石是微斜长石中呈绿色至蓝绿色的变种（图5-48）。

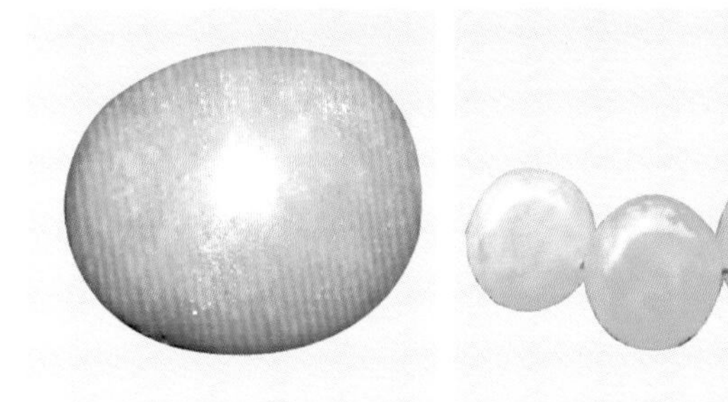

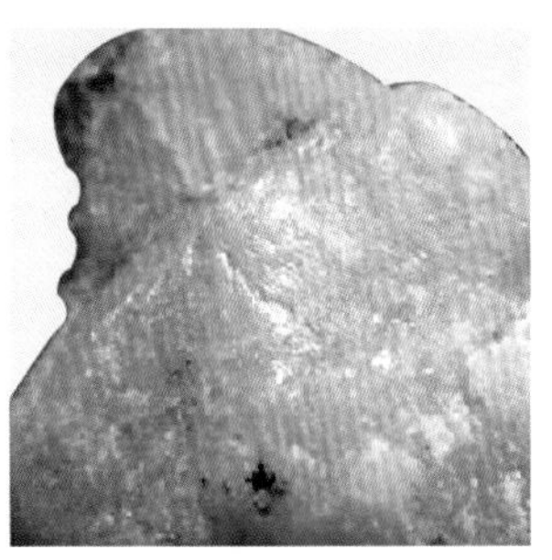

图5-48 常见的各种颜色天河石

天河石的化学成分为$KAlSi_3O_8$，含有Rb和Cs，一般Rb_2O的含量为1.4% ~ 3.3%，Cs_2O的含量为0.4% ~ 0.6%。其颜色成因有一种说法是Rb致色，也有人认为是其中含有微量的Pb取代结构中的K引起结构上的缺陷，因而产生色心呈色。天河石透明度较高，一般为透明至半透明，常含有斜长石的聚片双晶或穿插双晶，而呈绿色和白色格子状、条纹状或斑纹状，并可见解理面的闪光。长波紫外光下呈黄绿色荧光，短波下无反应，X射线长时间照射后呈弱绿色。

（3）日光石

日光石又称“太阳石”，是钠奥长石中最重要的品种，常见颜色为金红色至红褐色，一般呈半透明。日光石最典型的特征是具有日光效应，也称砂金效应，产生这种效应的原因是日光石里面含有大致定向排列的金属矿物薄片（如赤铁矿和针铁矿）（图5-49），随着宝石的转动，能发射出红色或金色的反光。

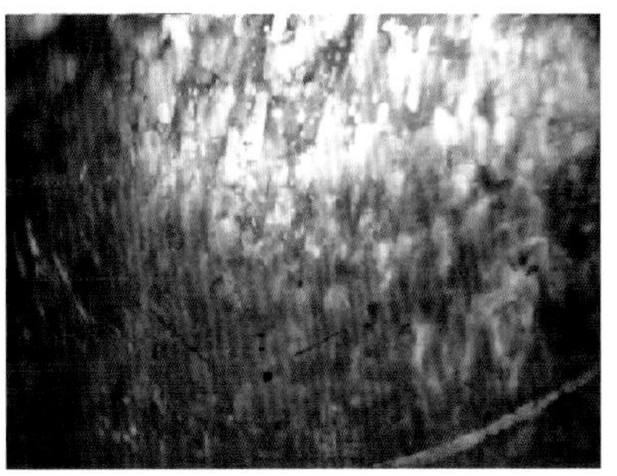

图5-49 日光石和砂金效应

（4）拉长石

拉长石又称光谱石，它的化学成分是由钠长石($NaAlSi_3O_8$)和钙长石($CaAl_2Si_2O_8$)组成，属于钠钙长石。拉长石最典型的鉴定特征是具有蓝色、光谱色变彩效应（图5-50）。

  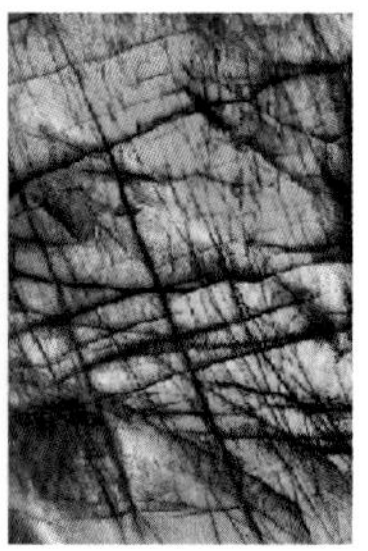

图5-50 拉长石及拉长石变彩效应

当把宝石样品转动到一定角度时，可显示蓝色、绿色、橙色、黄色、金黄色、紫色和红色晕彩。晕彩产生的原因是拉长石聚片双晶薄层之间的光相互干涉，或拉长石内部包含的细微片状赤铁矿包体以及一些针状包体，使拉长石内部发生干涉。拉长石因内部含有针状包体，可呈暗黑色，产生蓝色晕彩，如果按照一定的方式切磨，有时还可以产生猫眼效应。

5.11.2 长石族宝石的优化处理及鉴定方法

长石族宝石常具有解理或裂理，优化处理目的主要是掩盖裂隙，使宝石的结构更加坚固，增强稳定性。常见的优化处理方法有充填覆膜、浸蜡、辐照及扩散等。

（1）充填覆膜

由于月光石的解理发育，经常形成特殊的层状裂隙，影响了美观，采用无色油或者树脂进行充填，然后表层附上一层树脂类的膜。鉴定的方法就是检测裂隙中形成的干涉色是否有特殊的反射，然后检测表面是否有覆膜现象，由于树脂类和长石的折射率很接近，所以就要看双折射是否有特殊的现象发生。在其他类型的长石宝石表面覆上蓝色或黑色薄膜，以产生晕彩，放大检查可见薄膜脱落。如果这些处理手段的特征不明显，可以用红外光谱来鉴定。

（2）浸蜡

对于裂隙较多的长石，可以用无色蜡或有色蜡充填表面解理缝隙，充填后的宝石稳定性一般，用热针触探可有出蜡现象，用红外光谱也可测出蜡的成分。

（3）辐照

白色微斜长石经过辐照处理可转变成蓝色天河石，这种处理宝石很少见，不易检测。

（4）扩散

宝石级红色长石属于斜长石，是近年来宝石市场上的一种新型的宝石品种，颜色成因多与铜、铁有关。目前大多数红色长石是在高温氧化条件下，加入铜、铁元素扩散而成的，鉴定特征是铜、铁元素含量较高，宝石表面有高温烧结现象。

6

常见玉石的优化处理及鉴定方法

6.1 翡翠

6.1.1 翡翠的宝石学特征及品种划分

翡翠主要由硬玉或硬玉及钠质（钠铬辉石）和钠钙质辉石（绿辉石）组成，可含有角闪石、长石、铬铁矿、褐铁矿等。化学成分为$NaAlSi_2O_6$，天然翡翠有绿色、紫色、红色、黄色、黑色、白色等多种颜色。宝石级翡翠多为半透明-透明，抛光后呈现玻璃光泽，内部可全净（玻璃种），也可含有白色絮状、白色颗粒状、黄灰杂质等包裹体。其中以纯正、匀净、浓艳翠绿也并且质地细腻、温润、透明为上品。翡翠中的特级翡翠，价值与同品质的祖母绿相当。翡翠结构致密，多呈微粒状或纤维状集合体。偏光显微镜下为粒状镶嵌结构或花岗变晶结构，扫描电镜下呈现独特的毡状结构。

A货、B货和C货翡翠是翡翠在市场上的通用名称，A货翡翠指的是天然翡翠，B货翡翠指的是经过充胶处理的翡翠，C货翡翠指的是染色翡翠，三种翡翠的特征及区别如下：

（1）A货翡翠

A货翡翠指天然翡翠，在加工打磨工序中，用强碱液进行清洗或打磨，成型后浸蜡等，都是允许的。A货翡翠的颜色和透明度都是天然的，并且经久不变。A货翡翠肉眼可观察的特征：

① 颜色　天然翡翠的颜色顺着纹理的方向，有色部分与无色部分呈自然过渡，色形有首有尾，颜色有色根，沉着而不空泛。

② 光泽　翡翠抛光面具有玻璃光泽或亚玻璃光泽，折射率较高，为1.66。高档翡翠如“一泓秋水”，颜色明亮，结构细腻，质地通透致密。

③ 硬度　硬度（6.5～7）高于其他宝石，密度大，为3.34g/cm^3。

④ 表面无异常　其表面虽有一些粗糙不平或凹下去的斑块，但未凹下去的表面却较平滑，无麻坑，无网纹结构或充填现象（图6-1）。

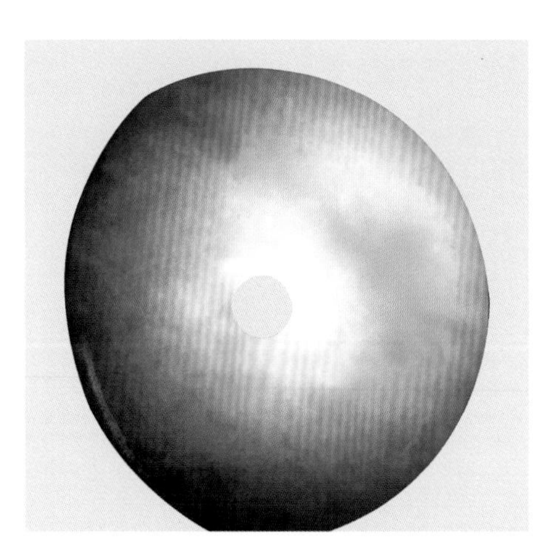

图6-1　A货天然翡翠的结构特征

（2）B货翡翠

B货翡翠是天然A货翡翠经人工漂白底色后，再注胶填充处理的翡翠。B货翡翠的颜色是天然A货翡翠的原色，但基底是经过漂白处理的，透明度也是通过人工处理的。经过处理后B货翡翠的透明度不稳定，结构也会随之变化，宝石过一段时间易发生龟裂。B货翡翠的结构特征如图6-2所示。

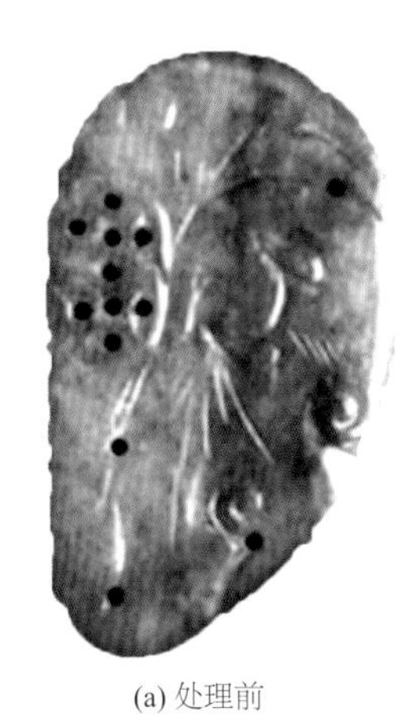

(a) 处理前

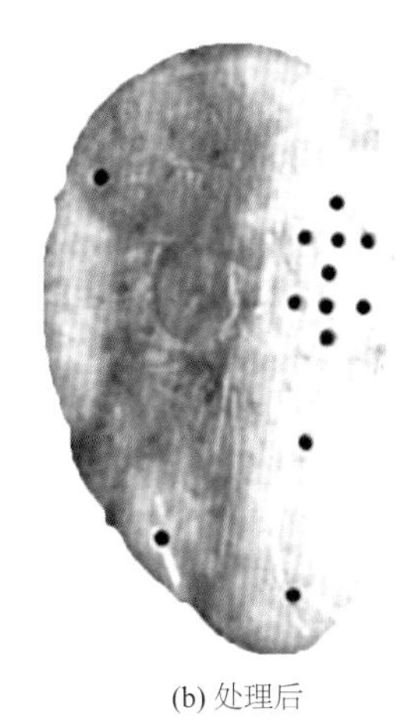

(b) 处理后

图6-2 B货翡翠的结构特征

（3）C货翡翠

C货翡翠是对染色翡翠的通称，只要翡翠颜色是人工加进去的，通称为C货翡翠。C货翡翠容易褪色。C货翡翠的制作历史悠久，且经常更新，“新产品”不断出现。C货翡翠颜色鲜艳，放大观察可见结构疏松或裂隙处颜色较深，结构致密处颜色较浅。选择不同的染色剂，可染成不同的颜色，如图6-3所示。

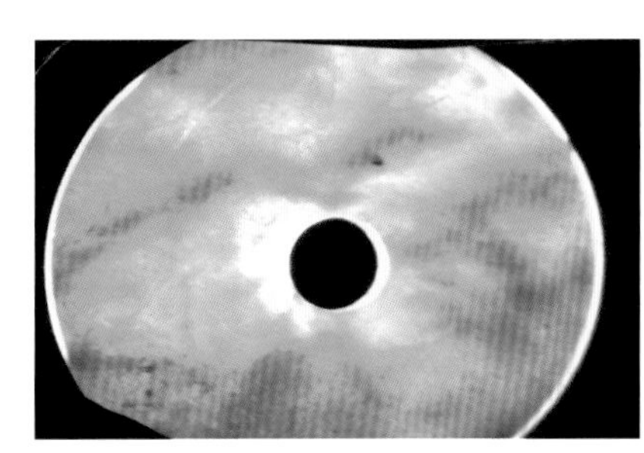

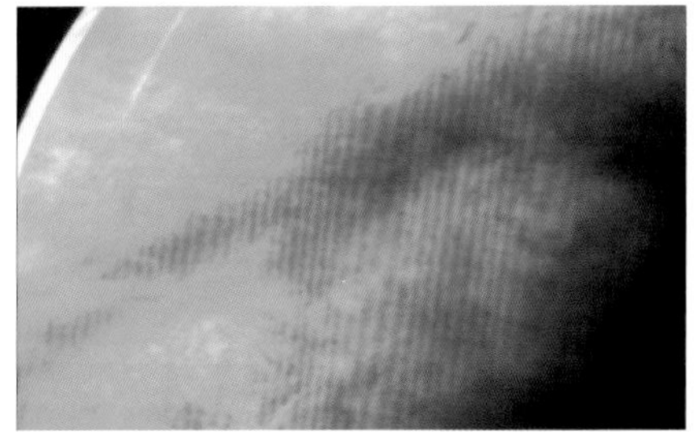

图6-3 C货翡翠的结构特征

6.1.2 翡翠的优化处理及鉴定方法

6.1.2.1 翡翠（红色）热处理的方法步骤及鉴定

对天然红色翡翠进行热处理，翡翠的颜色会发生改变，得到不同程度的改善。自然界中红色的翡翠不多，需要热处理的方法来获得较好的红色翡翠。翡翠的热处理，又称焗色。加热的目的是促进氧化作用的发生，使黄色、棕色、褐色的翡翠转变成鲜艳的红色。由于这种改善方式没有加入其他材料，因此称之为优化，在定名时可直接定名为翡翠。

（1）热处理翡翠的步骤

选择颜色较浅的翡翠原料，经过粗磨加工成所需要的形状，待处理。

① 选料　只有着色离子为铁离子的翡翠原料才能改成红色。含有铁离子的翡翠，在氧化条件下可将翡翠中的微量Fe^{2+}氧化成Fe^{3+}，使翡翠红色更加鲜艳。一般选择黄色、棕色、褐色的原料。如果翡翠原料中不含有铁离子，则经过热处理颜色没有变化。

② 洗净　用稀酸将待处理的翡翠清洗干净，去掉翡翠中的褐色调及其他杂色调。

③ 处理　将翡翠放在炉中进行热处理。缓慢升温，当颜色转变为猪肝色时，开始缓慢降温，冷却后翡翠会呈现出不同程度的红色。对不同质地的翡翠要具体调整操作的时间和温度，以得到所要求的颜色。红色翡翠热处理的最佳方案一般是在氧化气氛中，热处理最高温度在350℃左右，恒温处理8～10h。一般来说样品粒度越小，质地越细腻，最佳恒温温度越低，所以应该根据翡翠的实际情况调整实验条件。

④ 后处理　为获得较鲜艳的红色，可进一步将翡翠浸泡在漂白水中数小时，进行氯化，以增加它的艳丽程度。

（2）热处理翡翠的鉴定

经过热处理的翡翠与天然翡翠比较相似，天然翡翠和热处理翡翠的相同点是致色原理相同，翡翠的红色都是由宝石中的赤铁矿致色，并且这种赤铁矿都是由褐铁矿失水转化而成的，热处理后的翡翠颜色相对更加鲜艳。

不同点在于天然红翡翠是在自然条件下缓慢失水而成，而热处理红翡翠是在加热条件下迅速失水而成，一般不必区分，定名时直接以翡翠命名。

6.1.2.2　C货翡翠的制作和鉴别

C货翡翠的制作历史非常悠久，采用各种染色试剂可将无色或浅色的翡翠染成各种颜色。染色方法简单，但颜色不稳定，时间久了会逐渐变浅。

（1）C货翡翠的制作步骤

① 选择原料，选取无色或颜色浅的翡翠原料，并且要有一定的孔隙度，结构特别致密的不能染，将翡翠粗磨成型。

② 将待染翡翠放入酸性溶液中清洗，去除翡翠中的杂色调。

③ 烘干后放入染料或颜料的溶液中，加热可以加速溶液浸入翡翠孔隙的速度。浸泡时间视翡翠的品质而定，结构越致密，浸泡的时间越长。为使颜色充分进入翡翠的孔隙内，至少要1～2周。

④ 浸蜡，浸泡好已部分上色的翡翠，经烘干后，再浸上蜡，使颜色分布更柔和。

染色、着色的绿色翡翠都作为C货出售。染紫色翡翠的方法也类同，只是染料换成紫色而已。

（2）C货翡翠的鉴定

① 肉眼鉴定　颜色鲜艳，饱和度高，色调夸张不正，不自然。

② 放大观察　颜色附着在硬玉矿物的外表，表面颜色浓厚，裂隙处颜色明显加深或堆积。附着在翡翠的微隙间常呈网状团块状分布，无色根（图6-4）。若将其泡入水中或浸入油中观察，则更加清楚。

③ 褪色　颜色稳定性较差，时间长了会褪色或滴盐酸会褪色。

④ 滤色镜观察　呈现暗棕红色到棕粉红色。如在滤色镜下不变色，不一定是A货翡翠，可能是B货翡翠或者是用新方法染的C货翡翠。

⑤ 紫外荧光反应　天然翡翠在紫外灯光下没有或有很弱的荧光反应，而染色翡翠在紫外光下会有较强的荧光反应。染紫色的翡翠在长波紫外灯下呈现很强的橙色荧光。

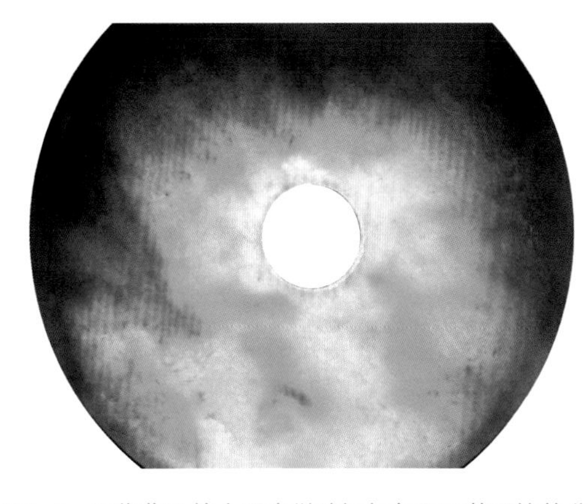

图6-4　C货翡翠放大观察微隙间颜色呈网状团块状分布

⑥ 吸收光谱　C货绿色翡翠与天然绿色翡翠的吸收光谱有显著区别。天然绿色翡翠吸收光谱在红光区630nm、660nm、690nm处有三条阶梯状吸收线，紫区有吸收线。其中天然绿色翡翠吸收光谱中的437nm吸收线具有诊断意义，可作为天然翡翠的鉴定特征。染色翡翠在红色光谱区650nm处有一条模糊的吸收带，为染色剂吸收带（图6-5）。

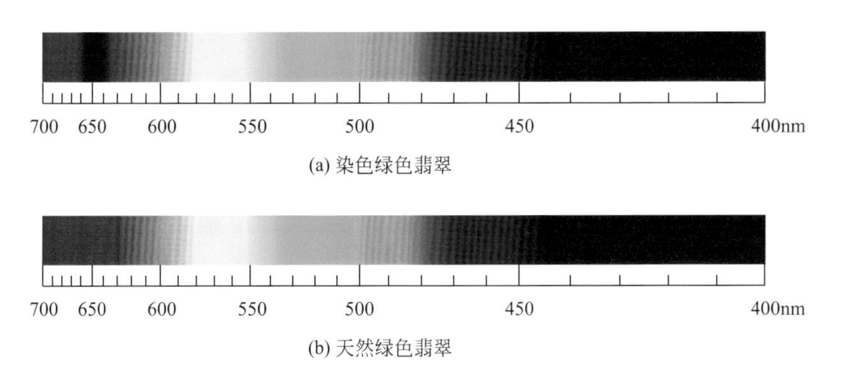

图6-5　天然绿色翡翠和染色绿色翡翠的吸收光谱

染成紫色的翡翠可依据放大观察和荧光反应来确定，红外光谱也可以为各种颜色的C货翡翠提供鉴别证据。

天然翡翠的颜色都是矿物本身的颜色，比较稳定。而染色是通过人工的方法将染料机械混入到微小晶体的裂隙中，时间长了会褪色，稳定性较差。

6.1.2.3　B货翡翠的制作和鉴定

（1）B货翡翠的制作步骤

① 选料　选择有原生绿色，但基底泛黄色、灰色、褐色等颜色的品种，结构不太致密，块度不宜太大，颗粒较粗，水头差，价格便宜的翡翠原料。

② 粗加工　将翡翠原料打磨成手镯或者挂件的坯子，进行初步加工，不抛光。

③ 酸洗脱黄　酸洗的过程是制作B货翡翠最关键的一步。将选好的样品用强酸清洗，然后换新的酸液浸泡2 ~ 3周，样品的黄色基本脱完为止。

脱黄后的翡翠颜色比较鲜明，绿色突出，底色明显变白。但透明度较差，呈现干裂外观，有的近于白垩状。

④ 碱洗中和　将浸泡脱黄的样品取出后放在弱碱性盐溶液（如碳酸钠的饱和溶液）中浸泡、清洗1～2天，将脱黄过程中的酸液中和掉，再用清水冲洗。碱洗是为了增大翡翠原料内部的空隙，方便注胶。

⑤ 烘干　将用清水冲洗好的样品放到烘干箱中烘干，烘干的温度不超过200℃。

⑥ 填充　经脱黄处理的翡翠，微细结构已遭到破坏。为恢复强度，采用加固化剂的方法，一般使用环氧树脂进行填充。

填充的方法及步骤如下：将样品浸入胶中，然后放置在烘箱或微波炉中加热。加热的温度不高于200℃，目的是使树脂均匀渗入到翡翠微裂隙中，并且固化。

⑦ 抛光　将固化好的翡翠样品，按原来的形状抛光，去掉肉眼可见的表面胶，这样就完成了B货翡翠的制作。

（2）B货翡翠的鉴定

经过漂白、充填处理的B货翡翠，外观上颜色鲜艳，干净无杂色，与天然翡翠相比，具有以下几个鉴定特征：

① 宝石的颜色、光泽和结构

a.颜色　A货翡翠颜色稳定，有色根，颜色深浅变化自然过渡，不会随着放置时间的长短而改变；而B货翡翠颜色一般较鲜艳，底色看起来很干净，感觉不太自然，有时脱黄不彻底还有黄色调。

b.光泽　未经处理的天然A货翡翠具有玻璃光泽，而经过漂白充胶的B货翡翠，常呈现树脂光泽（图6-6）。

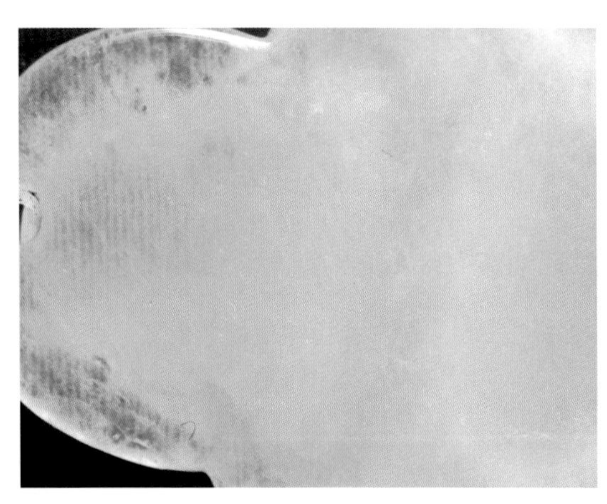
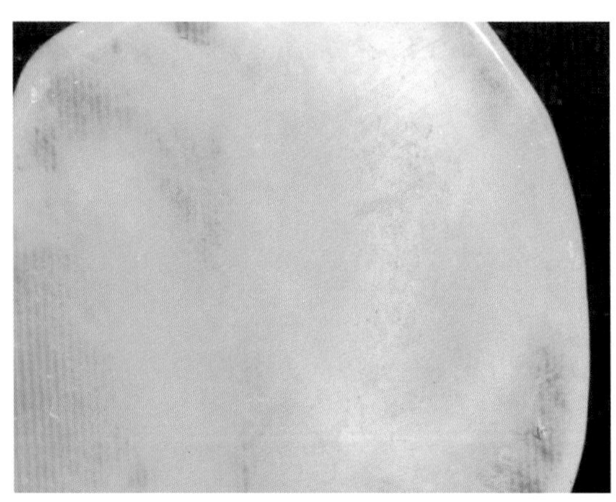

图6-6　充胶翡翠的外观特征

c.结构　放大检查，A货翡翠具有粒状镶嵌或花岗变晶结构，表面反光均匀；B货翡翠表面有龟裂纹或酸蚀凹坑，结构疏松，晶体间出现错位，结构遭到破坏。侧光观察，白色部分出现粗糙的白丝状，表面出现凹凸不平的结构特征（图6-7）。

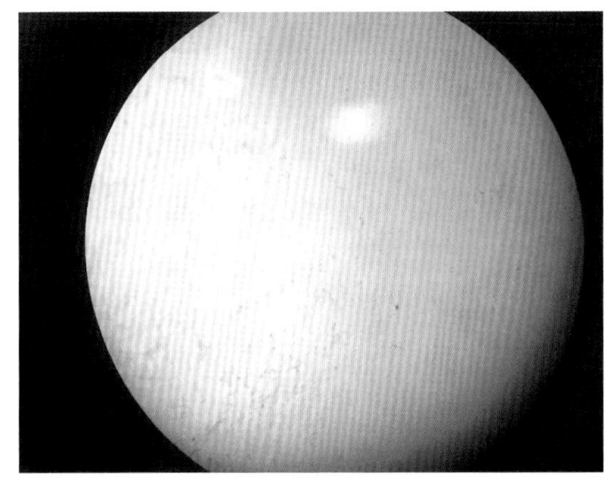
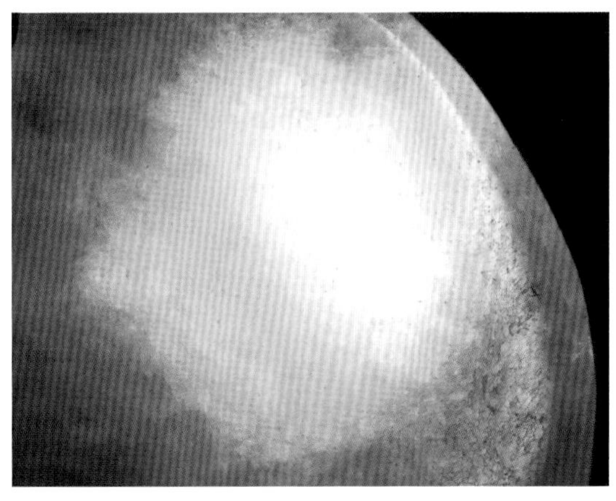

图6-7 B货翡翠表面龟裂纹和酸蚀凹坑

② 相对密度低 B货翡翠的相对密度低于A货翡翠的相对密度，在相对密度为3.32的重液中上浮，这是因为在酸洗过程中去除了翡翠结构中的氧化铁，用树脂或其他胶填充。

③ 紫外线长波荧光性测试 B货翡翠在长波下常出现乳白色荧光，原因是加入的有机胶（如环氧树脂）呈荧光性，荧光强度常随着胶的注入量增加而加强。若加入的胶没有荧光性，那么B货翡翠也看不到荧光。

④ 显微镜下特征 在30 ~ 40倍的显微镜下，可以看到B货翡翠中已被破坏的微观结构，充填处光泽较暗，透明度较低。充填量较大时还可以观察到填充到裂隙中的树脂等黏合剂，时间久了会变黄。

⑤ 红外光谱测试 用红外光谱可以测出翡翠中是否含有外加成分（树脂或有机黏合剂），红外光谱可显示出在2800 ~ 3000cm^{-1}范围内有胶的吸收峰。

⑥ 特殊方法 a.火烧：用火灼烧宝石，B货翡翠所含的胶变黄，甚至烧成黑色焦状，而天然翡翠对火无反应。b.液相色谱检测：用有机溶剂溶解注入翡翠里的胶，然后用液相色谱进行检测，可以检测出注入的胶（有机物）的成分。

6.1.2.4 翡翠的漂白和充填

漂白广泛应用于玉石的优化处理，目的是去除表面层杂色，增强浅色翡翠的白度。处理后不影响翡翠的耐久性，属于优化，无需鉴定，目前翡翠市场上仍在应用。翡翠颗粒常因存在着一些铁、锰等杂质元素，而产生黑色、灰色、褐色、黄色等杂色，影响了翡翠的美观程度，降低了翡翠的价值。为了去掉这些杂色，人们常用化学的方法给翡翠漂白。经过漂白处理的翡翠底色干净。

漂白是将翡翠放置在强酸中，破坏翡翠的原有结构，为了使翡翠的结构稳定，漂白后的翡翠常进行充填处理。充填是指对经过酸洗漂白的翡翠进行充填固化处理。在漂白过程中，去除杂色的同时也破坏了翡翠的结构，造成翡翠颗粒之间出现较多较大的缝隙，有的甚至呈疏松的渣状。这样的翡翠不可能直接使用，所以必须用一些能够起固化作用的有机聚合物（如树脂、塑料或胶）充填于缝隙之间，既能坚固翡翠的结构，又能提高翡翠的透明度。漂白后又经过充填处理的翡翠称为B货翡翠，翡翠销售市场上大部分翡翠是经过漂白充填处理的。

6.1.2.5 翡翠浸蜡方法及鉴定

浸蜡是翡翠加工中的常用工序，方法是将翡翠成品放入石蜡中，通过加热、浸泡使蜡液渗入裂隙和颗粒间隙中，既弥合了翡翠原有的缝隙，又增加了透明度，同时可以增强翡翠的稳定性，是一种被人们广泛接受的传统方法。浸蜡属于优化，直接用翡翠定名，无需鉴定。

（1）浸蜡目的

主要用于裂隙较多的天然翡翠，浸蜡后可以掩盖翡翠的裂纹，增加透明度。

（2）处理方法

① 首先将质地较粗、结构疏松的翡翠半成品放进沸水中煮5 ~ 6min，去除在切磨过程中残留于表面及裂隙中的油脂或吸附杂质。

② 烘干样品，排除颗粒间及微裂隙中的空气和水。

③ 把烘干后的翡翠置于熔化蜡中，稍稍加温、浸泡，使蜡的液体沿裂隙和微小缝隙渗入，再抛光可增加透明度，掩盖原有缝隙。

④ 去除注蜡样品表面富集的较多的蜡。

（3）耐久性

这种处理方法只是暂时掩盖了较为明显的裂纹，增加了光的折射和反射能力，同时使透明度有所提高。如果遇到高温会使蜡质溢出，耐久性差。

（4）鉴定特征

浸蜡处理是翡翠加工中的常见工序，轻微的浸蜡处理不影响翡翠的光泽和结构，属于优化。但浸蜡太多也会对翡翠的光泽、透明度产生影响。浸蜡后的翡翠主要鉴定特征如下：

① 肉眼观察，轻微浸蜡不影响翡翠的光泽和结构，属于优化。严重的浸蜡则使翡翠透明度降低且光泽暗淡，呈明显的油脂光泽或蜡状光泽；

② 紫外荧光灯下，浸蜡翡翠呈现蓝白色荧光，强度随浸蜡量增加而增强；

③ 热针探测，蜡质液体出溶，严重浸蜡的翡翠缓慢地在酒精灯上加热可使蜡溢出；

④ 有机物红外吸收峰明显，具有2854cm^{-1}、2920cm^{-1}处的特征吸收峰。

6.1.2.6 其他优化处理方法及鉴定

目前翡翠优化处理的主要特点是由单一染色翡翠（C货）转变为染色注胶处理的B+C货翡翠，由模仿高档翡翠转为仿制中低档灰绿色、蓝绿色翡翠，由均一整体染色转变为仿飘蓝花染色，出现了仿玻璃种、冰种、油青种及飘蓝花翡翠的染色石英岩。

由于天然翡翠具有某些缺陷，翡翠的优化处理方式也不断更新，有时会几种方式综合应用，导致优化处理翡翠的一些特征与天然翡翠更为接近，给翡翠的鉴定带来一定的困难，给市场带来了困扰。经不同方式优化处理的翡翠的鉴别总结如下：

（1）B+C货翡翠

即经脱黄、着色、注胶填充三种方式处理的翡翠，鉴别时需综合考虑B货和C货翡翠的特征，从颜色、结构、成分等方面分析。放大检查翡翠结构疏松处可见充填胶呈丝状分布，颜色也比较集中，无色根（图6-8）。

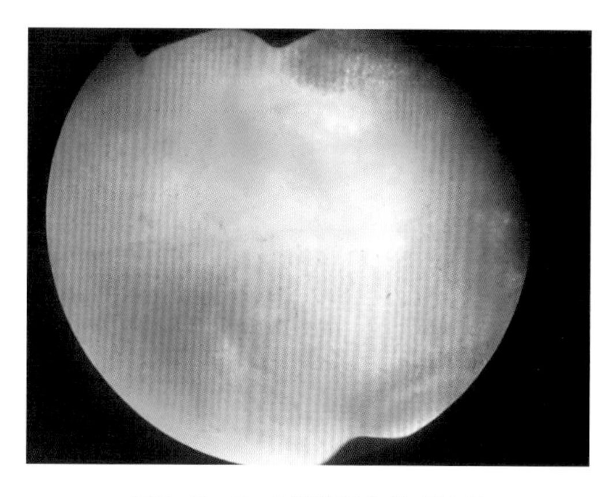

图6-8 B+C货翡翠的外观特征

（2）“穿衣”翡翠

选用无色或浅色、透明度高的翡翠或表面颜色发白的翡翠，在其表面覆上绿色的有机膜以改变或改善翡翠的颜色。

鉴别方法：

① 外观 呈漂亮的均匀绿色，无色根，颜色分布于表层，有朦胧的感觉。光泽较弱，呈树脂光泽。

② 放大检查 看不到翡翠内部的结构，翡翠表面有膜脱落现象，有时可见气泡（图6-9）。

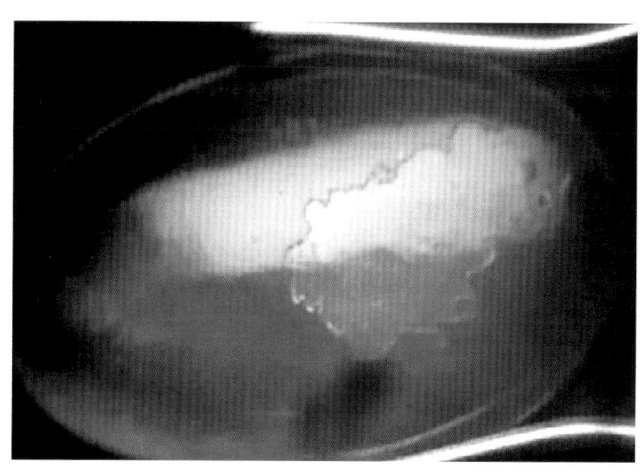

图6-9 穿衣翡翠外观特征

③ 其他 折射率低、硬度低；受热表面起皱、发涩。

（3）高B货翡翠

采用纳米级的充填材料制作的B货翡翠，其光泽、透明度与天然翡翠比较接近，用常规鉴定方法很难判断，需要使用大型仪器对有机质的成分进行鉴定。

（4）镀膜翡翠

镀膜层一般较薄，有时会脱落，显示出斑块状。镀膜层的光泽、硬度均低于翡翠，时间久了表面有划痕。

（5）拼合处理翡翠

处理目的是仿高档翡翠品种，以提高价值档次。

处理方式：上下选用质地细腻透明度好的翡翠，中间涂上绿色染料，将其拼合在一起。

鉴定特征：未镶嵌时，检查腰棱部位的拼合层；放大观察，拼合层面有气泡；绿色染料不具有天然绿色翡翠红光区的三条阶梯状吸收谱线。

6.1.2.7 翡翠优化处理新技术及鉴定方法

（1）喷漆

近几年市场上出现了一种新的翡翠表面处理方法——喷漆处理，这种处理方法主要用于翡翠的小雕件，通过在翡翠表面喷上一层无色透明的清漆，达到改善翡翠外观、提高翡翠商业价值的目的。

鉴定方法：

① 表面特征　喷漆处理翡翠的颜色多为白色、灰色、藕粉色、褐黄色、暗绿色等，一般没有特别鲜艳亮丽的色彩。由于漆层降低了翡翠的透光性，使其颜色变淡、呆滞、距离感强，呈明显的蜡状、树脂、油脂光泽。喷漆处理翡翠表面凹凸感强，呈橘皮状特征，内部可见明显的气泡，多呈规则的圆形，有时呈串珠状；放大检查可见被漆层裹着的各种杂质，具有孔洞的喷漆处理翡翠，钻孔处孔洞不圆、有时可见孔洞中胶质留下的毛刺物；偶尔可见漆层固结时形成的梅花状收缩凹坑。

② 相对密度　处理后的翡翠密度偏小，低于天然A货翡翠。

③ 其他　热针试验中，可见表面熔蚀现象，并发出特有的刺鼻气味；相互敲击，声音异常沉闷；手摸有温感和润滑感；以指甲刻划表面可留下痕迹。

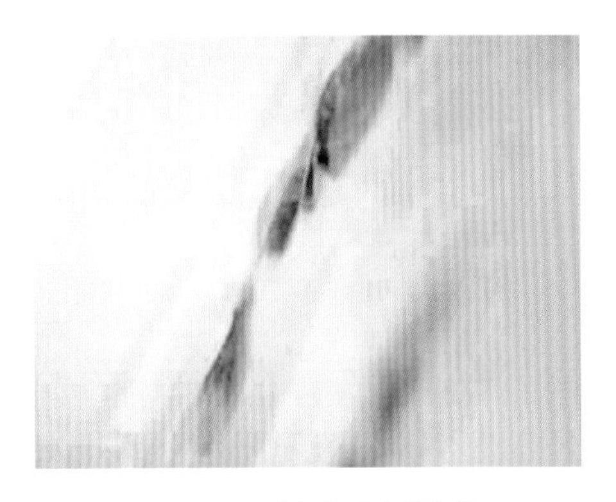

图6-10　贴色翡翠中的气泡

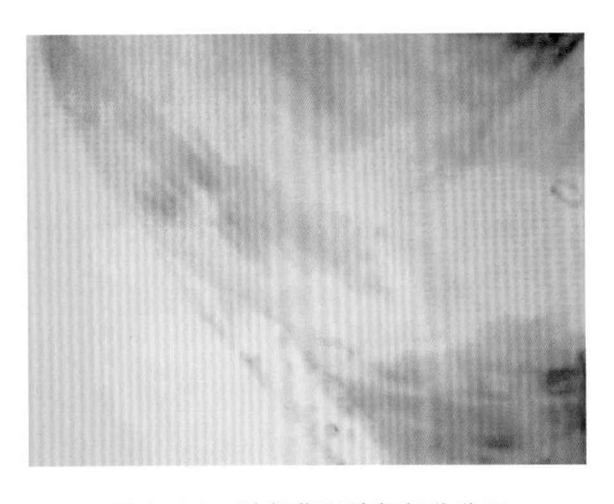

图6-11　贴色翡翠贴色部分分界

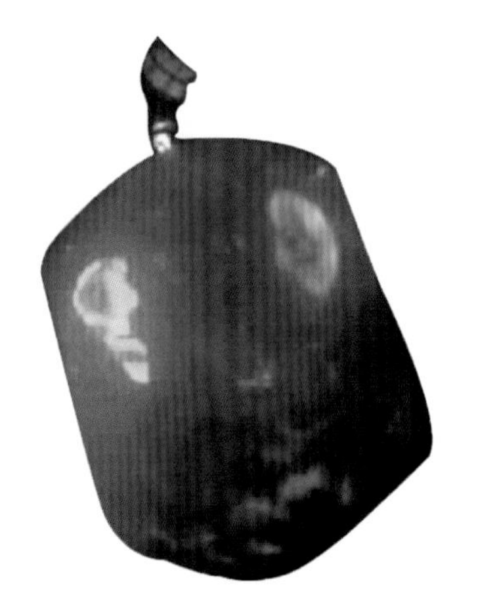

图6-12　贴色翡翠贴色部分呈蓝白色荧光

（2）贴色

所谓“贴色”，顾名思义，就是在浅色翡翠局部粘贴上一些绿色或黄色翡翠小片，形成俏色。常用于翡翠局部处理。“贴色”部分与翡翠浑然一体，难以用肉眼鉴别。

贴色处理翡翠的鉴定特征：

① 放大观察　可见绿色区域局部残留有圆形气泡（图6-10），此为黏合翡翠时黏合剂捕获空气所致。部分呈脉状分布的绿色色片与浅绿色体色之间无渐变过渡特征，分界面明显（图6-11）。

② 紫外灯长波下观察　样品主体无荧光，但是“贴色”周围显示强的蓝白色荧光（图6-12），其荧光反应是由粘贴时所用的有机物所引起的。

6.2 软玉

软玉主要的组成矿物为角闪石族中的透闪石-阳起石类质同象系列，另外含有微量的透辉石、绿泥石、蛇纹石、方解石、石墨和磁铁矿等伴生矿物。矿物颗粒细小，呈毛毡状交织结构，显微变晶结构。放大观察可见毛毡状结构及黑色固体包体。软玉质地致密、细腻，因细小纤维的相互交织使颗粒之间的结合能力较强，韧性好，不易碎裂，特别是经过风化、搬运作用形成的卵石。

6.2.1 软玉的宝石学特征及品种划分

软玉的主要组成矿物透闪石的化学式为$Ca_2(Mg、Fe)_5(Si_4O_{11})_2(OH)_2$，在大多数情况下，软玉通常是透闪石与阳起石两种端员组分的中间产物。根据尼克（B.E.Leake）的角闪石族命名方案，透闪石与阳起石的划分按照单位分子中Mg^{2+}和Fe^{2+}的占比不同而定：$0.5 \leq Mg^{2+}/(Mg^{2+}+Fe^{2+})<0.9$为阳起石，$0.9 \leq Mg^{2+}/(Mg^{2+}+Fe^{2+}) \leq 1$为透闪石。

软玉的颜色取决于组成软玉的矿物的颜色。不含铁的透闪石呈白色或浅灰色，含铁的透闪石呈绿色，随着铁对透闪石分子中镁的类质同象替代，软玉可呈深浅不同的绿色，铁含量越高，绿色越深。

软玉的矿物组成不同，颜色也不同。一般有白色、灰白色、黄色、黄绿色、灰绿色、深绿色、墨绿色、黑色等。阳起石为绿色、黄绿色和黑绿色。石墨、磁铁矿为黑色。

软玉原料主要包括山料、籽料和山流水。

（1）山料

从原生矿床开采所得，山料的特点是块度不一，呈棱角状，良莠不齐，无磨圆及皮壳，山料的光泽及结构细腻程度一般［图6-13（a）]。

（2）籽料

和田玉籽料主要产于河流中，籽料是原生矿被剥蚀，冲刷、搬运到河流中的玉石。特点是块度较小，常为卵形，表面光滑，一般质地较好，较温润，结构较为致密细腻［图6-13（b）]。籽料又分为裸体籽玉和皮色籽玉。裸体籽玉一般采自河水中，而皮色籽玉一般采自河床的泥土中。皮色籽玉年代更为久远，一些名贵的籽玉品种如枣皮红、黑皮子、秋梨黄、黄蜡皮、洒金黄、虎皮子等，均出自皮色籽玉。

(a) 糖白玉山料

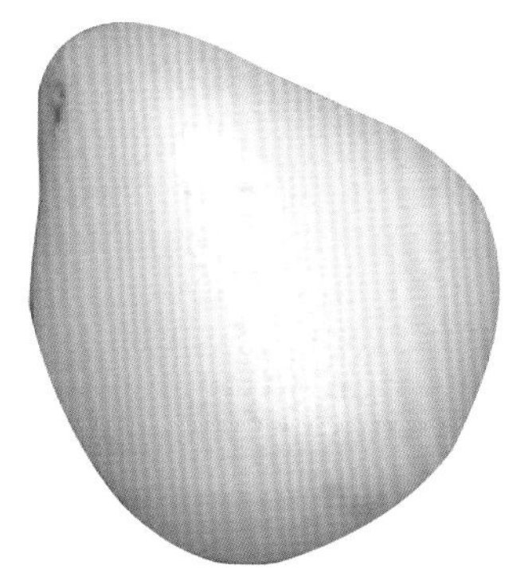

(b) 白玉籽料（光白籽）

图6-13 和田玉原料

（3）山流水

山流水指原生玉矿石经风化崩落，并由河水冲击至河流中上游而形成的玉石。特点是距原生矿近，块度较大，棱角稍有磨圆，表面较光滑，年代稍久远，比籽玉年轻。

6.2.2 软玉的优化处理及鉴定方法

软玉的优化处理主要有浸蜡、磨圆和染色、充填、拼合等方式。

6.2.2.1 浸蜡软玉及鉴定

用石蜡或液态蜡充填软玉表面，用来掩盖裂隙、改善光泽。一般用于改善结构疏松、表面有裂隙的软玉。浸蜡的软玉带有蜡状光泽，有时可污染包装物，热针探触可熔，红外光谱测试可见有机物吸收峰。

6.2.2.2 磨圆和染色软玉及鉴定

用来仿古玉或籽料的软玉原料，在染色前一般要进行磨圆处理。具体方法是将经粗磨成型的原料放入滚筒中，加入卵石和水不断滚动，直到软玉原料的边棱变得圆润为止。磨圆度较好的软玉表面光洁度较高，但有时也可因为滚动过程而产生新的裂隙。

染色有很多种方法，有的是采用化学方法，用一些化学药剂如高锰酸钾来染色，有的是采用直接烧的方法，有的还用这两种方法相结合进行处理。通常选择软玉整体或局部进行染色，用来掩盖软玉的瑕疵，或用来仿籽料或古玉。常见染成褐红色、棕红色至黄色等。

（1）软玉染色工艺

将要染色的玉石原料装入盛有预先配好的着色液的容器内，静置一定时间后，取出玉石洗涤干燥，再将玉石加热到一定温度，恒温保持一定的时间，之后将玉石放置在空气中自然冷却至室温，最后用石蜡或其他表面活性剂处理玉石表面。

在上述操作过程中，可根据需要改变着色液中Fe^{2+}和Fe^{3+}的含量及工艺控制条件等，对染色色调加以调节，使灰白色或浅色玉石染成红色、褐色、黄色、褐红色、黄褐色等颜色。色彩的着色深度取决于材料性质。

（2）染色软玉的鉴定特征

① 颜色　染色软玉有黄色、褐黄色、红色、褐红色等，染色软玉颜色鲜艳，多存在于表皮及裂隙中。染色是从皮壳开始，沿绺裂、玉质薄弱处渗入玉石，但它的颜色呆板、层次不清；而古玉沁色是在千百年中生成的，它的延伸、发散、浸染十分自然舒展。而染色是短期行为，它们不可能完全相像。

② 放大检查　染色软玉整体颜色浓艳、不自然，色调单一，颜色“浮”于表皮；沿裂隙或棱线染色剂分布富集；边缘过渡明显，界限分明；由于表皮经过漂白，有时可见酸腐蚀痕迹、磨

砂及抛光痕迹（图6-14）。

③ 荧光　长波和短波紫外荧光下，染色和田玉的边部具有荧光反应，一般呈强蓝白色荧光。荧光强度与染色剂成分有关，有些染色剂没有荧光。

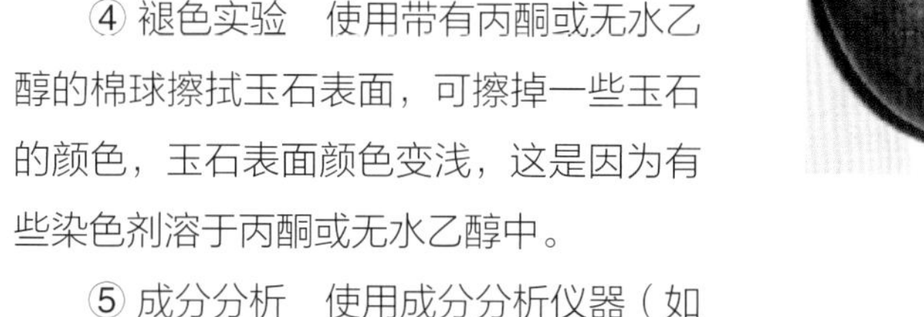

④ 褪色实验　使用带有丙酮或无水乙醇的棉球擦拭玉石表面，可擦掉一些玉石的颜色，玉石表面颜色变浅，这是因为有些染色剂溶于丙酮或无水乙醇中。

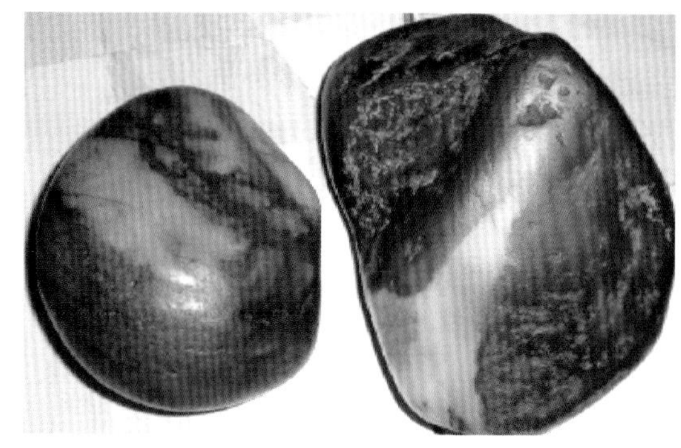

图6-14　山料磨光染色

⑤ 成分分析　使用成分分析仪器（如XRF等）测试，经过染色处理的玉石表面有时候能检测到一些玉石中很少存在的元素（如Pb、Cu、Co等）。

6.2.2.3　软玉的充填及鉴定

利用人工方法使用一些人工材料如有机胶、树脂、塑料等对结构疏松或者有裂隙的和田玉进行充填处理。经过充填处理后的软玉具有以下几个特征：

① 经过充填的玉石，使用放大镜或者显微镜观察，可发现充填部分表面光泽与主体玉石有差异，有时候在充填处可以观察到气泡。

② 使用红外光谱测试，往往可以发现充填物的特征峰；利用发光图像分析（如紫外荧光观察等），可以观察到充填物的分布状态。

③ 如果充填物为蜡，使用热针触探软玉表面，玉石表面可有蜡的析出。

6.2.2.4　软玉的拼合及鉴定

软玉的拼合主要用于表层或俏色雕刻部分。拼合软玉的主体通常为白玉材质、油脂光泽、弱玻璃光泽。软玉可雕刻，一般都有褐色的皮。

拼合后的表层呈半透明，光泽相对较弱。但因所占体积较小而不易引起人们的重视，极像带有糖色的上等籽料，再配以俏雕工艺，形态美观。

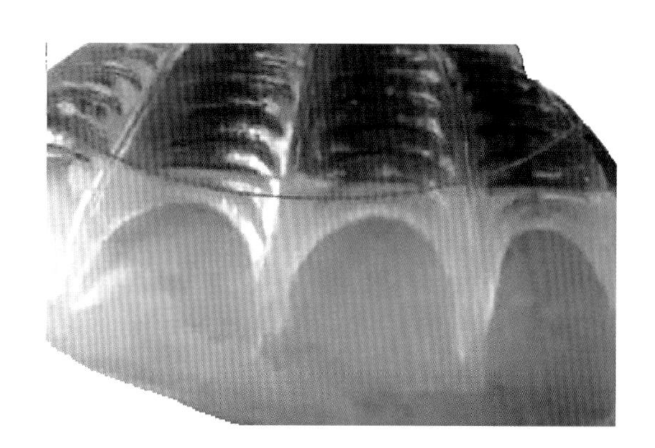

图6-15　白玉与糖玉的拼合石

仔细观察其俏雕部位，可见表层与主体结合处的颜色分界明显，表层的颜色沿主体与表层的界限分布（图6-15）。

6.3 石英质玉石

6.3.1 石英质玉石的宝石学特征及品种划分

石英质玉石主要成分是SiO_2，成分中常含有微量的氧化铁、有机质等物质，使玉石产生各种颜色。石英质玉石种类较多，主要品种有玛瑙、玉髓、东陵石、石英岩等（图6-16）。玛瑙一般呈块状、结核状或脉状，质地细腻，属隐晶质结构，硬度为6.5 ~ 7。颜色有红色、绿色、蓝色、橙红色、灰色、白色等多种。玉髓与玛瑙结构相似，但玛瑙具有典型的条带状构造。

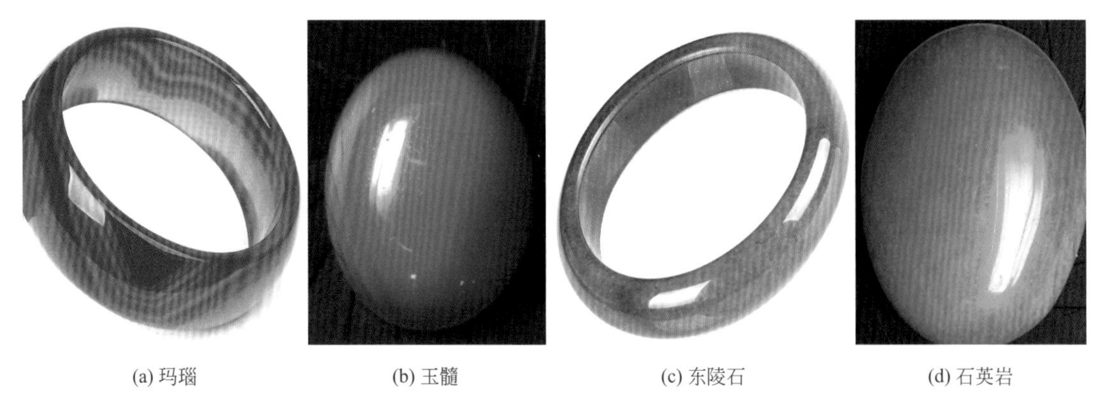

(a) 玛瑙　(b) 玉髓　(c) 东陵石　(d) 石英岩

图6-16　石英质玉石的主要品种

不同玉石品种具有不同的包裹体，玛瑙最典型的是具有条纹结构，有时含有褐色物质和绿泥石，呈浸染状分布；玉髓中有白色脉体；东陵石中有绿色铬云母片、金红石、锆石、铬铁矿、黄铁矿等（图6-17）。

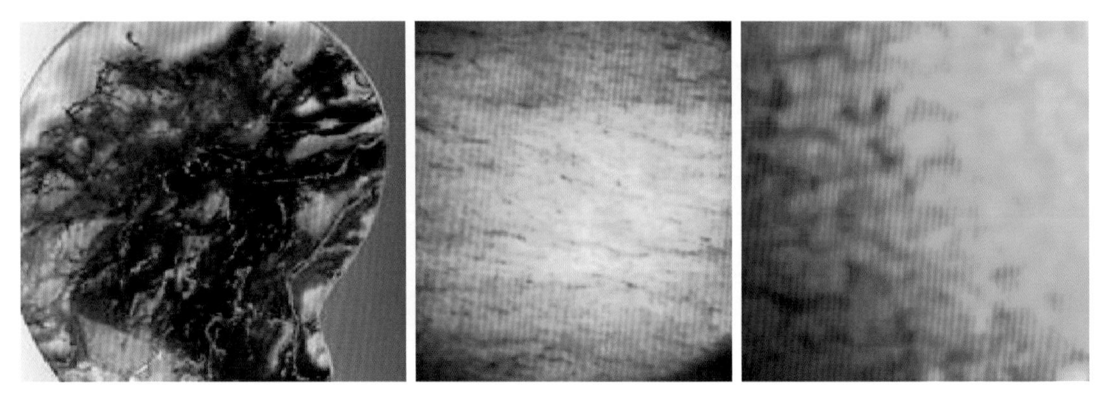

图6-17　玛瑙中褐绿色包体、东陵石中绿色铬云母片及玉髓中的白色脉状体

6.3.2　石英质玉石的优化处理及鉴定方法

常见石英质玉石的优化处理方式主要有热处理和染色两种。由于经过热处理和染色后的玉石比较稳定，分类上属于优化，定名时直接用玉石名称命名。还有一种含有水胆的玛瑙，常见的处理方法是注水处理。

6.3.2.1　玛瑙

玛瑙常见的方法有热处理和染色。热处理也称改色，俗称“烧红”，是玛瑙最常用的优化处理方法。经过热处理的玛瑙颜色鲜艳，稳定性好，属于优化，直接以玛瑙定名。

（1）玛瑙热处理

① 原理　玛瑙的红色主要是由微量成分Fe^{3+}致色的，在高温下，将着色离子Fe^{2+}氧化成Fe^{3+}，提高Fe^{3+}的比率，使玛瑙的红色更鲜艳。

② 设备　玛瑙热处理最重要的设备是加热设备，常用的加热设备是煤炉和电炉。根据玛瑙材料选择合适的加热设备，煤炉和电炉的优缺点对比如下：

a. 煤炉　不易控温，可能会出现炸裂、熔融及火头不足等现象，但保温效果较好。

b. 电炉　较易于操作，人工可控制升降温度，最高温度的时间也可控制，但一般批料生产不够方便，容量较小。

③ 玛瑙的热处理温度较高，一般需要在1300 ~ 1600℃。加热时要缓慢进行，防止因加热速度过快产生裂纹。

玛瑙热处理时要根据玛瑙原来的颜色看“火候”，热处理的最高温度要控制准确。工艺不复杂，只要把“火候”（热处理最佳温度）掌握好，带有不同程度红色调的玛瑙都可以烧成深浅不一的鲜红色。

玛瑙热处理属于优化，不需要鉴别，热处理玛瑙直接用天然宝石名称定名。热处理玛瑙与天然玛瑙相比，颜色更加鲜艳，饱和度较高，但玛瑙整体发干，水润度较差。

（2）玛瑙染色

玛瑙的染色是将色料浸入玛瑙内部的孔隙，使玛瑙整体着色。色料并未与玛瑙的成分SiO_2反应，只是一种机械沉积。在玛瑙染色时有以下几个要求：

① 原料　对玛瑙进行染色之前要选取易于染色的原料，用于染色的玛瑙必须符合以下要求：

a. 结构　要求用于染色的玛瑙原料的结构密度小、有微孔隙，色料不易浸入密度大的玛瑙的裂隙，很难染上鲜艳的颜色。高博禹等（1991）对玛瑙的结构进行了电子显微镜研究，提出了玛瑙染色的“三上色，五不上色”原则。

“三上色”是指玛瑙具有以下三种结构很容易染色：人字形肋骨状长纤维结构；波浪状长纤维结构；多世代细长纤维结构。

“五不上色”指玛瑙具有以下五种结构不容易染色：不定向短纤维粒状结构；似花斑状球粒结构；石英的他形不等粒结构；中心的砂心石英颗粒；结晶粗大，颗粒边缘界线清楚，粒间紧

密，没有微孔，不能形成通道的晶粒。

b.颜色　原料要求是浅色或白色的品种，且要清洗干净。欲染成黑色的玛瑙原料的颜色要深一点。

c.热历史　待染色的玛瑙必须是没有经过焙烧的玛瑙，经过焙烧的玛瑙很难上色。

② 设备　由于玛瑙染色是采用色料浸入的方法，所需设备简单。需要有浸泡用的玻璃容器、温度计、干燥箱、马弗炉等。

③ 色料

a.易溶于水或其他试剂。

b.能与一些化学试剂（固色剂）作用生成不溶于水和醇的沉淀物，且沉淀物显色。

c.生成的显色物稳定性好，应不受日光、空气、水和氧化剂、还原剂作用的分解破坏。

④ 染色的方法及常见的染色试剂

a.传统方法　以前多使用有机染料。近年来无机颜料因其具有颜色鲜艳、物理性质稳定的特点已逐步取代了有机染料。

对于黑色玛瑙仍采用糖-酸过程，使玛瑙染黑，称为“黑安力士”。糖-酸过程的操作是将糖先浸入玛瑙孔隙，然后用浓硫酸加热，使糖炭化形成黑色。

b.目前国外的一些方法　红色：将玛瑙浸于$Fe(NO_3)_3$溶液中，浸泡4周左右，缓慢干燥，然后加热分解，产生的Fe^{3+}使玛瑙呈红色。

普鲁士蓝：将玛瑙浸在亚铁氰化钾$K_4[Fe(CN)_6]$溶液中，浸泡2周左右，然后放到硫酸铁$[Fe_2(SO_4)_3]$溶液中，浸泡5天左右，Fe^{3+}与亚铁氰化钾反应生成的普鲁士蓝沉淀在玛瑙裂隙中。反应式如下：

$$4Fe^{3+}+3[Fe(CN)]_6^{4-} \longrightarrow Fe_4[Fe(CN)_6]_3 \downarrow \quad (6\text{-}1)$$

这个反应很灵敏，生成的蓝色很鲜艳。

滕氏蓝：将白色玛瑙浸在铁氰化钾$K_3[Fe(CN)_6]$溶液中，浸泡2周左右，再取出干燥，放在$FeSO_4$溶液中3～5天。Fe^{2+}与铁氰化钾反应生成的滕氏蓝沉淀在玛瑙裂隙中，但颜色较暗。

$$3Fe^{2+}+2[Fe(CN)]_6^{3-} \longrightarrow Fe_3[Fe(CN)_6]_2 \downarrow \quad (6\text{-}2)$$

普鲁士蓝与滕氏蓝的颜色相似，但普鲁士蓝的颜色比滕氏蓝浅一些。

蓝绿色：将玛瑙浸于铬酸盐（Na_2CrO_4，K_2CrO_4）或重铬酸盐（$K_2Cr_2O_7$或$Na_2Cr_2O_7$）中1～2周，取出后放在含有$(NH_4)_2CO_3$的容器内，微热，保持2周左右，然后再加热，玛瑙变为蓝绿色。反应式如下：

$$K_2Cr_2O_7+(NH_4)_2CO_3 \longrightarrow (NH_4)_2Cr_2O_7+K_2CO_3 \quad (6\text{-}3)$$

$$(NH_4)_2Cr_2O_7 \longrightarrow Cr_2O_3+N_2\uparrow +4H_2O \quad (6\text{-}4)$$

黑色：将玛瑙浸于硝酸银溶液中，浸泡1～2周，然后放入$(NH_4)_2S$溶液中浸泡，生成的黑色沉淀Ag_2S使玛瑙呈黑色。反应式如下：

$$2AgNO_3+(NH_4)_2S \longrightarrow Ag_2S\downarrow +2NH_4NO_3 \quad (6\text{-}5)$$

c.目前国内采用的方法　国内玛瑙染色技术比较成熟，可以将玛瑙染成不同的颜色。除常见的红色、绿色、紫色外，还可以将玛瑙染成其他颜色，如咖啡色、樱桃红色、枣红色、苹果绿色等。其操作方法与上述提到的方法类似，只是使用的化学试剂不同。染色是玛瑙主要的一种优化处理方式，通过染色可以增强或改变玛瑙的颜色。玛瑙染色在《珠宝玉石名称》(GB/T 16552—2017)中界定为优化，定名时直接写玛瑙，不用鉴别。

按照玛瑙染色原理，染色方法分为三种类型：

将着色剂浸入玛瑙，然后进行加热分解，或氧化还原，生成呈色的氧化物。如要将玛瑙染成苹果绿色可用硝酸镍溶液浸泡玛瑙，然后加热，使镍离子浸入玛瑙裂隙。

将两种可以起化学反应生成着色剂的化学试剂，先后分两次浸入玛瑙，生成的着色剂经热处理，可以分解成呈色氧化物。例如，蓝绿色的染色方法，重铬酸钾与碳酸铵反应生成的重铬酸铵加热分解生成三氧化二铬呈色。

先将一种着色剂浸入玛瑙内部，然后再用一种固色剂浸泡，让着色剂与固色剂反应产生一种难溶的呈色化合物，从而使玛瑙着色。

这种方法不需要高温加热，生成的沉淀稳定性好。

⑤ 染色玛瑙的鉴别

a.从颜色上找差别　颜色色调不同：有机染料艳丽易褪色，无机颜料的颜色更接近天然品，但只要认真观察也能找到区别。下面从常见的三种颜色加以区别：

天然的红色玛瑙为正红色，颜色纯正。而人工着色的红色玛瑙则是人工加入铁离子化合物而呈带有黄色调的红色。

天然蓝色玛瑙产出品极少，多为宝石蓝色，并且常有不同程度的缠丝现象。而人工着色的蓝玛瑙由于加入了钴盐的缘故而呈紫罗兰色(钴蓝色)，即蓝中带有紫色调的颜色，极少数情况下出现有宝石蓝的染色品。

绿色玛瑙的染色品与天然品颜色十分接近。但仔细观察发现天然品为葱心绿色，颜色柔和，而着色绿玛瑙为翠绿色，颜色较艳丽，饱和度较高。

b.从结构上找差别　由于染色玛瑙都是经色料浸泡、干燥而呈的颜色，色料沉积在玛瑙的孔隙中，在放大的条件下可以在裂纹和孔隙内找到不均匀的色点。

一般用十倍放大镜即可鉴别，精细的染色品要在宝石显微镜下观察。染色、热处理玛瑙均可观察到表面有“指甲纹”。

天然红玛瑙无“指甲纹”，玛瑙中致色颗粒为红色点状铁质包裹体，扩散现象不明显甚至无扩散。染色和热处理红玛瑙表面可以观察到“指甲纹”，在局部位置集中分布，不同颜色、不同结构及透明度的玛瑙明显程度不同，颜色分布均匀，条带界限模糊(图6-18)。

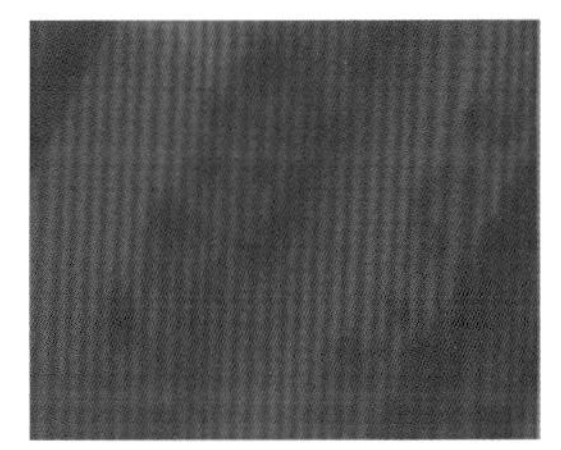
(a) 有核心的红色点状颗粒

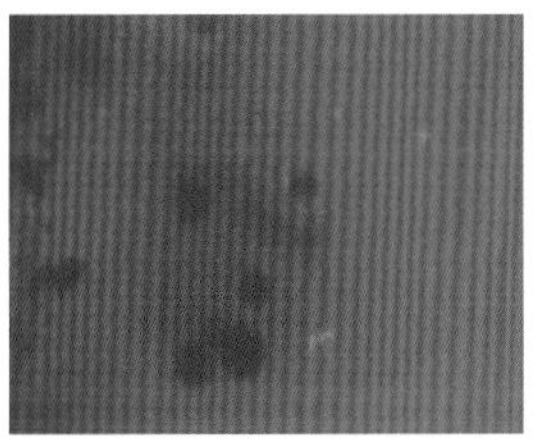
(b) 未见核心的红色点状颗粒

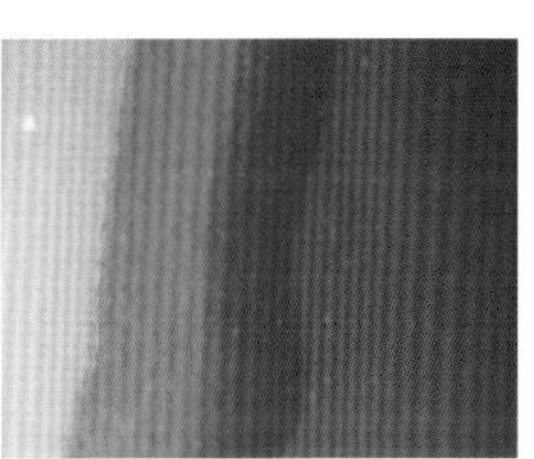
(c) 不同浓度的红色色带

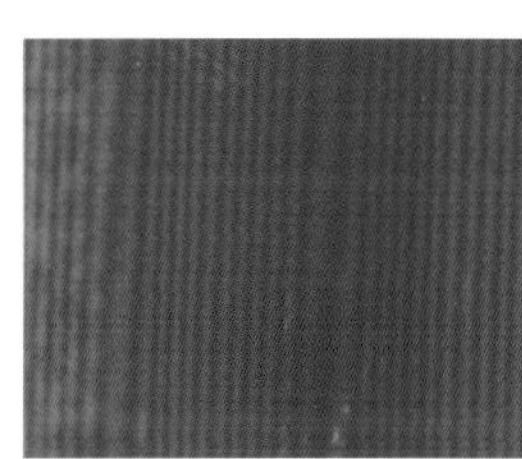
(d) 深色处难以观察到的点状颗粒

图6-18　染色玛瑙的内部特征

（3）水胆玛瑙的注水处理

水胆玛瑙是一种含有水的玛瑙。当水胆玛瑙有较多裂隙或在加工过程中产生裂缝时，水胆中的水便会缓慢溢出，直至干涸，整个水胆玛瑙失去其工艺价值。

处理的办法是将水胆玛瑙浸于水中，利用毛细作用，使水回填到原来位置，或采用注入法使水回填，最后再用胶等将细小的缝堵住。

水胆玛瑙注水处理后的鉴定特征：在水胆壁上仔细观察有无人工处理的现象。在可疑处用热针触探，注水水胆玛瑙会有胶质或蜡质材料析出。

6.3.2.2 玉髓

玉髓是隐晶质的石英质玉石，主要化学成分是SiO_2，可含有Fe、Al、Ti、Mn、V等微量元素。结晶状态为隐晶质集合体，呈致密块状，也可呈球粒状、放射状或细微纤维状集合体。玉髓颜色丰富，常用的优化处理方法有热处理法和染色法。

（1）热处理法

黄色到褐色的玉髓含有大量铁，加热处理后形成深红褐色，由于这种处理方法只是加热，没有加入天然玉髓以外的成分，并且热处理后的颜色稳定，商业上不用标注，直接用天然宝石名称命名。

（2）染色法

玉髓染色原料一般选用无色或浅色的玉石，根据需要可染成不同的颜色。有时也可选择深颜色原料染成黑色玉髓。

① 糖酸处理　浅色玉髓或灰色玉髓经糖和硫酸处理成黑玉髓，几乎所有的黑玉髓都用这种方法处理。

② 瑞士青金　碧玉（杂色玉髓）染色用来仿青金岩，市场上常称之为“瑞士青金”[图6-19（a）]。但染色后的碧玉缺少青金岩的粒状结构，并且无黄铁矿存在，用蘸有丙酮的棉签擦拭会褪色。

③ 绿玉髓　玉髓用铬盐染色，可用于仿绿色玉髓，处理后的玉髓在滤色镜下变成红色[图6-19（b）]。在分光镜下观察可见红光区有一个模糊的吸收带。

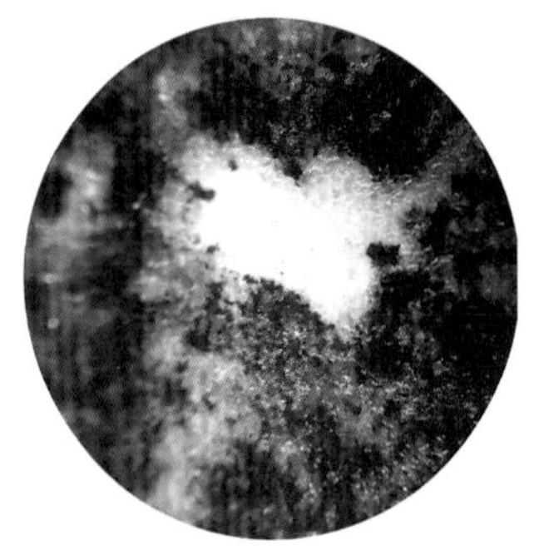

(a) 瑞士青金

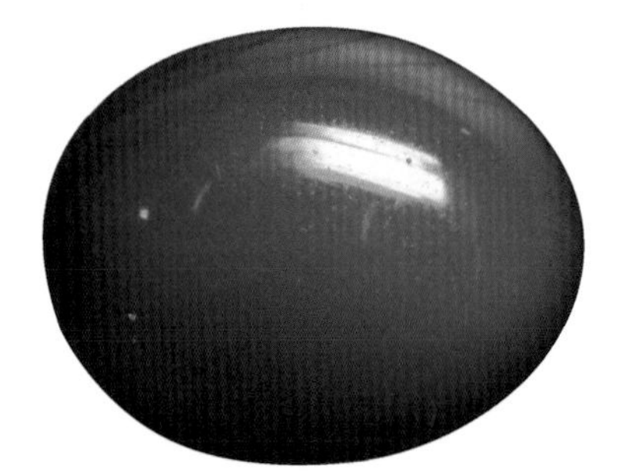

(b) 绿玉髓

图6-19　染色玉髓

6.3.2.3 东陵石

东陵石是一种具有砂金效应的石英质玉石，常因含有其他颜色的矿物，呈现不同的颜色。含铬云母的呈现绿色，称为绿色东陵石（我国新疆产的绿色东陵石内含绿色纤维状阳起石）；含蓝线石的呈蓝色，称为蓝色东陵石；含锂云母的呈现紫色，称为紫色东陵石。

东陵石的石英颗粒相对较粗，其内部所含的片状矿物相对较大，在阳光下片状矿物可呈现明显的砂金石效应。

国内市场上最常见的是绿色东陵石（图6-16），常用作绿色翡翠的仿制品，与天然翡翠主要的区别是内部特征不同，东陵石在放大镜下可以看到粗大的铬云母鳞片呈定向排列，滤色镜下呈褐红色。

6.3.2.4 石英岩

石英岩的染色处理方法是先将石英岩加热，淬火后形成微裂纹，然后再进行染色。主要染成绿色，染色石英岩在市场上俗称“马来西亚玉”，用来仿高档翡翠。

石英岩采用无机染料染色，常染成绿色。在宝石显微镜下放大观察常见绿色物质呈网脉状分布于颗粒间隙处，结构疏松处颜色较深，结构致密处颜色较浅（图6-20）。分光镜下可见红光区650nm处有一个吸收带（图6-21）。短波紫外光下可具有暗绿色荧光。

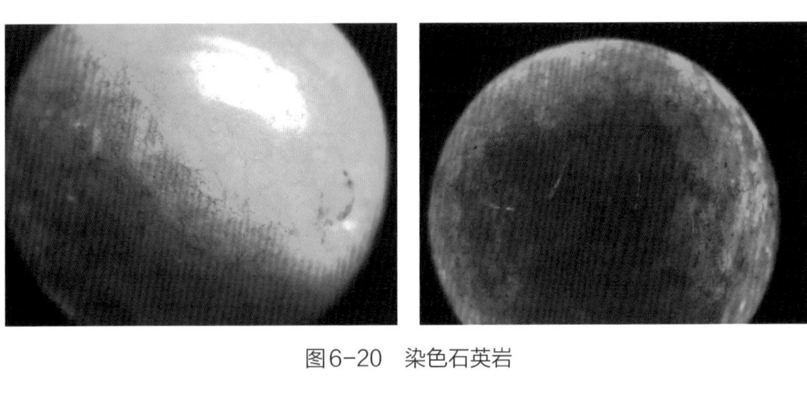

图6-20 染色石英岩

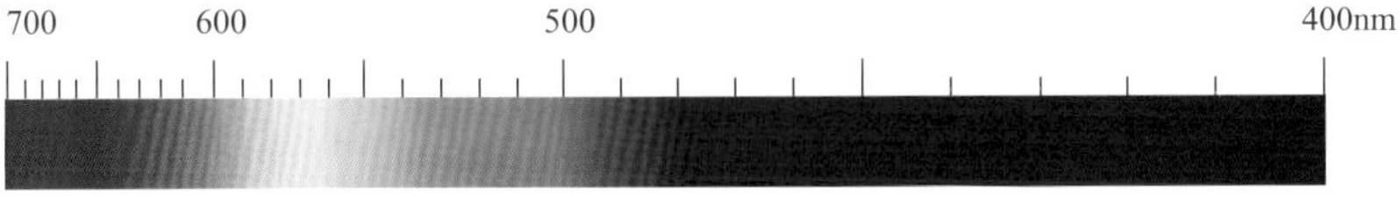

700 600 500 400nm

图6-21 染色石英的吸收光谱

6.4 欧泊

欧泊一直以来受到人们的喜爱，尤其是在欧洲深受推崇，英国的文学巨匠莎士比亚把欧泊称为“宝石皇后”。产于澳大利亚闪电岭的“世界之光”——黑欧泊，原石重273ct（1ct=0.2g），

切磨后重242ct，现收藏于美国华盛顿的史密森学院。优质欧泊可将各种色彩集于一身，色彩绚丽，给人以美好的幻想，因此，欧泊是十月生辰石，被称为“希望之石”。

6.4.1 欧泊的宝石学特征

欧泊的组成矿物为蛋白石，另外含有少量石英、黄铁矿等次要矿物。英文名称是opal，专指具有变彩效应的蛋白石或贵蛋白石。欧泊是非晶质体，无结晶外形，常呈板状、脉状及不规则状。化学成分为$SiO_2 \cdot nH_2O$，含水量不定，一般为4% ~ 9%，最高可达20%。欧泊的颜色比较丰富，体色有黑色、灰色、白色、褐色、粉红色、橙黄色、黄色、绿色、淡蓝色、绿色等。玻璃光泽至树脂光泽，透明至不透明。具有典型的变彩效应（图6-22），在光源下转动欧泊可以看到五颜六色的色斑。

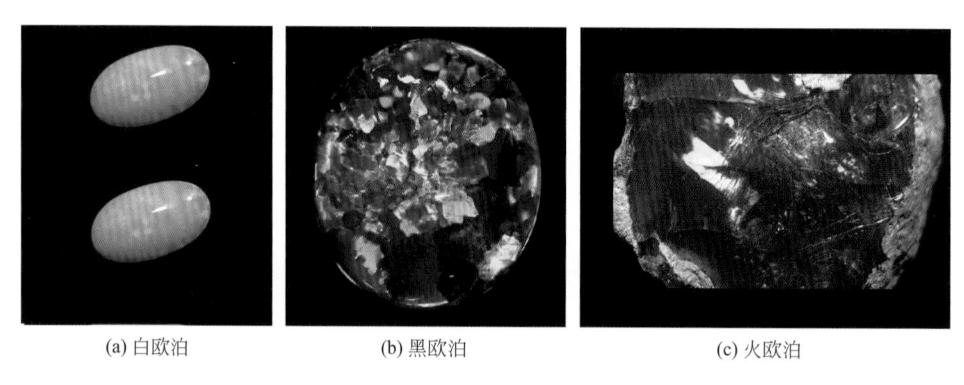

(a) 白欧泊　(b) 黑欧泊　(c) 火欧泊

图6-22　各种颜色的欧泊

6.4.2 欧泊的主要优化处理方法

欧泊主要的优化处理方法有热处理、油处理、糖酸处理、无色填充处理、染色处理等。通过优化处理可改变欧泊颜色，增强变彩效应，部分非宝石级的蛋白石经过处理可改善为宝石级欧泊，提高其经济价值和美学价值。

（1）热处理

由于欧泊成分中含有水，一般不采用热处理的方式进行改善。对于具有变彩效应的欧泊，经过热处理会失去水而使折射率均一，变彩效应也随之消失。若将其重新浸在水中，则不能恢复颜色。欧泊在特殊条件下失水能恢复颜色和变彩，前提是恢复时条件与欧泊生长时的条件一致，经加水处理欧泊可恢复变彩。天然产出的欧泊在进行水浸透处理时，大多不显示变彩效应。热处理可用于不具有变彩效应的劣质蛋白石来改善其颜色和变彩效应等外观。

（2）油处理

欧泊的油处理是一种传统的处理方式，历史悠久，在古代人们就开始用这种方法来改善欧泊的变彩效应或改变欧泊的颜色。

① 处理对象　多孔的水欧泊。

② 方法一　将欧泊用包装纸包好，覆盖以铝箔，将欧泊在废润滑油中浸泡后用包装纸包起来，然后整体高温加热，使纸炭化进入欧泊的裂隙。

③ 方法二　将欧泊放在陶罐中，埋上可燃性肥料，用木炭烘烤陶罐。

由于在处理过程中有大量的油状物或焦油状物渗出充填到欧泊中，使欧泊产生了变彩效应。油处理过程中需要加热，则通常称为烟浸染。热处理温度过高则会失去颜色。

通过油和水处理可掩饰欧泊的裂缝和孔隙，出现颜色或变彩。但颜色和变彩不稳定，时间久了颜色变浅或变彩消失。

（3）无色填充处理

无色填充通常是用塑料填充，将塑料填充到白垩状劣质蛋白石的裂隙中，使蛋白石变得透明，并且产生色彩。具体填充过程包括清洗、干燥、真空填充、抛光几个步骤。填充的材料有氧化硅、硅烷、硅质聚合物等。

（4）染色处理

欧泊的糖酸染色历史非常悠久，是历史上染黑色欧泊的主要方法。具体染色过程如下：

① 预制清洗，在温度低于100℃下烘干；

② 将欧泊放在热糖溶液中（常用2杯糖、3杯蒸馏水的溶液），加热至沸并浸泡几天；

③ 将欧泊冷却后快速擦净多余的表面糖汁，然后放入100℃左右的浓硫酸中浸泡1～2天，再慢慢冷却；

④ 将欧泊仔细冲洗后，在碳酸盐溶液中快速漂洗，然后再冲洗干净。

（5）衬底、拼合和涂层

天然欧泊结构疏松多孔，质量好的欧泊往往比较薄，一般会与其他材料组合在一起，使欧泊变大，增强欧泊的变彩效应。

① 衬底　将折射油或珍珠云母贴在透明欧泊的下面，以增强变彩。

② 拼合（二层石或三层石）　二层拼合石一般上部为欧泊，下部为塑料或玻璃，或者上部为无色水晶，下部为欧泊片，用无色胶粘接；三层石一般上层是无色透明玻璃或塑料，中间是天然欧泊，下层是黑色材料。

③ 表面涂层　主要是保护欧泊表面，但涂层本身的硬度并不高。有些欧泊的全塑料质仿制品（如较软的聚苯乙烯体）常用丙烯酸涂层加以保护。

6.4.3　优化处理欧泊的鉴定

（1）染色欧泊的鉴定特征

在宝石显微镜下观察，可以在欧泊中看到炭或染料的颗粒，也可发现裂隙中聚集着的染料。染色后色斑破碎，仅限于宝石表面的粒状结构（图6-23）。

图6-23 染色欧泊
图中左下方为两粒黑色的染色欧泊

（2）注塑欧泊的鉴定特征

注塑充填后欧泊透明度差，半透明至不透明，相对密度较低约为1.90，常含有黑色束状或指纹状包体和不透明金属包体。

（3）拼合欧泊二层石的主要鉴定特征

未镶嵌拼合石中可见拼合面；强灯光下放大检查可见拼合面气泡，黏结剂中的半球形凹坑和近表面气泡，接近边界处泥铁矿光泽的变化；热针可揭示黏合剂的存在；顶层材料用色斑结构来区分［图6-24（a）］。若上层材料为欧泊，下部为塑料或玻璃，放大检查可见二层颜色、光泽的差异，变彩效应发生在宝石上部分；如果拼合石上部为无色水晶，下部为欧泊片，则欧泊的变彩效应发生在底层。

（4）三层拼合欧泊的鉴定特征

顶层不带变彩，折射率通常高于欧泊；玻璃顶层可见气泡和旋涡纹；结合面可见气泡层；结合面边界可有凹坑、气泡及光泽变化；欧泊层根据不同材料的结构色斑所在位置来区分［图6-24（b）］。三层拼合石中顶层一般为无色透明材料，色斑位于中间层欧泊，变彩效应发生在宝石内部，距离宝石表面有一定的深度。

(a) 两层拼合石

(b) 三层拼合石

图6-24 欧泊拼合石

（5）合成欧泊的方法与鉴定特征

目前大部分的合成欧泊都是吉尔森合成法合成的。主要合成过程如下：

① 二氧化硅球体的形成　向在酒精和水的混合溶液中扩散成小点滴形式的有机硅化合物中加入中强碱（如氨水等），把有机硅化合物点滴变成二氧化硅球体。试剂的纯度、浓度及搅拌的速度都必须小心控制，以生成大小相同的球体，并按照要求得到不同类型的欧泊品种，球体的直径为200 ~ 300nm之间。

② 沉淀　二氧化硅球体形成后不断沉淀，一旦沉淀，这些球体就自动地采取紧密排列形式。这个阶段比较缓慢，可能需要一年以上的时间。

③ 压实和粘接　这个过程是最困难的，是生产高质量欧泊材料的关键。二氧化硅球体被液体覆盖，这时在各个方向上对球体施以同等的静水压力，以避免结构改变；最后二氧化硅球体可能被添加的胶体粘接在一起，或者把材料在一定温度下烧结在一起。

最后将成形的欧泊切割、抛光，使其显示较好的变彩效应。

合成欧泊与天然欧泊的鉴别：

① 结构　天然欧泊的色斑是二维的，具有丝绢状外表，沿一个方向延长；为不规则的薄片；色斑与色斑之间呈渐变关系，界限模糊；色斑沿一个方向具有纤维状或条纹状结构（图6-25）。

合成欧泊具有典型的柱状色斑特征，镶嵌状色斑和清晰的色斑界线，具有三维形态。正对着合成欧泊的柱体看过去，柱体界线分明，边缘呈锯齿状，被紧密排列的交叉线所分割，从而产生一种镶嵌状结构。每个镶嵌块内可含有蛇皮（或称为蜥蜴皮）状、蜂窝状或阶梯状的结构（图6-26）。

② 发光性　紫外线下的反应也可作为区分天然欧泊和合成欧泊的一种辅助手段。例如天然黑欧泊和白欧泊有无至中等强度的白色、蓝绿色或黄色荧光，火欧泊有无至中等强度的绿褐色荧光，大多数天然欧泊有持续的磷光；合成白色欧泊几乎没有

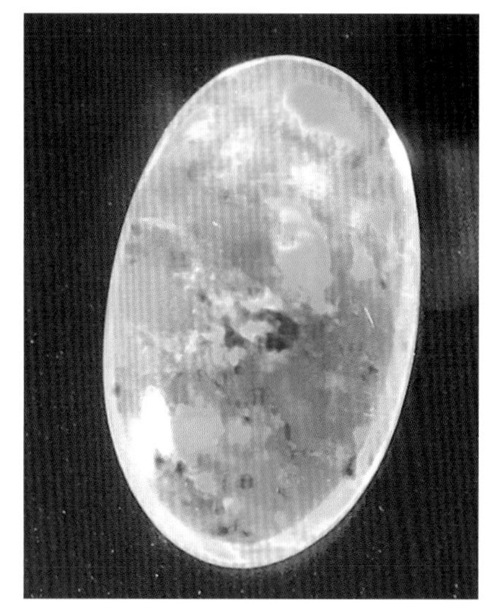

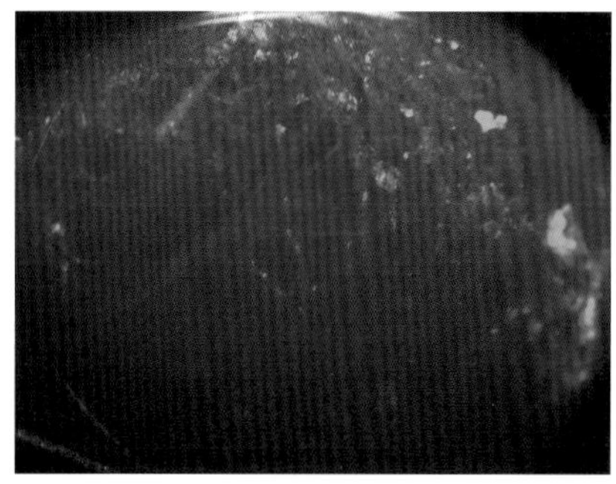

图6-25　色斑沿一个方向延长及丝绢光泽

图6-26　合成欧泊柱状色斑及蜂窝状构造

荧光和磷光，合成欧泊在长波紫外线照射下比天然欧泊更透明。

③ 红外光谱　在红外光谱的鉴定中，合成欧泊与天然欧泊的水分子振动谱有着较明显的差异，为区分天然欧泊与合成欧泊提供了依据。

6.5　蛇纹石玉

6.5.1　蛇纹石玉的宝石学特征

蛇纹石是层状含水镁硅酸盐矿物，化学分子式为$Mg_6Si_4O_{10}(OH)_8$。其中Mg可被Mn、Al、Fe、Ni等微量元素置换，有时还有少量Cu、Cr离子的混入。蛇纹石一般呈绿色，也可呈白色、黄色、蓝绿色、褐色和暗黑色等，绿色和翠绿色往往含有铬和镍。蛇纹石玉主要的组成矿物为蛇纹石，次要矿物为白云石、菱镁矿、绿泥石、透闪石、方解石、铬铁矿等。蛇纹石的化学成分受其矿物组成的影响。一般情况下，纯蛇纹石玉的化学成分接近蛇纹石矿物各种组分的理论含量。当玉石中透闪石含量增加时，化学成分变成高硅、高钙、贫镁。当玉石中绿泥石含量明显增加时，化学成分相对贫镁、贫硅而富铝。

6.5.2　蛇纹石玉的优化处理及鉴定方法

肉眼观察为均匀的致密块状体，高倍显微镜下为细小的粒状、纤维状矿物集合体。放大观察可见淡绿色的绿泥石、暗色的铬铁矿包体分布于其中（图6-27），可见水波纹。蛇纹石玉常见的优化处理有染色和填充。

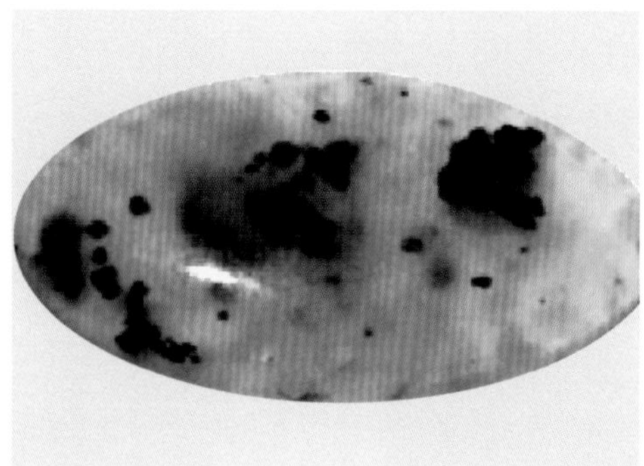

图6-27　蛇纹石玉中的铬铁矿分布

（1）染色蛇纹石玉处理方法及鉴定

加热蛇纹石玉，使其产生裂隙，然后浸泡于染料中。经过染色处理的蛇纹石玉，染料集中于裂隙中，放大观察可见裂隙处染料的存在（图6-28）。染色蛇纹石玉有时在市场上以“金丝玉”名称销售。

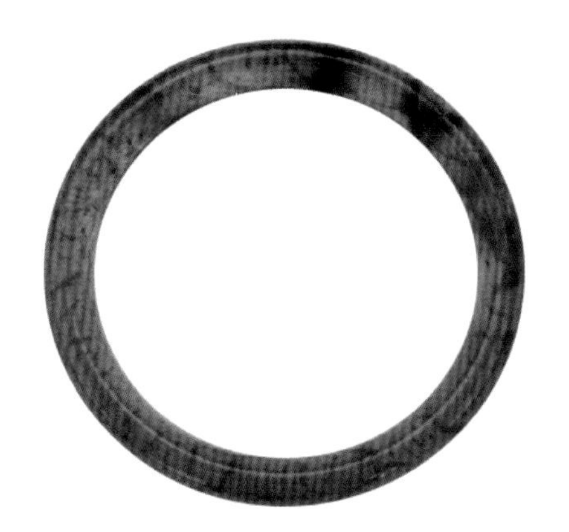

图6-28　染色蛇纹石玉中染色剂沿裂隙分布

（2）蜡填充蛇纹石玉及鉴定

将蜡、油或树脂充填于蛇纹石的裂隙或缺口中，以改变样品的外观或提高稳定性。用蜡充填时放大检查，可见充填处有明显的蜡状光泽，热针触探裂隙处有蜡的流动，同时可嗅出蜡的味道；用油充填时放大检查可见裂隙处透明度、光泽较低，热针触探可有油的析出。

用少量的无色蜡或无色油充填时可归属于优化，用有色蜡、有色油或玻璃、人工树脂充填时归为处理，在出售时要注明。

6.6　绿松石

6.6.1　绿松石的宝石学特征

绿松石因所含元素不同，颜色也各有差异，绿松石，含铜时呈蓝色含铁时呈绿色。天然绿松石多呈天蓝色、淡蓝色、绿蓝色、绿色、带绿的苍白色。颜色均一，光泽柔和，无褐色铁线者质量最好。色彩是影响绿松石质量的重要因素。天蓝色或微带绿色的蓝色绿松石为常见的优质品。

绿松石是一种含水的铜铝磷酸盐类矿物，化学式为$CuAl_6(PO_4)_4(OH)_8 \cdot 5H_2O$。绿松石质地很不均匀，颜色有深有浅，甚至含浅色条纹、斑点以及褐黑色的铁线。致密程度也有较大差别，孔隙多者疏松，少者致密坚硬。抛光后具有柔和的玻璃光泽至蜡状光泽。大多数属于隐晶质结构，极少数可见斑晶。绿松石表面常含有不规则的白色纹理和斑块、褐色脉石的纹理和色斑。

中国是绿松石的主要产出国之一。湖北、安徽、陕西、河南、新疆、青海等地均有绿松石产出，其中以湖北郧阳区、郧西县、竹山县一带为世界著名的优质绿松石产地。此外，江苏、云南等地也有绿松石产出。

在国外，著名的绿松石产地伊朗，产出最优质的瓷松石和铁线松石，被称为波斯绿松石。此外，埃及、美国、墨西哥、阿富汗、印度及俄罗斯等国均产出绿松石。

6.6.2 绿松石品种分类

绿松石的质量主要与其颜色和结构等因素有关，根据绿松石的颜色、质地，国际上将绿松石分为四类：瓷松石、绿色松石、铁线松石及泡松石（图6-29）。

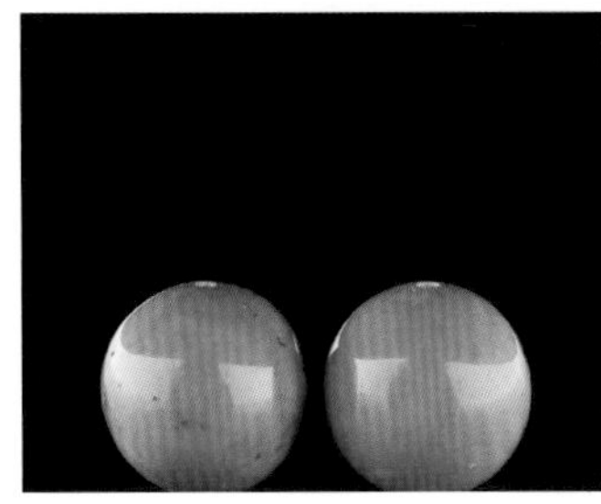
(a) 瓷松石

(b) 绿色松石

(c) 铁线松石

图6-29 不同品种的绿松石

（1）瓷松石

瓷松石是质量最好、质地最硬的绿松石，硬度在所有绿松石品种中最大，在5.5 ~ 6之间。瓷松石的颜色通常为纯正的天蓝色、蓝绿色，结构致密，抛光后似瓷质，瓷状光泽强，瓷松石是绿松石中的上品。

（2）绿色松石

绿色松石是较为常见的一个品种，颜色一般为蓝绿色到豆绿色，硬度较高，仅次于瓷松石，光泽强，质地细腻，质量仅次于瓷松石。

（3）铁线松石

该品种颜色为天蓝色、蓝绿色至豆绿色。绿松石中有黑色褐铁矿细脉呈网状分布，使蓝色或绿色绿松石呈现有黑色网纹或脉状纹的绿松石品种，被称为铁线松石。褐铁矿细脉被称为“铁线”。铁线以花纹清晰、分明为佳，使松石上有如墨线勾画的自然图案，美观而独具一格。具有美丽蜘蛛网纹的绿松石也可成为佳品。

（4）泡松石

风化后失水而脱色，为月白色，价值低，硬度在4.5以下，用小刀能刻划。因为这种绿松石软而疏松，只有较大块才有使用价值，是质量最差的绿松石。常采用注塑、注蜡以及染色等人工处理方法，改善其质量及外观，才能作为宝石使用。

6.6.3 绿松石的优化处理及鉴别方法

由于天然绿松石结构疏松，一般采用充胶或充蜡的方式使其结构更加坚固，稳定性也会随之提高。有些浅色的绿松石也可以用染色的方法改善颜色。绿松石常见的优化处理方法有染色、注胶、注蜡、注塑、再造及致密度优化等。

（1）染色处理

处理目的：改变颜色外观，增强绿松石的颜色。绿松石失水后，颜色浅，结构疏松，便于染色。利用苯胺染料，对淡绿色、淡蓝色的绿松石进行染色，增强绿松石的颜色。

染色绿松石的鉴定方法主要是放大检查。染色绿松石颜色不自然，目前市场上的染色绿松石常呈深蓝绿色或深绿色，且颜色过于浓艳，集中在裂隙处，染色后表面颜色深，内部颜色浅。对于表面含有铁线的绿松石染色后颜色分布更明显，放大检查可见铁线处颜色富集（图6-30）。

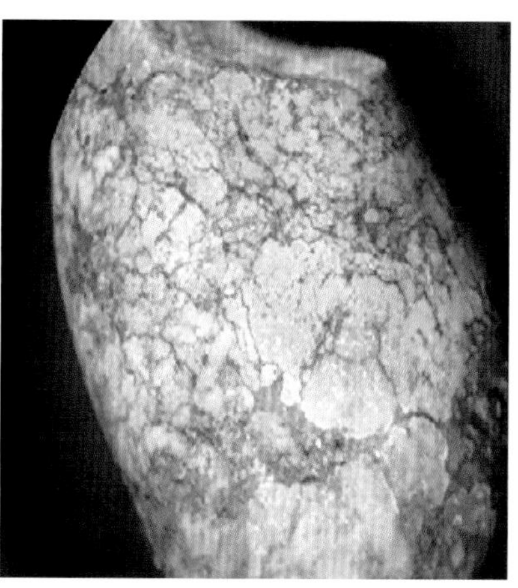

图6-30　染色绿松石的颜色分布特征

染色绿松石颜色不稳定，时间久了会褪色。在染色的绿松石不显眼的地方滴上一滴氨水，会发生褪色，呈现原来的绿色和白色。

（2）注入充填处理

① 注胶和注蜡　注胶和注蜡主要是针对结构疏松的绿松石进行的，通过注胶或注蜡处理，使天然绿松石结构致密，增强其稳定性。鉴定特征是经过充填处理的绿松石颜色不持久，时间长了会褪色，热针触探几秒钟后胶和蜡将会渗出表面，表面会显示明显的树脂光泽或蜡状光泽（图6-31）。

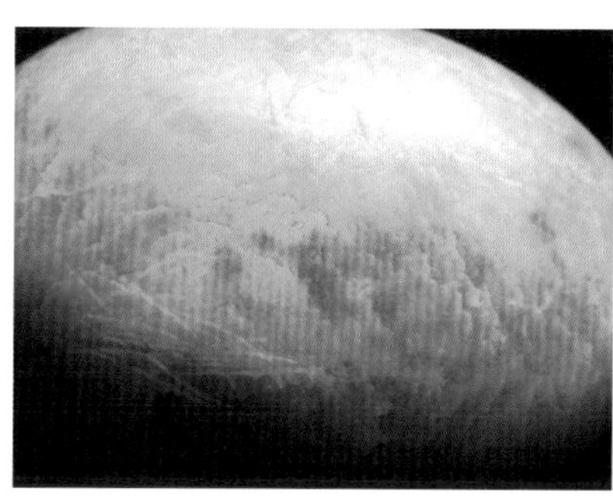

(a) 注胶

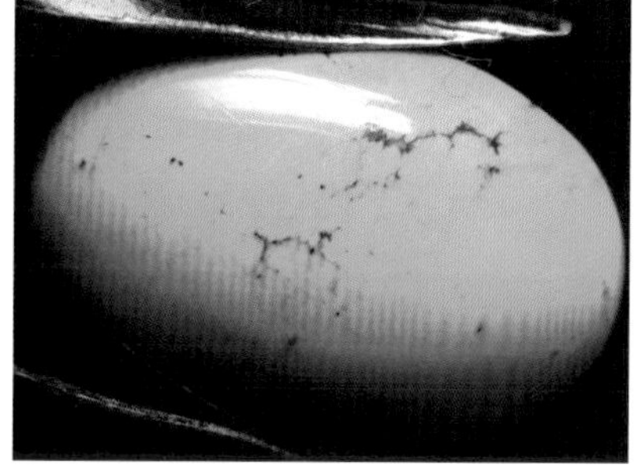

(b) 注蜡

图6-31　绿松石注胶和注蜡

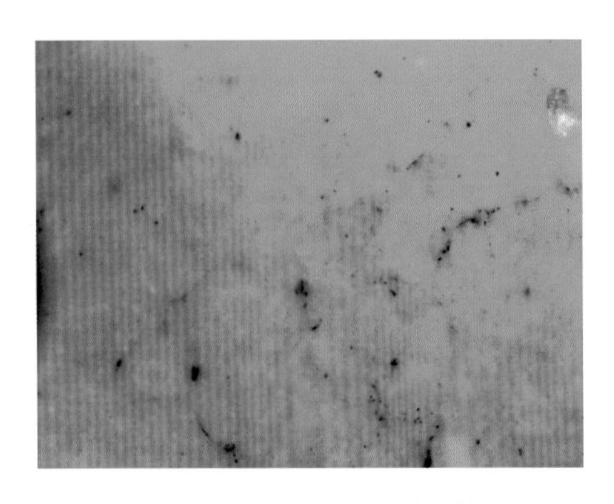

图6-32　再造绿松石的外观特征

② 注塑　注塑处理分为无色塑料和有色塑料注入，对浅色或白色绿松石注塑以改变颜色和结构，使其结构更致密，颜色更加鲜艳。

检测方法是可以在不明显的地方用热针触探测试。寻找裂隙和凹坑处，用热针触探，某些塑料加热后会放出刺鼻的味道，这类松石相对密度一般小于2.76；注塑后的绿松石硬度较低，表面容易产生划痕；红外光谱测试可出现由塑料引起的$1450cm^{-1}$和$1500cm^{-1}$的强吸收，而在较新的注塑处理品种中，红外光谱测试时，则会出现$1725cm^{-1}$的强吸收。

（3）再造绿松石

再造绿松石是由一些破碎的绿松石小块、绿松石微粒、蓝色粉末材料及一些黏合剂，在一定温度和压力下压结而成。严格意义上再造绿松石应该称为绿松石仿制品。再造绿松石主要通过以下几个方面进行鉴定：

① 结构和颜色　再造绿松石表面有明显的瓷状光泽，放大观察有明显的细粒状结构，铁线分布不规律，有时颜色分布也不均匀（图6-32）。

② 酸实验　再造绿松石中由于含铜化合物而呈蓝色，铜盐能在盐酸中溶解，将酸滴于表面，用白棉球擦拭，再造绿松石会褪色。

（4）致密度优化

致密度优化主要针对孔隙较多、结构疏松的天然绿松石进行改善，提高其密度，改善绿松石近表面及表面的质地、光泽感和硬度。《珠宝玉石名称》（GB/T 16552—2017）将这种优化处理方法归于优化，但在出售时必须声明。

致密度优化技术应用最广泛的是电化学处理法。目前，国内珠宝市场上出现的大部分“睡美人”绿松石都是经电化学优化处理的。早期市场上经过电化学处理的绿松石表面颜色鲜艳，但仅限于很浅的表层，如果经过多次电化学处理，颜色可以深入到绿松石内部。

电化学处理法是依据绿松石结构在电解过程中的变化来改善绿松石的。在电解过程中，绿松石中的结晶水和吸附水被电解出许多羟基（—OH），电解池中的羟基（—OH）也可以少量渗入到绿松石，这些羟基（—OH）会把绿松石结构中孤立的八面体全部结合成八面体对，从而使绿松石结构更致密，颜色更鲜艳。

GB/T 16553—2017《珠宝玉石鉴定》绿松石条目中增加了一条“致密度优化：放大检查可见龟裂纹，裂纹两侧颜色较深；草酸擦拭后，表面颜色变浅；成分分析仪器（如XRF等）能检测出外来元素（如钾等）含量异常”。

6.6.4　绿松石与相似玉石的鉴别

（1）天然绿松石的鉴定特征

天然绿松石为隐晶质结构，放大观察无球粒状结构，表面常有黄铁矿颗粒及褐铁矿呈脉状分布于其中。绿松石的折射率是1.62，相对密度为2.60 ~ 2.70，分光镜下蓝区432nm、420nm处有两条吸收线。

（2）合成绿松石的鉴定特征

市场上大部分合成绿松石均采用吉尔森合成法，合成绿松石的结构为细粒状结构，放大50倍有球粒状结构（图6-33）。折射率为1.60，相对密度是2.70，分光镜下蓝区无吸收线，用酸滴在合成绿松石的不显眼部位，能使蓝色合成绿松石变成绿色，因为合成绿松石常含有铜的化合物，铜盐能在盐酸中溶解。

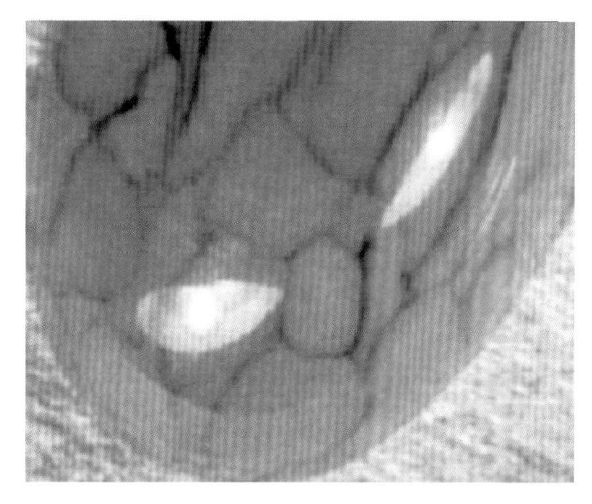

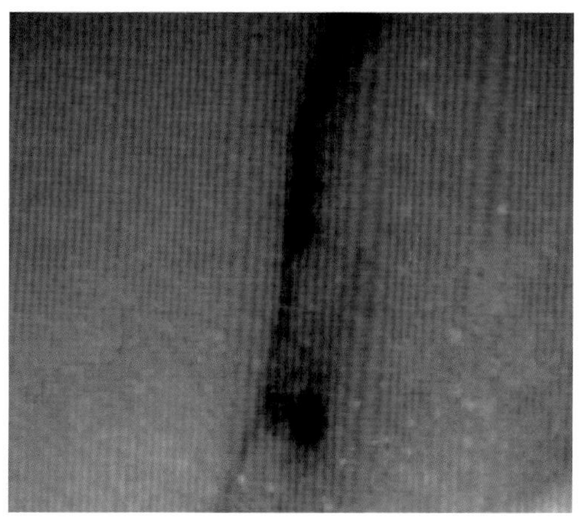

图6-33　合成绿松石内黑色物质及球粒结构

（3）硅孔雀石的鉴定特征

硅孔雀石的颜色为蓝色、天蓝色，绿色中有杂色。折射率是1.50，相对密度为2.0 ~ 2.5，莫氏硬度为4。因此，硅孔雀石的低折射率、低密度、颜色特点区别于绿松石。

（4）染色菱镁矿的鉴定特征

染色菱镁矿结构为致密块状，与绿松石的粒状结构明显不同，放大观察染色剂沿裂隙集中，查尔斯滤色镜下呈淡褐色。折射率变化大，在1.60左右，相对密度为3.00 ~ 3.12。

（5）染色玉髓的鉴定特征

染色玉髓具有层状结构，颜色呈斑杂状，放大检查染色玉髓中的染料集中于裂隙处，查尔斯滤色镜下呈红色或淡褐色，折射率是1.53，相对密度为2.60 ~ 2.63。

（6）玻璃的鉴定特征

玻璃不具有绿松石的粒状结构，放大观察可见气泡到达表面的半球形小孔，破口处中可见贝壳状断口，折射率变化较大，在1.40 ~ 1.70之间，相对密度可达3.30。

6.7　青金石

青金石的英文名称是lapis，来源于拉丁语，据资料显示，青金石是通过“丝绸之路”从阿富汗传入中国。通常为集合体产出，呈致密块状、粒状结构。颜色为深蓝色、紫蓝色、天蓝色、绿蓝色等。青金石还是天然蓝色颜料的主要原料。在古希腊、古罗马，佩戴青金石被认为是富有的标志。在中国清朝时，青金石还成了宫廷大臣们朝冠的饰品，以此来炫耀自己的身份和地位。

6.7.1 青金石的宝石学特征

青金石是以青金石矿物为主的岩石，是含有少量黄铁矿、方解石等杂质的隐晶质集合体。青金石因为含有少量的方解石，表面颜色常呈白斑状分布。解理不发育，断口参差状，条痕呈浅蓝色。在长波紫外光照射下发橙色点光，在短波紫外线照射下发白色荧光。查尔斯滤色镜下呈淡红色，玻璃光泽至蜡状光泽，折射率为1.502 ~ 1.505，相对密度是2.7 ~ 2.9。

青金石的产地有阿富汗、美国、蒙古、缅甸、智利等，其中阿富汗的青金石最为著名。青金石一般呈蓝色，其中以蓝色调浓艳、纯正、均匀为最佳。如果颜色中有白线或白斑，就会降低颜色的浓度、纯正度和均匀度。

6.7.2 青金石的优化处理及鉴定方法

青金石的主要优化处理方法是充蜡、染色及黏合处理。

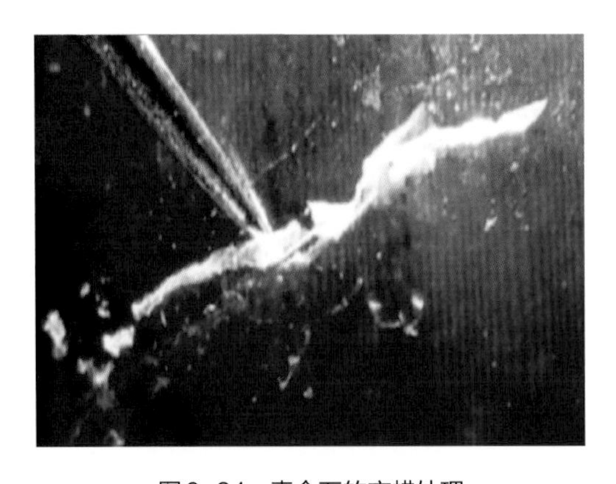

图6-34 青金石的充蜡处理

（1）充蜡处理

在青金石表面裂隙处充蜡，以改善外观，填充裂隙。

主要鉴定特征：充蜡后青金石具有蜡状光泽，充蜡处硬度较低，表面有划痕；在蜡层剥离的地方，凹陷处有蜡层堆积，用钢针可剔起蜡层（图6-34）。

（2）染色处理

用蓝色染料改变劣质青金石的颜色外观，提高天然青金石的质量和商业价值。

主要鉴定特征：染色青金石颜色较深，表面裂隙处颜色富集，用蘸有丙酮的棉签擦拭，可使棉签变蓝，如上过蜡，应去掉蜡层再用棉签擦拭染色青金石表面。

（3）黏合处理

将劣质青金石粉碎后用塑料粘接，形成一个大的青金石整体外观。

主要鉴定特征：放大检查黏合青金石有明显的粒状结构，颜色分布不均匀。热针触探时，会散发出塑料的辛辣气味。

（4）合成青金石与天然青金石的鉴定特征

合成青金石外观与天然青金石相似，主要鉴定特征如下：

① 颜色　分布较为均匀，缺少大多数天然青金石杂色分布的特点。

② 结构　细粒结构，如果合成青金石中有黄铁矿分布黄铁矿颗粒边缘一般都很平直，并且均匀地分布于整块宝石中；天然青金石中的黄铁矿随机分布，颗粒形状不规则。

③ 密度　合成青金石的相对密度低于天然青金石，相对密度为2.70。

6.7.3　青金石与常见仿制品的鉴定特征

（1）方钠石

方钠石在颜色上与青金石相似，但从结构上可以区分。方钠石为粗晶粒结构，青金石多为隐晶质集合体、细粒状结构；方钠石有时可见解理，且透明度高于青金石；方钠石的相对密度（2.15 ~ 2.35）明显低于青金石（2.7 ~ 2.9），这一特点足以把它们区分开来，方钠石常含有白色矿物斑块或纹理，很少含有黄铁矿包体（图6-35）。

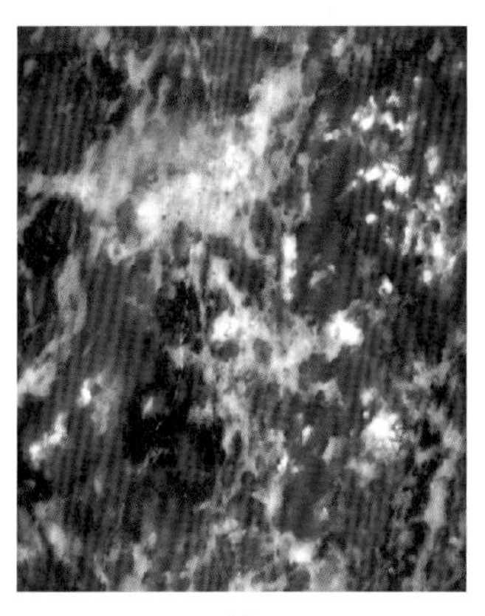

(a)

(b)

图6-35　方钠石（a）与青金石（b）的结构对比

（2）染色碧玉（瑞士青金石）

染色碧玉颜色分布不均，在条纹和斑块中富集，不存在黄铁矿，断口为贝壳状；在滤色镜下通常不显示红褐色；折射率较高，密度较低；条痕实验中，天然青金石的条痕为浅蓝色而碧玉不留下条痕。

（3）玻璃

用于仿青金石的蓝色玻璃不具有青金石的粒状结构，并且可含有气泡和旋涡纹理，在断裂面可见贝壳状断口。

（4）染色大理岩

放大检查时，可发现染色大理岩的颜色集中在裂隙和颗粒边界处，染料可被丙酮擦掉。染色大理岩硬度较小，用小刀很容易刻出划痕。

6.8　萤石

6.8.1　萤石的宝石学特征

萤石（fluorite）也称氟石，是自然界中较常见的一种矿物，可以与其他多种矿物共生，等轴晶系，常见的结晶形态为八面体和立方体。晶体呈玻璃光泽，质脆，莫氏硬度为4，熔点1360℃，具有完全解理。部分样品在受摩擦、加热、紫外线照射等情况下可以发光。之所以称

为萤石，是因为它在紫外线或阴极射线照射下会发出如同萤火虫一样的荧光。当萤石含有一些稀土元素时，它就会发出磷光，也就是说，在离开紫外线或阴极射线照射后，萤石依旧能持续发光一段时间。这种能发磷光的萤石产量不大。

萤石颜色多样，有紫红色、蓝色、绿色和无色等（图6-36）。萤石的主要化学成分是氟化钙（CaF_2）。纯净的萤石是无色的，常因含较多的杂质而呈现不同的颜色，Ca常被稀土元素Y和Ce等取代，此外，还含有少量的Fe_2O_3、SiO_2和微量的Cl、O、He等。

图6-36　各种颜色的萤石

6.8.2　萤石的优化处理及鉴定方法

萤石常见的优化处理方法是热处理、充填、辐照等。

（1）热处理

热处理是萤石最常见的一种优化处理方法。通过加热可使暗蓝色到黑色的萤石变成较好的蓝色，而且处理后的颜色很稳定。这种处理属于优化，不需鉴别。

（2）充填

一般采用塑料或树脂充填到萤石的裂隙中，主要目的是愈合表面裂隙，使其在加工或佩戴时不产生裂隙。经充填处理的萤石鉴定特征主要有以下几点：

① 在放大镜或显微镜下放大检查，萤石的裂隙不明显，裂隙处常呈现树脂光泽。

② 用热针探测可有树脂或塑料析出。

③ 在紫外荧光下观察，充填处的塑料和树脂可有特征荧光。

（3）辐照

无色的萤石通过辐照可产生紫色。辐照处理的萤石极不稳定，遇光就会褪色，因此这种处理方法不具有实用价值和商业价值。

7

珍珠及其他有机宝石的优化处理及鉴定方法

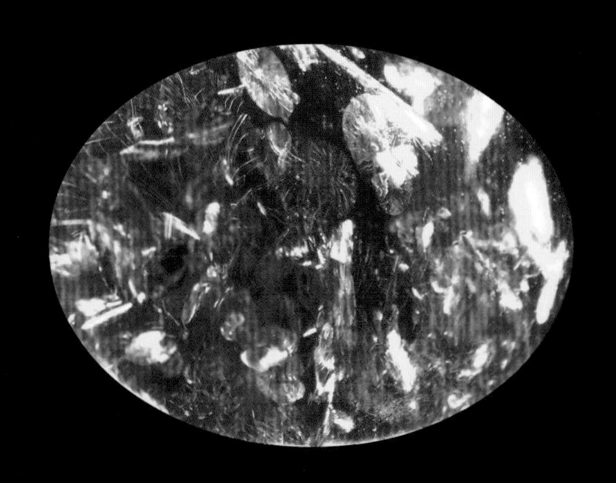

7.1 珍珠

珍珠的化学成分有碳酸钙，占80%以上，有机质占10% ~ 14%，水占2% ~ 4%以及其他微量元素。珍珠的颜色包括体色和伴色。体色是珍珠的基本颜色，是由有机质和微量元素产生的。珍珠的伴色是指珍珠表面和内部珠层对光的反射、干涉等作用形成的是珍珠特有的色彩，伴色是叠加在其体色之上的。珍珠的晕彩是指珍珠表面或表层下形成的彩虹色，是珍珠所导致的光的折射、反射、漫反射、衍射等光学现象的综合反映。珍珠的体色有黑色、白色、粉红色、黄色及其他色，伴色有玫瑰色、蓝色、绿色等（图7-1）。放大检查可见珍珠表面具有叠瓦状构造，内部具有同心放射层状构造。

珍珠的主要产地有三个：波斯湾产区，该地珍珠带一点绿色晕彩的强珍珠光泽，体色为白色、奶白色；斯里兰卡产区，该地珍珠在白色或奶白色的体色上，伴有绿色、蓝色或紫色的晕彩；东南亚产区，该地的南洋珠珠粒大、形圆、色白，具有强珍珠光泽。

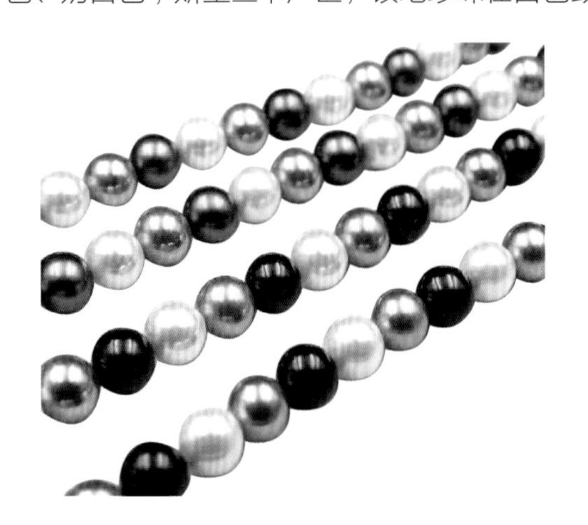

图7-1　各种颜色的珍珠

目前，市场上销售的珍珠品种主要有天然珍珠、人工养殖珍珠、优化处理珍珠和仿制品。

7.1.1　天然珍珠和养殖珍珠的鉴定特征

（1）天然珍珠的鉴定特征

天然珍珠的形状多呈圆形，横截面是一层一层的同心圆状的珍珠层，珍珠层较厚。肉眼见不到核心的异物。

① 颜色　天然珍珠颜色单一，主要是白色、粉红色，偶见灰黑色，其上还伴有多种颜色的晕彩。

② 结构　用强光源照射，可见到结构均匀的半透明的球体。

③ 表面丘疹　珍珠表面有明显大小不一的凸起，用牙轻轻地蹭或两粒小珠对着摩擦有明显的砂粒感（图7-2）。

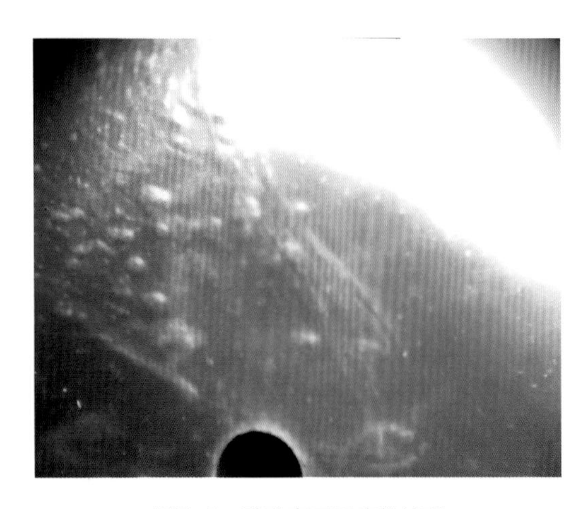

图7-2　珍珠表面丘疹状外观

（2）有核养殖珍珠的鉴定特征

有核珍珠的形状一般为圆形，颜色有白

色、黄色和少量的黑色。典型特征是内部含有结合线和内核条纹。

结合线是在珠母和珍珠层间的一条褐色的结合线，从钻孔处向内观察清晰可见褐色的结合线；内核条纹是有核养殖珍珠珠母上透明度不同的条纹；与天然珍珠相似，有核养殖珍珠也具有表面丘疹状特征。

（3）无核养殖珍珠鉴定特征

无核养殖珍珠的形状不一，有近圆的球形、椭圆形、梨形、泪滴形、异形等。颜色也丰富多彩，有白色、黄色、粉红色、紫色、灰黑色等。最典型的特征是有中心空洞，即从钻孔处向内部看中心是空的。表面也具有丘疹，珍珠表面具有明显凸起的小颗粒。

一般天然珍珠和淡水养殖无核珍珠的珍珠层很厚，天然珍珠核部分可有少量异物，淡水养殖无核珍珠核部分为空洞。而有核养殖珍珠的珍珠层很薄，珠核占绝大部分，且珠核为平行层状。

（4）天然珍珠和养殖珍珠的区别

① 外观特征　天然珍珠质地细腻，透明度较高，光泽柔和，外形多为不规则圆形，个体较小。

养殖珍珠成珠年限短，质地细腻程度相对较低，透明度、光泽不及天然珍珠，形状多为圆形、椭圆形，个体较大，表面常见有勒腰、褶皱等现象。

② 放大检查　天然珍珠的珍珠层厚实，一直深入至珠体中心，层次细密，一般无明显间痕。观察养殖珍珠钻孔的内面，在靠近孔口处可见养殖珍珠有一层明显的褐色线痕迹，即介壳质层与珠核之间的间痕，用针搅动可掉下鳞片状粉末。

③ 透光检查　用强点光源从背面透射珍珠，当转动珍珠至合适角度时，有核养殖珍珠可隐约见到其内部珠核平行层显示出的平行条纹效应。

④ X射线照相法　天然珍珠中心至外壳均显同心层状结构。有核养殖珍珠的珠核与珍珠层间分界线明显，无核养殖珍珠则呈现内部空心状结构及外部同心层状结构。

⑤ X射线衍射法　天然珍珠的珍珠层厚，珍珠层呈同心放射状结构，其X射线劳埃衍射图为6次对称衍射图像；有核养殖珍珠的珠核较大，且呈平行层状结构，其劳埃衍射图为4次对称衍射图像，当珠核的层状平行方向与外部珍珠层文石晶体排列方向一致时，可呈现6次对称衍射图像（图7-3）。

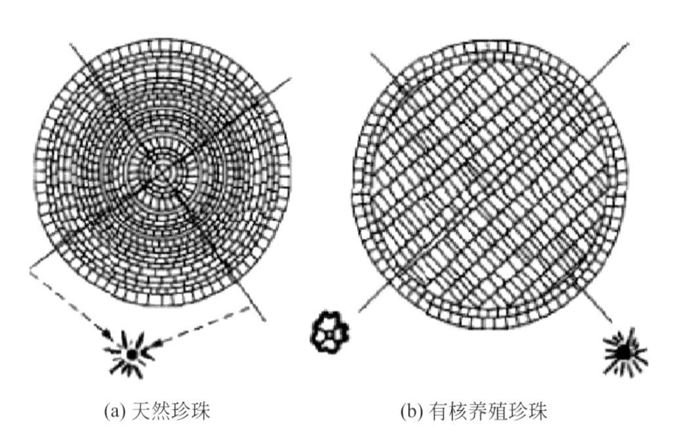

(a) 天然珍珠　　(b) 有核养殖珍珠

图7-3　天然珍珠和有核养殖珍珠X射线衍射图

⑥ X射线荧光法　X射线下天然珍珠多数不发荧光；有核养殖珍珠大多发绿黄色荧光，荧光由珠母小球引起；无核养殖珍珠也可发光。

⑦ 珍珠内视镜观察　珍珠内视镜中有两个彼此相对呈45°角的镜面，靠里的镜面使光向上反射，靠外的镜面在针管的底端。

将内视镜插进珠孔中，当针处于珍珠中心时，从一端用聚敛强光照射，光束进入天然珍珠的同心层，将会沿同心层入射并返回到针管中，在另一端的镜上可看到光的闪烁。当光束碰到养殖珍珠的珠核时，会沿珠核折射出去，从而在珠孔的另一端无法观察到反射光亮的闪光。

因此，无论从外形还是结构上，天然珍珠和养殖珍珠都具有明显的区别，但在《珠宝玉石名称（GB/T 16552—2017）》中，养殖珍珠和天然珍珠都定名为珍珠。

（5）海水养殖珍珠和淡水养殖珍珠的区别

除了外观特征、内部结构、密度等差异外，海水养殖珍珠和淡水养殖珍珠在有机质、微量元素含量方面也有不同。

淡水养殖珍珠在营养、药用等方面价值低于海水养殖珍珠。通常，海水养殖珍珠中S、Na、Mg、Sr等微量元素相对富集，Mn相对亏损；而淡水养殖珍珠则相反。

大多数海水养殖珍珠是有核珍珠，而淡水养殖珍珠大多数为无核养殖珍珠，可根据强光源下的放大检查，看是否有珠核的闪光来鉴定，也可根据珍珠钻孔处的珍珠层结构来判断。

天然珍珠和养殖珍珠的主要鉴定特征见表7-1。

表7-1　天然珍珠和养殖珍珠的主要鉴定特征

鉴别方法	天然珍珠	养殖珍珠
经验法	质地细腻，透明度、光泽较养殖珍珠好，外形多不规则，直径较小	形状多为圆形，个头较大，珠光不及天然珍珠强
密度差鉴别法	在密度为2.713g/cm^{3}的重液中有80%的漂浮	在同样重液中有90%下沉
强光源下放大观察法	结构均一，透明度好，有强烈晕彩与光环，表面有细小纹丝，质地细腻，表面光滑，珠层较厚	可看到突出的珍珠母核的一些平行层灰白相间的条带，呈半透明的凝脂状外表，表面常有凹坑，质地松散，珠光不如天然珍珠强
X射线衍射法	劳埃图上出现六方图案的斑点，核小	珍珠层厚，出现四方图案的斑点，有珠核（大），珍珠层薄
X射线照相法	可显示为一个完整的由外向中心的同心圆线	有核养殖珍珠，则在同心圆结构的核的部位出现围绕核部的一条强的线；无核养殖珍珠，也显示为一系列同心线条，但在中心部位出现一个不规则的中空部分
偏光镜观察法	几乎全透光，明暗差小	透明层较白，明暗差较明显
光照透射法	看不到珠核、核层条带，无条纹效应	大多数呈现条纹效应，可以看到珠核、核层条带

7.1.2　珍珠优化处理的方法及鉴定特征

珍珠的优化处理以改进珍珠的光泽颜色为主，包括预处理、漂白、增白、调色、抛光以及修复等工艺流程。通过物理化学方法改善颜色，从而提升珍珠的实用价值。珍珠的优化处理主要有漂白、染色、辐照等。

7.1.2.1 漂白

珍珠的漂白是指珍珠在氧化性的溶液中，经过一定的工艺处理，去除杂色或使有色物质变白。珍珠的漂白方法有化学漂白、光照、热分解和溶解脱色。

（1）目的

漂白是珍珠优化工艺中最重要的一个环节。其目的主要是去掉珍珠表层的污物黑斑和珍珠质层中的黄色色素，使色泽变白。珍珠漂白所用试剂主要由漂白剂、溶剂和表面活性剂组成。漂白剂主要试剂为过氧化氢，溶剂包括有机溶剂和蒸馏水或去离子水，一是为了稀释过氧化氢浓度，二是为了增强过氧化氢在珍珠内的渗透力。表面活性剂是一种很重要的助剂，它的主要作用是降低漂白液的表面张力，驱散在珍珠表面随漂白作用形成且逐渐聚集的气泡，起到均匀和快速地湿润、乳化、分散、渗透等作用。漂白的作用主要是去除有机宝石因含贝壳质或其它有机质而常带的杂色。漂白处理不需标注，属于优化。

（2）工艺过程

① 预处理　珍珠的处理，主要包括分选、打孔、膨化、脱水处理。其目的是使珍珠更容易进行后续的改善工艺。例如，打孔的目的是便于脱脂、漂白、增白和染色等各道工序的化学液体更好地渗进到珍珠中。由于珍珠圈层结构紧密，漂白液很难渗入珍珠内层，膨化就是利用膨化剂使珍珠结构变得“疏松”，又不让珍珠有明显的损伤，然后再对珍珠进行漂白。

② 脱水处理　脱水是指除去上述流程残留在珍珠内的缝隙水、吸附水，经常采用无水乙醇作脱水剂，也可采用纯甘油，去除珍珠内部间隙中的吸附水。

③ 配方　以双氧水作漂白剂，另加溶剂、表面活性剂、pH稳定调节剂等试剂。将珍珠浸入配制的溶液中加热，温度一般在70 ~ 80℃，处理时间视颜色的深浅而定。珍珠杂色调越明显，浸泡的时间越长。

（3）漂白珍珠鉴定特征

漂白后的珍珠具有以下几个特征：

① 结构疏松　经过漂白处理后的珍珠，表面颜色干净，经漂白处理后珍珠层间的间隙加大，结构变得疏松，光泽可能受到破坏。

② 酸蚀　经过酸处理漂白的宝石会显示酸蚀结构，漂白珍珠表面常具有很干净的底色，放大检查可以观察到表面有酸蚀网纹。

7.1.2.2 染色

采用不同的化学试剂，可将白色或浅色珍珠染成不同的颜色。

（1）染黑色工艺

将珍珠浸泡在稀硝酸银和氨水溶液中，然后将浸泡好的珍珠放在阳光下或放到硫化氢气体中还原，使珍珠的颜色变成黑色，染色珍珠的黑色色调与天然同色珍珠十分相似，并且处理后的颜

色对光、热稳定。

(2) 染棕色工艺

用高锰酸钾溶液作着色剂，可使珍珠变成棕色。

(3) 染粉红色工艺

将珍珠放在碱与钴盐配制的溶液中，可使珍珠呈粉红色。

(4) 中心染色法

从人工养殖珍珠的线孔注入染料，使珍珠染上颜色，染料根据所需要的颜色来决定。

(5) 染色珍珠鉴定特征

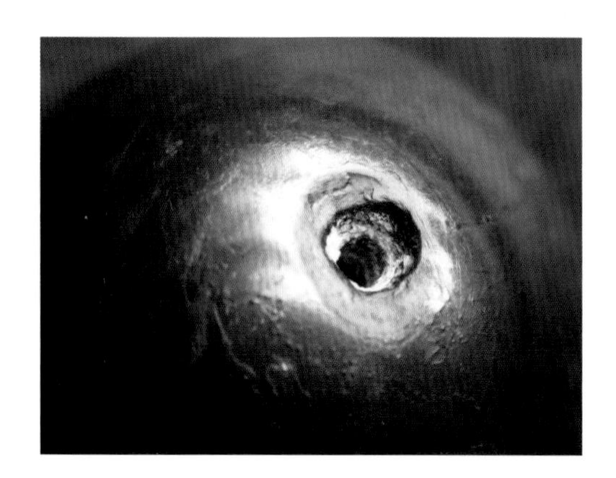

图7-4　染色珍珠

① 颜色　染色黑色珍珠呈深灰黑色调，表面具有颜色分布不均匀特征。尤其是孔处可看到明显的颜色不均匀现象（图7-4）。

② 内部特征　反射光下可见珍珠层薄层下有干涉晕圈现象。

③ 化学法　用浓度为2%的稀硝酸蘸在棉签上擦拭珍珠，硝酸银染黑的珍珠使棉签染上黑色。蘸丙酮的棉签也可使染红色、染蓝色、染黄色的珍珠褪色。

采用紫外荧光法、X射线照相法、拉曼光谱法、紫外可见色光谱法等方法也可以区分染色黑珍珠与天然黑珍珠，染色黑色珍珠与天然珍珠的主要鉴定特征见表7-2。

表7-2　染色黑珍珠与天然黑珍珠的主要鉴定特征

特征	天然黑珍珠	染色黑珍珠
外观特征	带有轻微彩虹样式闪光的深蓝黑色或带有青铜色调的黑色（非纯黑色）	纯黑色，颜色均一，光泽差，晕彩、伴色不自然
放大检查	表面细腻光滑，或具有生长纹理。表面瑕疵或裂纹处无颜色富集现象	颜色富集于裂隙及表面瑕疵或裂纹中，表面珠层可见受腐蚀痕迹、细微褶皱。带染色核的珍珠在强光透射下显示明显核的平行条带，或反射光下看珠孔，见内部颜色很深的核及表面无色的珍珠层
紫外荧光特征	长波紫外线荧光灯下一般呈现暗红棕色、红色荧光	惰性或暗绿色荧光；染色核的珍珠带有染色剂的紫外荧光
X射线照相	底片上可见珍珠质层、硬蛋白质和珠核之间有一明显的连接带	由于银常沉积在珍珠层和珠核之间的有机硬蛋白层中，照片呈现白色条纹
丙酮擦拭	不掉色	掉色
硝酸实验	不掉色	浓度2%的稀硝酸蘸在棉签头上擦拭，棉签头染上黑色，则为硝酸银染色法染色的珍珠
拉曼光谱	具有文石和有机卟啉吸收线	具有强荧光背景，并且只有文石吸收峰或者染色剂的吸收峰
紫外可见光吸收光谱	具有400nm、500nm、700nm附近吸收峰	无珍珠的典型吸收峰
粉末	白色粉末	黑色或灰褐色粉末

7.1.2.3 辐照法

（1）辐照源

浅色珍珠通过X射线、γ射线辐照可以使珍珠颜色变黑。一般方法是将珍珠放在3.7×10^{13}Bq强度的钴源中，在室温条件下，距离辐照源1cm照射20min，辐照后的黑色珍珠颜色与天然珍珠相似，并且稳定性较好。

（2）样品要求

仅限于淡水中生长的含锰元素的淡水珍珠和浅水蚌的珍珠层，而海水中生长的天然珍珠和附生在有核珍珠珠母外层的珍珠层却不能改色。

（3）鉴定特征

① 晕彩　经过放射性辐照改色的黑珍珠，晕彩的光谱色浓艳，同时伴有一种强的金属光泽。

② 粒度　养殖的黑色珍珠粒径很少小于9mm，小于8mm的圆形有核养殖黑色珍珠，一般情况下都是放射性辐照改色的产品。

辐照改色的珍珠表面颜色分布均匀，但从切面上看，内部颜色较浅，最表面珍珠层的颜色通常较深，辐照黑色珍珠厚度可达3 ~ 4mm。

7.1.2.4 珍珠的其他处理法

（1）“剥皮”处理

剥皮处理是采用一种极精细的工具小心地剥掉珍珠表面不美观的表面层，在下面找到一个更好的层作为表层。这项操作难度很大，要求人员有很高的技术，有时剥离几层都找不到一个更好的层，直至把珍珠质剥光为止。

（2）表面裂隙填充法

处理方法：将珍珠浸在折射率较高的油中，如橄榄油，使油填充到裂隙中，为使裂隙填充均匀，加热到150℃左右，维持一段时间，使油充分进入裂隙。裂隙充填后的珍珠具有明显的油脂光泽，热针触探可有油析出。

（3）表面涂层

对一些有裂隙的珍珠，在珍珠的表面涂上一层无色透明的、很薄的一种黏合剂，以弥补裂隙。这种方法常使珍珠带黄色调，并且易于被识破。

7.1.3 处理珍珠的鉴定方法

（1）紫外荧光法

天然黑色珍珠在长波紫外灯下呈亮红－暗红褐色；染色黑珍珠在长波下荧光不明显或呈暗绿色。

（2）X射线荧光光谱法

用X射线照射并用光谱仪测量其荧光波长。可检测出用各种银盐着色珍珠中的银元素，但使用这种方法，珍珠有可能会变成黑褐色。

（3）X射线照相法

区别天然与养殖珍珠原理：不同的材料在X射线中透明度的程度不同，照出的底片颜色不同。

银盐处理的珍珠，银沉积在珍珠质与珠核间的硬蛋白层中，不透过X射线，使硬蛋白层在X射线照片中呈现白色。在处理的黑珍珠中，环绕珠核的环形空白带也被称为反转环。

（4）X射线衍射法

① 天然珍珠透射、衍射的图案都具有6个点，因为碳酸钙的雏晶C晶轴呈放射状排列。

② 无核养殖珍珠的衍射图案同天然珍珠。

③ 有核养殖珍珠，沿大多数方向透射时，可获4个点的衍射图案，但从两个夹角互为90°的方向透射样品时，可获得6个点衍射图案。如果珍珠层很厚时，从任何方向照射，衍射图均与天然珍珠相同。

7.1.4 珍珠与仿制品的鉴别

早在17世纪法国就出现了用青鱼鳞提取的“珍珠精液”涂在玻璃球上，制成珍珠的仿制品。目前市场上主要的仿制品种有塑料仿珍珠、充蜡玻璃仿珍珠、实心玻璃仿珍珠、珠核涂料仿珍珠、覆膜处理珍珠等。

（1）塑料仿珍珠

在乳白色塑料上涂上一层“珍珠精液”。初看很漂亮，细看色泽单调呆板，大小均一。

鉴别特征：手感轻，有温感。钻孔处有凹陷，用针挑拨，镀层成片脱落，即可见新珠核。放大检查表面是均匀分布的粒状结构。紫外灯下无荧光，不溶于盐酸。

（2）玻璃仿珍珠

图7-5 玻璃仿珍珠特征

分为空心玻璃充蜡和实心玻璃仿珍珠。

二者共同点：手摸有温感，用针刻不动且表皮成片脱落，珠核呈玻璃光泽，可找到旋涡纹和气泡，偏光镜下显均质性，不溶于盐酸，无荧光。

二者不同点：空心玻璃充蜡仿珍珠质轻，密度为1.5g/cm^3，用针探入钻孔处有软感。实心玻璃仿珍珠密度为2.85 ~ 3.18g/cm^3。手掂明显感觉实心玻璃仿制品较重，玻璃仿制品表面均有一层很薄的珍珠精液做成的仿珍珠层，表面经常有划痕（图7-5）。

（3）贝壳仿珍珠

用厚贝壳上的珍珠层磨成圆球或其他形状，然后涂上一层“珍珠汁”制成的。

鉴别特征：仿真效果好，表面有明显的珍珠光泽。主要区别是放大观察时看不出珍珠表面所特有的生长回旋纹，而只是类似鸡蛋壳表面那样的高高低低的、单调的糙面，具有贝壳的“火焰状”构造。

（4）覆膜处理珍珠

① 聚合物覆膜珍珠　将光泽较差的塔溪堤黑色有核养殖珍珠表面覆盖一层较厚的无色聚合物（塑料）。鉴别特征是光泽不像天然珍珠那样来自表面，而是来自聚合物层底；珍珠的颜色从顶部和从侧面观察时色调不一致；可见气泡、不平整的表面；硬度较低，表面划痕较多。

② 覆硅珍珠　珍珠的表面覆一层聚二甲基硅氧烷。表面光滑，摸起来有黏感。放大检查，很难观察到珍珠叠加片晶的边缘，有时可见无色覆盖层和表面的划痕。

7.2 琥珀

琥珀含有琥珀酸和琥珀树脂等有机物，琥珀是一种常见的有机宝石，化学成分为$C_{10}H_{16}O$，含少量的硫化氢，微量元素有Al、Mg、Ca、Si、Cu等，不同的琥珀其组成有一定的差异。琥珀是数千万年前的树脂被埋藏于地下，经过一定的化学变化后形成的一种树脂化石，是一种有机矿物，是经过几千万年，甚至上亿年的埋藏，完全石化的树脂矿石。

琥珀的颜色比较丰富，常见的颜色是浅黄－蜜黄色、黄棕色－棕色、深褐色、橙色，而蓝色、浅绿色、淡紫色少见。琥珀的形状多种多样，表面常保留着当初树脂流动时产生的纹路。琥珀内部具有很多种类的包裹体，放大检查可见动物、植物、气液包体、旋涡纹、杂质、裂纹等内部包裹体（图7-6）。琥珀的折射率为1.54，密度约为1.08g/cm^3，可在饱和的食盐溶液中上浮。

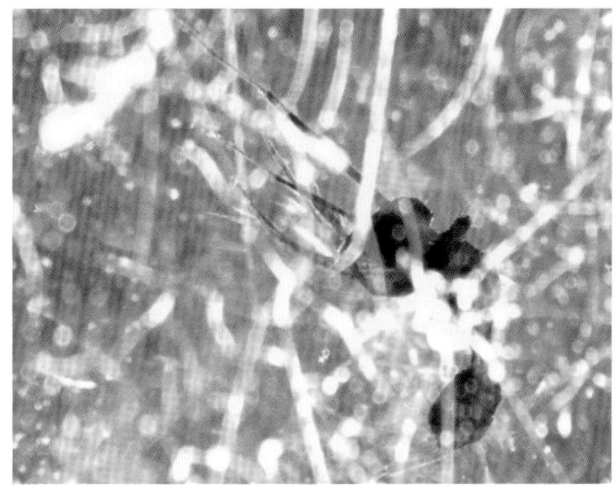

图7-6　琥珀中的包裹体

琥珀是一种有机宝石，作为一种宝石饰品，深受人们的喜爱。琥珀颜色丰富，具有多种类型，适合不同人群佩戴。天然琥珀常有很多的不足，例如颜色较浅、透明度较差等，人们在使用

的同时也开始进行优化处理。最初的优化处理方式是加热，通过加热处理，琥珀的透明度增加，随着人们对琥珀的认识，又产生很多的优化处理方法如压清、烤色、辐照、再造、染色和覆膜等。琥珀的优化处理方法分为优化和处理两大类。

7.2.1 琥珀的优化及其鉴定特征

琥珀常见的优化方法有压清、烤色和热处理等。

（1）压清

天然琥珀内部通常含有气泡，而气泡太多会使琥珀看起来混浊不清，压清是指对不透明的琥珀材料进行加热加压处理，使其内部气泡逸出，变得澄清透明。压清后可以使琥珀的透明度增加，提升其外观及经济价值。这种方法主要用于透明度较差的琥珀，提高琥珀的透明度。处理后琥珀稳定性好，可作为天然品出售。

（2）烤色

琥珀的烤色是指模仿琥珀的自然老化过程，采用加热的方法使琥珀表面产生颜色较深的棕红色。有时为局部烤色，处理后颜色较深。烤色其实是一个加速氧化的过程，真正年代久远的琥珀，在自然环境下需要氧化十几年，甚至几十年，而用烤色设备，对天然的琥珀进行加热，琥珀会快速氧化，半个月到一个月左右的时间就可以达到几十年的氧化效果，这种烤色技术来自欧洲，已经拥有四百年左右的历史。烤色后的琥珀颜色稳定，可作为天然品出售。

（3）热处理

热处理的目的是增加琥珀的透明度。将云雾状琥珀放入植物油中加热，琥珀变得更加透明。在处理过程中由于内部气泡破裂会产生叶状裂纹，通常具有“睡莲叶”或“太阳光芒”的特征包裹体。

鉴定特征：天然琥珀也会因地热而发生爆裂，但在自然条件下受热不均匀，气泡不可能全爆裂。而处理过的琥珀气泡已全部爆裂，故不存在气泡，常见因加热而产生“太阳光芒”状的盘状裂隙（图7-7）。

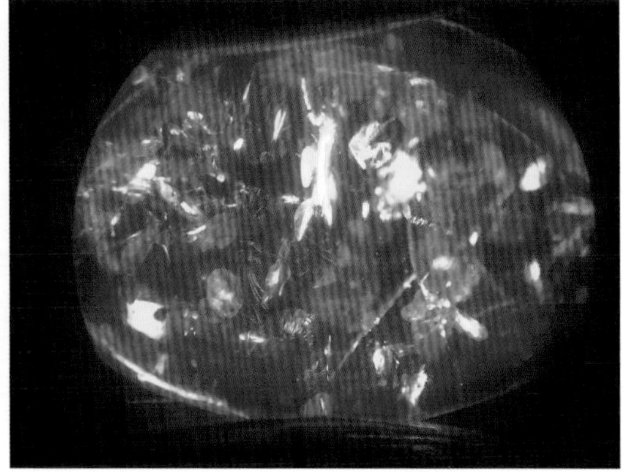

图7-7 加热后产生的“太阳光芒”

7.2.2 琥珀的处理及其鉴定特征

琥珀常见的处理方法有再造、染色、覆膜等。

（1）再造（压制）琥珀及鉴别

由于一些琥珀块度过小，不能直接用来制作首饰，因此将这些琥珀碎屑在适当的温度、压力下烧结，形成较大块琥珀，称为再造琥珀，也称压制琥珀、熔化琥珀或模压琥珀。生产再造琥珀时，为保证纯正的颜色和高的透明度，要先将琥珀提纯。

工艺过程是将琥珀破碎成一定粒度，再通过重力浮选法除去杂质，然后在约2.5MPa的压力和200 ~ 300℃的温度下压制成型，压制时的温度和时间不同可以得到不同的产物，其内部特征有一定的差异。另外在压制过程中添加其他的有机物，如染料、香精及黏结剂等，这类压制琥珀需要较高的温度和较长的时间，可以得到均匀、透明、没有明显流动构造的压制琥珀。

通过肉眼可以观察到压制琥珀内部存在一些暗红色，其形态类似于毛细血管，呈丝状、云雾状、格子状。由于琥珀长期暴露在空气中，随着时间的推移，其表层被氧化，形成一层薄薄的红色氧化膜，越靠近表面，氧化作用就越明显，其颜色就越红，而琥珀内部仍保留其原有的颜色。在其压制过程中，会看到颜色较深的血丝状颗粒表层的痕迹，在紫外光下观察得更清楚。天然琥珀由于温度、湿度等条件的影响有时候也会炸裂，形成的裂隙也会被氧化成红色，但其呈树枝状沿裂隙而不是沿颗粒的边缘分布。

天然琥珀中存在大量的气泡，但压制琥珀的气泡更丰富。压制琥珀除琥珀本身包含的气泡外，颗粒与颗粒之间以及搅动过程中都会形成新的气泡，气泡不规则地分布于整块琥珀中，密集、细小的气泡经过热处理，同样也会炸裂成睡莲状琥珀花，只是特别细小，且多为定向排列，一层一层的非常密集，这是由于压制琥珀在冷凝过程中经常被施以定向的压力，致使颗粒之间的接触更加紧密。

部分再造琥珀在压制过程中，添加了除琥珀外的其他物质，在红外光谱中就会出现琥珀所不具有的官能团特征，由此可将其与天然琥珀区分开。

无添加物的再造琥珀，利用红外光谱检测无法区分，此时可利用显微镜、偏光镜和紫外荧光灯等常规仪器进行检测，主要鉴定特征总结如下（表7-3）。

表7-3 天然琥珀与再造琥珀的鉴定特征

鉴定特征	天然琥珀	再造琥珀
颜色	黄色、橙色、棕红色等	大部分呈橙黄或橙红色
结构	表面光滑	粒状结构，表面呈现凹凸不平
构造	具有年轮状或放射状纹理	早期产品具有流动状构造，新式压制具有糖浆状、血丝状搅动构造
密度/（g/cm^3）	1.05 ~ 1.09	1.03 ~ 1.05
紫外荧光特征	浅蓝或浅黄色荧光	强的白垩状蓝色荧光
老化	颜色发暗，呈微红或微褐色	时间久了颜色发白

① 放大检查　显微镜下观察，可见“血丝”状构造及沿“血丝”分布的炸裂纹、未熔融颗

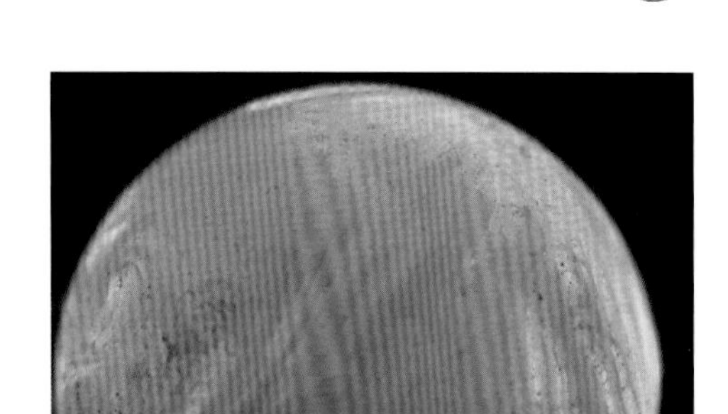

图7-8 再造琥珀中的血丝状搅动构造

粒及接触面边界，表面还可见凹凸不平的颗粒边界（图7-8）。

② 正交偏光下特征 正交偏光下的消光具有明显的分区现象，界线分明，颗粒感强，有时伴有异常干涉色。

③ 紫外荧光特征 部分再造琥珀的紫外荧光特征表现为明亮的白垩状蓝色荧光，有时可见琥珀颗粒的边缘轮廓荧光较强，多与显微镜下观察到的“血丝”分布方向一致。

（2）染色处理

琥珀在空气中暴露若干年后会变红。为模仿这种老化特征，用染料将琥珀染成红色，也可染成绿色或其他颜色。

主要鉴定特征可以用显微镜或放大镜观察，看琥珀质量是否均一，有无在聚合过程中混入的细小杂质。另外，还可以看颜色是否均匀，在裂隙中是否颜色加重或者堆积。如果在琥珀的裂隙或凹坑中颜色聚集，说明它是染色的琥珀。

对于仅在表面染色的琥珀比较好识别，只要在不显眼处用针刺破一点，就能观察到表里是否一致。用蘸有丙酮的棉签擦拭染色的琥珀，样品会褪色，棉签上会有颜色。

（3）覆膜处理

一般是在底部覆有色膜，以提高浅色琥珀中“太阳光芒”的立体感。显微镜下仔细观察，天然琥珀表皮氧化的颜色和琥珀烤色后产生的颜色有过渡，比较自然；而覆膜琥珀的颜色层浅，无过渡，着色不匀，还经常留有喷涂的痕迹。由于膜层较薄，硬度较低，经常会有部分脱落现象，在膜与琥珀表面结合处有时也会看到气泡（图7-9）。

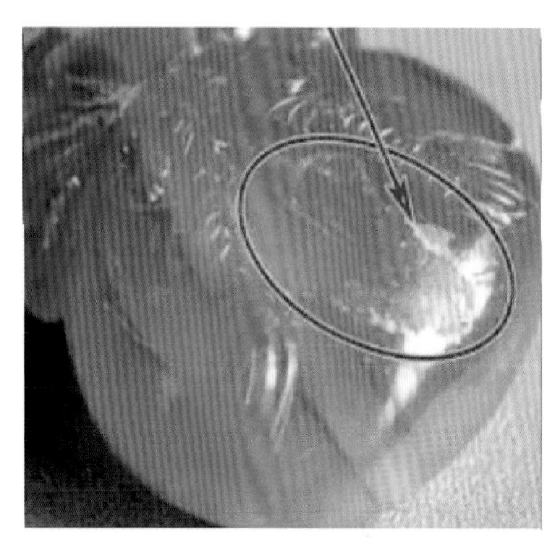

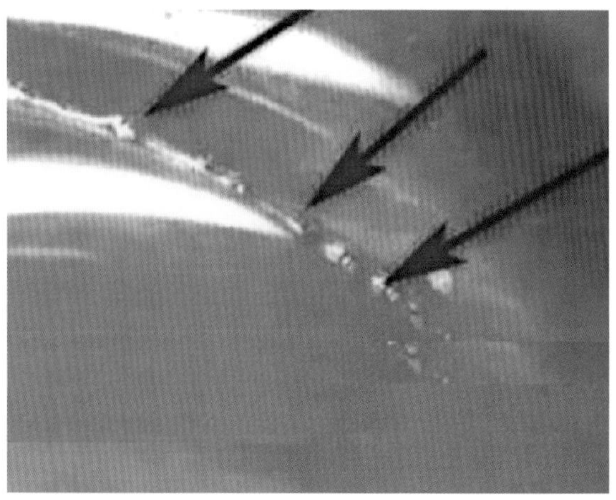

图7-9 覆膜琥珀中的部分膜脱落及气泡

7.2.3 琥珀与相似品的鉴别

与琥珀比较相似的宝石品种是红玉髓、松香、柯巴树脂和塑料等。

（1）红玉髓

红玉髓呈（红）色、橙红色或褐红色，可见颜色色带，隐晶质集合体，油脂至玻璃光泽。半透明至微透明，触摸时有凉感，硬度高于琥珀。具有不可切性。红玉髓的折射率与琥珀相同。

（2）松香

松香是一种未经地质作用的树脂，呈淡黄色-橙黄色，透明度较差，一般为不透明-微透明，树脂光泽（图7-10）。密度小，硬度低，用手可捏成粉末。松香表面有许多油滴状气泡，导热性差，短波紫外灯下呈强的绿黄色荧光。燃烧时有芳香味。

图7-10 用于仿琥珀的松香

（3）柯巴树脂（天然硬树脂）

柯巴树脂也称柯巴脂，是一种琥珀色的坚硬且透明的物质，是某些树木的边材和内层树皮的分泌物。柯巴树脂可以从树木上，或树木下面的土壤堆积中进行采集，如果被深埋在地下，还可以进行开采。它主要用于制作清漆、天然漆、墨水和油毡。质地坚硬且致密的柯巴脂可以用于精雕，经常与琥珀相混淆。

柯巴树脂成分结构与琥珀相同，内部也可含有动植物包裹体，只是年代比琥珀晚。其基本性质及物理参数如下：

① 物理参数　折射率为1.54（点测），相对密度为1.060。

② 紫外荧光灯下发光特征　长波下具有蓝白色荧光，短波下呈弱的淡紫色。

③ 热针反应　热针触探产生树脂芳香味。

柯巴树脂的物理参数、热针反应与琥珀相似。主要鉴定依据是两者红外光谱完全不同，也可根据可溶性和紫外荧光特征来辅助鉴别。用一小滴乙醚滴在柯巴树脂表面，并用手揉搓，柯巴树脂会软化并发黏。利用乙醇也可以区分琥珀和柯巴树脂。在琥珀的表面涂上乙醇后，没有任何反

应，但是如果在柯巴树脂的表面涂上乙醇后，经过一段时间，柯巴树脂表面就会变得黏稠，并且变得不透明（图7-11）。

图7-11　用于仿琥珀的柯巴树脂

（4）塑料类琥珀仿制品

塑料类琥珀仿制品包括酚醛树脂、赛璐珞、聚苯乙烯、有机玻璃等。琥珀的相对密度是宝石中最小的，可将琥珀与酚醛塑料（电木）（折射率1.61 ~ 1.66，相对密度1.25）、赛璐珞（折射率1.49 ~ 1.52，相对密度1.38）分开。最初的塑料仿琥珀产品有明显的流动状构造，为了与琥珀相似，内部常有盘状裂隙（图7-12）。

图7-12　塑料类琥珀仿制品

塑料仿制品的密度比琥珀的密度大，利用饱和盐水也可将琥珀与塑料仿制品区分。在饱和盐水中琥珀漂浮，而酚醛塑料、赛璐珞及其他塑料都下沉。聚苯乙烯（折射率1.59，相对密度1.05）与琥珀的相对密度接近，并可在其内部加入动物包裹体。

用热针探测时，琥珀发出松香味，而聚苯乙烯则发出难闻的、塑料燃烧的辛辣气味。塑料具有可切性，用小刀在样品不起眼处切割时，会成片剥落，而琥珀则产生小缺口。灼烧时塑料会熔化，而琥珀可燃烧并冒烟，只留下烧痕，但不熔化。

琥珀与柯巴树脂及合成树脂的主要区别见表7-4。

表7-4　琥珀与柯巴树脂、合成树脂的区别

特征	琥珀	柯巴树脂	合成树脂（塑料）
气液包裹体	圆形或异形气泡	可见气泡	浑圆气泡
动植物包裹体	挣扎状动物包体	挣扎状动物包体	收缩态昆虫包体
旋涡纹	年轮状或放射状	年轮状或放射状	交错、波浪状流动构造
紫外荧光特征	中等蓝绿色荧光	强白色荧光	弱或无荧光
可切性	不可切	不可切	可切
可溶性	乙醚不可溶	揉搓可变黏软	乙醚可腐蚀表面
其他	有芳香味，可燃	有芳香味，可燃	有辛辣味或塑料味

7.3　珊瑚

珊瑚按照内部成分和结构不同分为钙质珊瑚和角质珊瑚。钙质珊瑚主要由无机成分、有机成分和水组成；角质黑珊瑚和金珊瑚几乎全部由有机质组成，很少或不含碳酸钙。钙质珊瑚常见有白色、奶油色、浅粉红至深红色、橙色，偶见蓝色和紫色；角质珊瑚常见的颜色是金黄色和黑色。钙质珊瑚的折射率为1.486 ~ 1.658，角质珊瑚的折射率约为1.56。钙质珊瑚的密度为2.60 ~ 2.70g/cm^3，角质珊瑚为1.30 ~ 1.50g/cm^3。

7.3.1　珊瑚的内外部特征

珊瑚具有规则的生长特征，在纵截面和横截面上具有不同的生长结构。

① 在纵截面上珊瑚虫腔体表现为颜色和透明度稍有变化的平行波状条纹。

② 在横截面上呈放射状、同心圆状结构，黑珊瑚和金珊瑚横截面显示环绕原生枝管轴的同心环状结构，纵面表层具有小丘疹状外观（图7-13）。

图7-13　同心圆状、环状结构及表层的小丘疹状外观

7.3.2 珊瑚的优化处理及其鉴定特征

（1）漂白（优化）珊瑚及鉴定

漂白是珊瑚常见的一种优化处理方式。漂白的目的是去除表面杂色，使珊瑚的主体颜色更加鲜艳。将珊瑚制成细坯后，通常用双氧水漂白去除其混浊的颜色，如褐黄色等，如未经过漂白处理的珊瑚常呈浊黄色。

不同的珊瑚原料经过漂白处理可得到不同的颜色。深色珊瑚经漂白后可得到浅色珊瑚，如黑色珊瑚可漂白成金黄色，而暗红色珊瑚可漂白成粉红色。这种优化处理方式不易检测，可以直接用珊瑚命名。

图7-14 染色珊瑚着色不均匀现象

（2）染色珊瑚及鉴定

染色常用于钙质珊瑚，将白色或浅色的珊瑚浸泡在红色或其他颜色的有机染料中可以染成相应的颜色。

染色珊瑚的鉴定特征：用蘸有丙酮的棉签擦拭，棉签被染色，擦拭部位可看到褪色现象；染色珊瑚的颜色单调而且表里不一，放大观察可见方解石颗粒间，染料集中在小裂隙及孔洞中，颜色外深内浅，着色不均（图7-14）。染色珊瑚佩戴时间久了容易褪色或失去光泽。

（3）充填处理珊瑚及鉴定

用环氧树脂等物质充填多孔的劣质珊瑚，充填处理常用于结构疏松的钙质珊瑚（图7-15）。经充填处理的珊瑚，其密度低于天然珊瑚；在热针试验中，充填珊瑚可有树脂等物质析出。

图7-15 珊瑚充填处理

（4）覆膜处理珊瑚及鉴定

对质地疏松或颜色较差的角质珊瑚进行覆膜处理，常见的材料是黑珊瑚及金色珊瑚。覆膜黑珊瑚光泽较强，丘疹状突起较平缓（图7-16），用丙酮擦拭有掉色的现象。

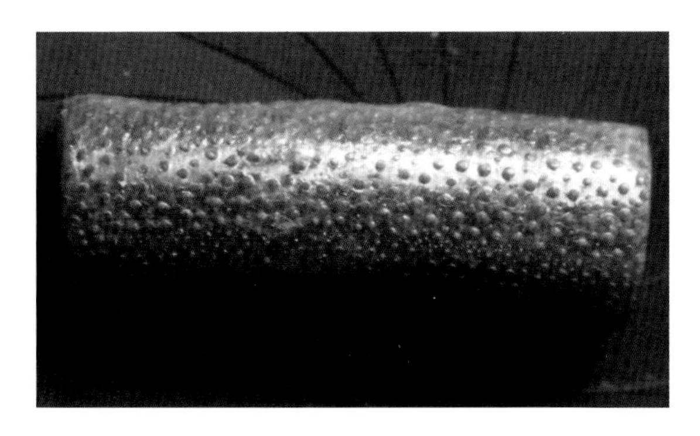

图7-16 珊瑚覆膜处理

7.3.3 珊瑚与相似品的鉴别

珊瑚相似品有染色骨制品、染色大理岩、海螺珍珠等。

（1）染色骨制品

染色骨制品是一种常见的珊瑚仿制品，市场上一般对牛骨、驼骨或象骨等动物骨头染色或涂层后制成仿珊瑚。

切面特征：横切面，珊瑚具有放射状、同心圆状，骨制品则具有圆孔状结构；纵切面，珊瑚具有连续的波状纹理，而骨制品具有断续的平直纹理和空心管状（图7-17）。

① 颜色特征　珊瑚红色为通体一色；染色骨制品表里不一，并且会掉色，颜色可变浅。

② 断口　珊瑚性脆，断口较平坦；骨制品性韧，断口呈参差不齐的锯齿状。

③ 与盐酸反应　珊瑚与稀酸反应；而骨制品不与酸反应。

④ 听声　珊瑚叩击时声音清脆悦耳；骨制品沉闷混浊。

（2）染色大理岩

染色大理岩不具有珊瑚的外观特征和结构构造，染色大理岩呈粒状结构，具有层状纹理，颜色分布于颗粒边缘（图7-18）。用蘸有丙酮的棉签擦拭时，棉签会被染色。

图7-17 骨制品具有断续的平直纹理和空心管状

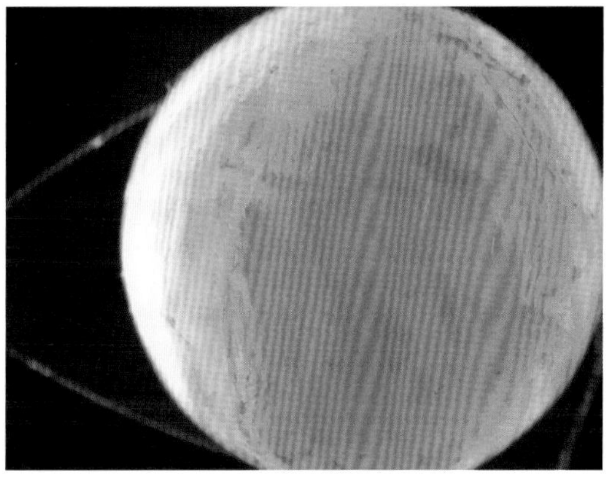

图7-18 染色大理岩具有层状纹理

染色大理岩与稀酸反应后的溶液呈红色，而红珊瑚与稀酸反应，溶液是白色。

（3）海螺珍珠

海螺珍珠的颜色具有明显成层状的粉红色和白色图案，像天河石的外观，且光泽具有一定的方向性。具有特征的火焰状构造，其相对密度（2.85）比珊瑚大。

（4）菱锰矿

菱锰矿颜色呈粉红色至红色，具有明显的条带状层，层与层之间的界线多为锯齿状，相邻界线清楚，相对密度为4，远大于珊瑚的相对密度。

（5）红碧玉

红碧玉的主要成分是SiO_2，含有杂质氧化铁和黏土。具有隐晶质结构，无珊瑚的脊状构造，放大检查可见黏土及氧化铁的细颗粒。红碧玉相对密度比珊瑚的相对密度大，光泽较强。

（6）吉尔森珊瑚

吉尔森珊瑚是用方解石粉末加上少量染料在高温、高压下粘制而成的一种材料，其颜色变化范围很大。吉尔森珊瑚颜色均匀，放大检查可见粒状结构，无珊瑚的脊状外观，相对密度2.45，比天然珊瑚小。

（7）红色玻璃

市场上有一种不透明的玻璃料——红色玻璃，可仿珊瑚。红色玻璃与珊瑚的主要区别是不具有珊瑚的外观特征及特殊结构，红色玻璃具有明显的玻璃光泽，贝壳状断口发育，表面有时可见气孔，莫氏硬度高于珊瑚，遇盐酸不起泡。

（8）红色塑料

塑料不具有珊瑚的外观颜色分布特征及特殊结构，常显示使用模具留下的痕迹。相对密度为1.05 ~ 1.55，放大检查内部常见气泡，表面不平整，用热针探测可有辛辣气味，遇盐酸不起泡。

（9）染色贝壳

贝壳常见的颜色是白色及浅黄色、浅褐色，可将浅色的贝壳染成红色，染色后的贝壳常用来仿制粉红色珊瑚。染色贝壳的鉴定特征：贝壳表面呈珍珠光泽，具有层状结构，染色后颜色在层间聚集（图7-19）。可用溶剂擦拭或用稀酸滴入检验。

图7-19　染色贝壳仿珊瑚

目前市场上还出现了颜色外观与珊瑚结构特征相似的海竹仿制品。染色海竹仿珊瑚横截面纹路呈放射状，又称太阳心，且结构粗糙，竖纹极明显（图7-20）。

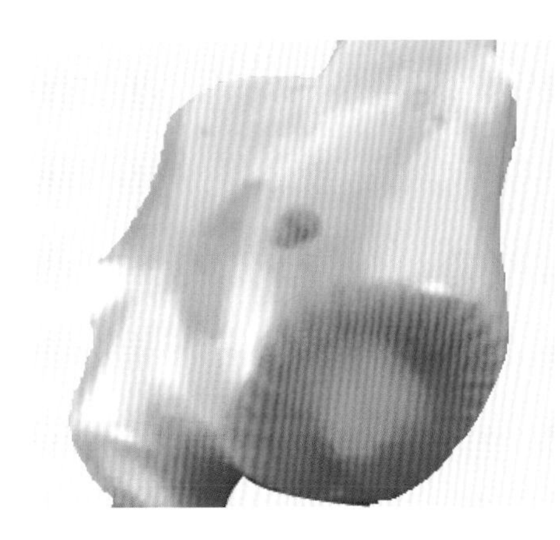

图7-20 染色海竹仿珊瑚

7.4 象牙

象牙的化学组成是羟基磷灰石和有机质。象牙一般呈弧形弯曲的角状，几乎一半是中空的。象牙的横截面多呈圆形、近圆形，直径随不同区域象牙的品种、生长期和生长部位而异。同一根象牙从牙尖到牙根的横截面直径逐渐变大。象牙的颜色一般为白色、黄色、浅棕色等色调，质地细腻，光泽柔和。

虽然数千年来，象牙一直被用作宝石装饰或工艺品陈列。但是当今，很多的大象因为象牙而被猎杀，因此《华盛顿公约》《濒危野生动植物种国际贸易公约》等严格限制和禁止象牙贸易。当今为了保护大象，象牙贸易是被抵制和禁止的。

7.4.1 象牙分类及结构

非洲象牙一般较长，其牙质相对较硬，为奶白色，主要来自坦桑尼亚、喀麦隆、加纳、科特迪瓦。最优质的象牙手镯产自科特迪瓦。亚洲象牙一般较短，色白但易变黄，其中以斯里兰卡产的象牙最好。

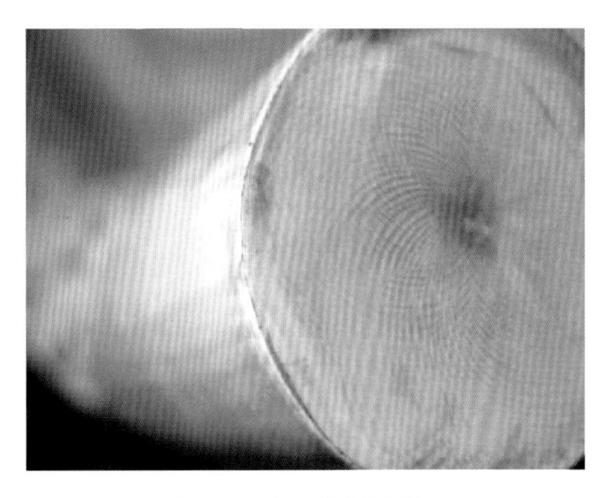

图7-21 象牙的横切面特征

象牙的横截面具有分层结构，且分界线较清楚，一般从外到内分为四层（图7-21）:

Ⅰ层为致密状或同心圆状层，与树木的年轮形状相似。

Ⅱ层为粗勒兹纹线层，纹理线夹角较大，可至124° 左右，纹理线间距较宽，约为1 ~ 2.5mm。

Ⅲ层为细勒兹纹线层，纹理线夹角较Ⅱ层小，平均在120°左右，纹理线间距很窄，约为0.1 ~ 0.5mm。

Ⅳ层为致密状或空腔状。

象牙自牙头开始，有一个小黑点，一直延伸到空心的管口部心，称之为心。如果把象牙尖横断切开，就可以发现象牙的心，大致分三种：太阳心、芝麻心和糟心。象牙的心以太阳心最好，芝麻心次之，糟心最差。

7.4.2 象牙的优化处理及鉴定特征

象牙的优化处理方式主要有漂白和染色。

（1）漂白处理

将日久变黄或是本身带有黄色调的象牙，浸泡于双氧水等氧化性溶液中，以去除黄色，达到提高象牙档次和价值的目的。漂白是大多数象牙必做的优化处理。

（2）染色处理

染色是将颜色不理想的象牙浸于各种染色剂中，以得到所需的颜色。经常用在雕件的制作上。

鉴定特征：放大检查，可见有染料沿裂隙分布；用蘸有丙酮的棉签擦拭，样品掉色。

7.4.3 常见的仿制品与鉴定特征

（1）骨制品

致密型骨制品与象牙在外观、折射率、相对密度等方面都很相似，但其结构有所不同。动物骨骼具空心管状构造，在横截面上这些细管表现为圆形或椭圆形，在纵切面上表现为线条状。当污垢渗入空管时，这些结构更为明显。

（2）杜姆棕榈坚果

杜姆棕榈坚果长于南美洲和非洲地区，皮呈棕色，内部有鸡蛋般大小的硬壳，呈白色或蛋白色，其硬度、折射率和荧光特征均与象牙相近。

横切面上呈蜂巢状结构，纵切面上表现为平行粗直线，线条中还具有细胞结构。坚果的相对密度为1.4左右，比象牙还低。

在硫酸中浸泡，象牙不会褪色，而坚果则呈现玫瑰色调，很容易染色。坚果的韧性比象牙还好，可用刀片切削，易于加工。

（3）塑料

赛璐珞是最常见和最有效的象牙仿制材料。为了模仿象牙纵切面的条纹而把塑料压成薄片，但这种条纹比象牙规则得多，而且不能产生勒兹纹。

附 录

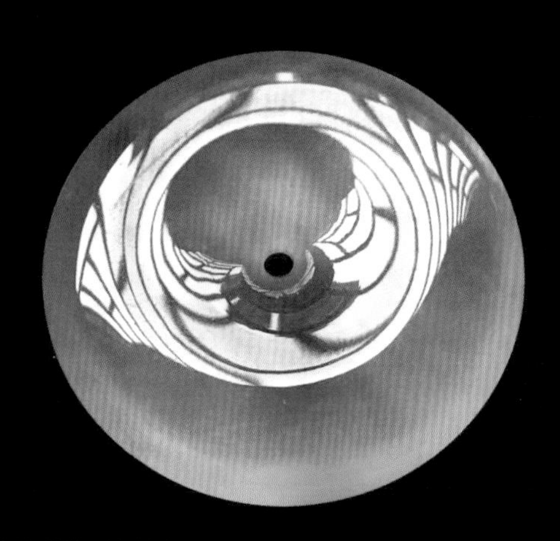

附录1 宝石优化处理实习课程

一、实习目的

宝石优化处理课程分为理论和实践两部分，通过学习宝石颜色呈色机理、优化处理方法及鉴定特征等理论知识，能够掌握常见优化处理宝石的鉴定特征，并对常见优化处理宝石进行正确命名。在实践课程上，采用常规仪器如放大镜、显微镜、折射仪、分光镜等观察宝石的颜色、内外部特征、吸收光谱、发光特征，能够正确区分天然宝石、合成宝石和优化处理宝石。整个实验与理论知识相互衔接，实验内容循序渐进，重点培养学生的宝石鉴定实践技能，提高学生的宝石鉴定能力和水平。通过对一定数量优化处理宝石标本的观察，能够理解和掌握优化处理宝石和天然宝石的鉴定特征。

二、实习方法和步骤

在优化处理宝石鉴定实践课上，每个实验环节都安排一定的课时和一定数量的宝石标本，要求学生采用常规宝石鉴定仪器，确定样品是天然宝石、合成宝石还是优化处理宝石。如果是优化处理宝石，要确定是经过哪种优化处理方法，并观察出典型的优化处理特征并在实践表格中完整地记录下来。鉴定方法及步骤如下：

① 在拿到一个宝石标本后，首先用肉眼观察宝石的颜色、光泽、透明度、琢型等外观特征并记录下来，初步判断可能是哪种宝石。

② 测试宝石的折射率和正交偏光镜下特征，确定宝石的种属。

③ 在放大镜或显微镜下观察，是否具有天然宝石的包裹体特征；如果是合成宝石，则会含有常见的弧形生长纹、气泡等特征；如果是经过优化处理的宝石，则会具有一些典型特征，如染色宝石裂隙中染色剂的存在，充填处理宝石裂隙中具有闪光效应等。

④ 采用分光镜和查尔斯滤色镜可判断宝石的致色元素，紫外荧光光谱有助于判断一些优化处理宝石，如染色剂、蜡或胶充填剂部分荧光较强等。

⑤ 根据观察特征，判断宝石的优化处理方法，并按照国家标准进行正确命名。

三、实习内容

优化处理实习课程分为以下四部分：

实习一 常见单晶宝石优化处理鉴定

单晶宝石常见的优化是热处理、浸无色油、染色（玛瑙、玉髓等），处理方法较多，常见的有染色（除玛瑙、玉髓外）、充填、辐照、扩散等。通过观察宝石的外观特征，选择有鉴定意义的测试方法确定宝石的种类。根据宝石的内部特征和外部特征，判断宝石是否为优化处理宝石，根据宝石所具有的特征判断宝石经过哪种优化处理方法。

实习二　常见玉石及有机宝石优化处理鉴定

相对于单晶宝石，玉石及有机宝石的优化处理方法比较简单，常见的优化处理方法是漂白、染色、辐照、充填等。通过观察玉石或有机宝石的外观特征，选择有鉴定意义的测试方法确定玉石或有机宝石的种类。并通过常规宝石测试方法，判断玉石或有机宝石是否为优化处理宝石。

实习三　优化处理宝石综合实习一

面对未知宝石，除了外观特征外，还要选取合适的测试方法，首先确定宝石品种，再根据宝石的内部特征和外部特征确定宝石是否经过优化处理及典型特征。

实习四　优化处理宝石综合实习二

分组练习测试20颗未知宝石，时间为一个半小时，做完后核对答案，分析自己的错误点和错误原因，提高学生的宝石鉴定能力。

附录2　常见宝石的优化处理方法及典型特征

珠宝玉石名称	优化处理方法	类别	处理效果	典型鉴定特征
钻石	激光钻孔	处理	改善钻石的净度	放大检查可观察到激光孔
	充填	处理	改善钻石的耐久性及外观	不同视域（亮域或暗域）下有闪光效应
	辐照	处理	改变颜色	不同颜色有特征吸收线
	覆膜	处理	改变颜色或外观	表面硬度低，有划痕磨损
	高温高压	处理	改善或改变颜色	GE-POL标志或529nm荧光谱线和986nm吸收谱线
红宝石	热处理	优化	改善颜色，去除蓝紫色调	晶质包体有部分熔融等热处理特征
	染色处理	处理	改变或改善颜色鲜艳度	放大检查染色剂沿宝石裂隙分布
	充填（无色油或蜡）	优化	改善宝石的耐久性	内部有闪光效应，裂隙处透明度较低
	充填（有色油或蜡）	处理	改善宝石颜色及耐久性	内部有闪光效应，放大检查颜色沿裂隙分布
	扩散	处理	改善宝石的颜色或产生星光效应	颜色内外分布不均匀，有热处理特征

续表

珠宝玉石名称	优化处理方法	类别	处理效果	典型鉴定特征
蓝宝石	热处理	优化	改变或改善外观	晶质包体有部分熔融等热处理特征
	染色	处理	改善或改变颜色	放大检查染色剂沿裂隙分布
	充填（无色蜡或油）	优化	提高耐久性，掩盖裂隙	内部有闪光效应，裂隙处透明度较低
	辐照	处理	改变颜色	颜色不稳定，加热后恢复至原来的颜色
	扩散	处理	改变颜色或产生星光效应	表面扩散：表面颜色不均匀，内部颜色较浅；体扩散：颜色渗入到内部，表面颜色均匀
猫眼	辐照	处理	改善颜色或眼线	常规宝石测试方法无法确定
祖母绿	充填（无色油或蜡）	优化	改善耐久性	内部有闪光效应，裂隙处透明度较低
	充填（有色油或蜡）	处理	改善宝石颜色及耐久性	内部有闪光效应，放大检查颜色沿裂隙分布
	染色	处理	改变或改善颜色	放大检查染色剂沿裂隙分布，内部颜色不均匀
	覆膜	处理	改善或改变颜色、光泽	由于覆膜表面硬度低，表面有划痕，放大检查可观察到常有部分薄膜脱落
海蓝宝石	热处理	优化	改善或改变颜色	内部包裹体有部分熔融
	染色	处理	改善或改变颜色	放大检查染色剂沿裂隙分布，内部颜色不均匀
	充填（无色油或蜡）	优化	改善耐久性	内部有闪光效应，裂隙处透明度较低
	充填（有色油或蜡）	处理	改善宝石颜色及耐久性	内部有闪光效应，放大检查颜色沿裂隙分布
	辐照	处理	改变颜色	常规宝石测试方法无法确定
绿柱石	热处理	优化	改善颜色	热处理温度较低，不易鉴定
	充填（无色油或蜡）	优化	改善耐久性	内部有闪光效应，裂隙处透明度较低
	充填（有色油或蜡）	处理	改善宝石颜色及耐久性	内部有闪光效应，放大检查颜色沿裂隙分布
	辐照	处理	改变颜色	常规宝石测试方法无法确定
	覆膜	处理	改变颜色或光泽	表面硬度低，常有划痕、磨损等外观特征
碧玺	热处理	优化	改善颜色	内部包裹体会有部分熔融
	充填（无色油或蜡）	优化	改善耐久性	内部有闪光效应，裂隙处透明度较低
	充填（有色油或蜡）	处理	改善宝石颜色及耐久性	内部有闪光效应，放大检查颜色沿裂隙分布
	染色	处理	改变宝石的颜色	放大检查染色剂沿裂隙分布，内部颜色不均匀
	辐照	处理	改变颜色	稳定性好，常规测试无法确定
	覆膜	处理	改变颜色或光泽	表面硬度低，常有划痕、磨损等外观特征
锆石	热处理	优化	改变或颜色	热处理温度较低，不易鉴别
	辐照	处理	改变颜色	不同颜色有特征吸收线

续表

珠宝玉石名称	优化处理方法	类别	处理效果	典型鉴定特征
尖晶石	充填（无色油或蜡）	优化	改善耐久性	内部有闪光效应，裂隙处透明度较低
	充填（有色油或蜡）	处理	改善宝石颜色及耐久性	内部有闪光效应，放大检查颜色沿裂隙分布
	染色	处理	改变颜色	颜色分布不均匀，放大检查颜色沿裂隙分布
	扩散	处理	改善或改变颜色	颜色仅限于表面，内部颜色浅
托帕石	染色	处理	改变颜色	颜色分布不均匀，放大检查颜色沿裂隙分布
	扩散	处理	改变颜色	颜色仅限于表面，内部颜色浅，外部颜色深
	辐照	处理	改变颜色	蓝色托帕石常见，稳定性好
	覆膜	处理	改善颜色或光泽	表面硬度低，有划痕、磨损
石榴石	热处理	优化	改变或改善颜色	内部包裹体会有部分熔融
	充填（无色油或蜡）	优化	改善耐久性	内部有闪光效应，裂隙处透明度较低
	充填（有色油或蜡）	处理	改善宝石颜色及耐久性	内部有闪光效应，放大检查颜色沿裂隙分布
水晶	热处理	优化	改变或改善颜色	热处理温度较低，不易鉴别
	辐照	优化	改变颜色	常规鉴定仪器无法区分
	充填（无色油或蜡）	优化	改善耐久性	内部有闪光效应，裂隙处透明度较低
	充填（有色油或蜡）	处理	改善宝石颜色及耐久性	内部有闪光效应，放大检查颜色沿裂隙分布
	染色	处理	改变宝石颜色	颜色分布不均匀，放大检查颜色沿裂隙分布
	覆膜	处理	改变颜色、光泽等	表面硬度低，有划痕、磨损
长石	充填（无色油或蜡）	优化	改善耐久性	内部有闪光效应，裂隙处透明度较低
	充填（有色油或蜡）	处理	改善宝石颜色及耐久性	内部有闪光效应，放大检查颜色沿裂隙分布
	覆膜	处理	改变或改善颜色及光泽	表面硬度低，有划痕、磨损等
	扩散	处理	改变颜色	颜色仅限于表面，内部颜色浅，外部颜色深
	辐照	处理	改变颜色	颜色稳定，常规仪器无法鉴别
方柱石	辐照	处理	改变颜色	颜色稳定，常规仪器无法鉴别
坦桑石	热处理	优化	改变颜色	颜色稳定，浓艳的蓝紫色
	覆膜	处理	改变颜色或光泽	表面硬度低，有划痕、磨损现象，金属微量元素含量高
锂辉石	辐照	处理	改变颜色	颜色稳定，常规仪器无法鉴别
红柱石	热处理	优化	改善颜色	颜色稳定，常规仪器无法鉴别

续表

珠宝玉石名称	优化处理方法	类别	处理效果	典型鉴定特征
蓝晶石	染色	处理	改变或改善颜色	颜色分布不均匀，放大检查染色剂沿裂隙分布
	充填（无色油或蜡）	优化	改善耐久性	内部有闪光效应，裂隙处透明度较低
	充填（有色油或蜡）	处理	改善宝石颜色及耐久性	内部有闪光效应，放大检查颜色沿裂隙分布
方解石	染色	处理	改变或改善颜色	颜色分布不均匀，放大检查染色剂沿裂隙分布
	充填（无色油或蜡）	优化	改善耐久性	内部有闪光效应，裂隙处透明度较低
	充填（有色油或蜡）	处理	改善宝石颜色及耐久性	内部有闪光效应，放大检查颜色沿裂隙分布
	辐照	处理	改变颜色	颜色稳定，常规仪器无法鉴别
蓝柱石	辐照	处理	改变颜色	颜色稳定，常规仪器无法鉴别
翡翠	热处理	优化	改善或改变颜色	颜色稳定，致色原理与天然翡翠相同，可不用鉴别
	充填（无色油或蜡）	优化	改善耐久性	内部有闪光效应，裂隙处透明度较低
	充填（有色油或蜡）	处理	改善宝石颜色、耐久性	内部有闪光效应，放大检查颜色沿裂隙分布
	漂白、填充	处理	改变颜色，提高耐久性	颜色干净无杂色，充填处有闪光效应
	染色	处理	改变颜色	颜色分布不均匀，染色剂沿裂隙分布，无色根
	覆膜	处理	改变颜色或光泽	表面硬度低，光泽弱，有划痕
软玉	充填（无色油或蜡）	优化	改善耐久性	内部有闪光效应，裂隙处透明度较低
	充填（有色油或蜡）	处理	改善宝石颜色、耐久性	内部有闪光效应，放大检查颜色沿裂隙分布
	染色	处理	改变颜色	颜色分布不均匀，染色剂沿裂隙分布
欧泊	充填（无色油或蜡）	优化	改善耐久性	内部有闪光效应，裂隙处透明度较低
	充填（有色油或蜡）	处理	改善宝石颜色、耐久性	内部有闪光效应，放大检查颜色沿裂隙分布
	染色	处理	改变颜色	常见黑欧泊，颜色沿裂隙分布
	覆膜	处理	改变颜色和光泽	表面有划痕、磨损，突出变彩
	拼合	处理	改变颜色和光泽	二层石或三层石，观察拼合缝中气泡以及不同材料颜色和光泽差异
玉髓（玛瑙）	热处理	优化	改善或改变颜色	颜色稳定，常规仪器无法鉴别
	充填（无色油或蜡）	优化	改善耐久性	内部有闪光效应，裂隙处透明度较低
	充填（有色油或蜡）	处理	改善宝石颜色、耐久性	内部有闪光效应，放大检查颜色沿裂隙分布
	染色	优化	改变颜色	颜色浓艳，分布不均匀，放大检查可见染色剂沿裂隙分布

续表

珠宝玉石名称	优化处理方法	类别	处理效果	典型鉴定特征
石英岩玉	染色	处理	改变颜色	颜色分布不均匀，放大检查可见染色剂呈网状分布
	漂白、填充	处理	改善颜色及耐久性	颜色干净无杂色，充填处有闪光效应
蛇纹石	充填（无色油或蜡）	优化	改善耐久性	内部有闪光效应，裂隙处透明度较低
	充填（有色油或蜡）	处理	改善宝石颜色、耐久性	内部有闪光效应，放大检查颜色沿裂隙分布
	染色	优化	改变颜色	颜色浓艳，分布不均匀，放大检查可见染色剂沿裂隙分布
绿松石	充填（无色油或蜡）	优化	改善耐久性	内部有闪光效应，裂隙处透明度较低
	充填（有色油或蜡）	处理	改善宝石颜色、耐久性	内部有闪光效应，放大检查颜色沿裂隙分布，铁线处颜色分布较为明显
	染色	处理	改变颜色	颜色浓艳，分布不均匀，放大检查可见染色剂沿裂隙分布
	致密度优化	优化	改善耐久性及外观	稳定性好，无需鉴别（应附注说明）
青金石	充填（无色油或蜡）	优化	改善耐久性	内部有闪光效应，裂隙处透明度较低
	充填（有色油或蜡）	处理	改善宝石颜色、耐久性	内部有闪光效应，放大检查颜色沿裂隙分布
	染色	处理	改变颜色	颜色浓艳，分布不均匀，放大检查可见染色剂沿裂隙分布
孔雀石	充填（无色油或蜡）	优化	改善耐久性	内部有闪光效应，裂隙处透明度较低
	充填（有色油或蜡）	处理	改善宝石颜色、耐久性	内部有闪光效应，放大检查颜色沿裂隙分布
大理石	充填（无色油或蜡）	优化	改善耐久性	内部有闪光效应，裂隙处透明度较低
	充填（有色油或蜡）	处理	改善宝石颜色、耐久性	内部有闪光效应，放大检查颜色沿裂隙分布
	染色	处理	改变颜色	颜色浓艳，分布不均匀，放大检查可见染色剂沿裂隙分布
	覆膜	处理	改变颜色或光泽	表面与内部颜色不一致，有划痕磨损现象
菱锰矿	充填（无色油或蜡）	优化	改善耐久性	内部有闪光效应，裂隙处透明度较低
	充填（有色油或蜡）	处理	改善宝石颜色、耐久性	内部有闪光效应，放大检查颜色沿裂隙分布
滑石	染色	处理	改变颜色	颜色浓艳，分布不均匀，放大检查可见染色剂沿裂隙分布
	覆膜	处理	改变颜色或光泽	表面与内部颜色不一致，有划痕磨损现象

续表

珠宝玉石名称	优化处理方法	类别	处理效果	典型鉴定特征
萤石	热处理	优化	改善或改变颜色	颜色稳定，常规仪器无法鉴别
	充填（无色油或蜡）	优化	改善耐久性	内部有闪光效应，裂隙处透明度较低
	充填（有色油或蜡）	处理	改善宝石颜色、耐久性	内部有闪光效应，放大检查颜色沿裂隙分布
	覆膜	处理	改变颜色或光泽	表面与内部颜色不一致，有划痕磨损现象
	辐照	处理	改变颜色	颜色稳定，常规仪器无法鉴别
天然珍珠	漂白	优化	改善颜色等外观	颜色稳定，无需鉴别
	染色	处理	改变颜色	颜色浓艳，光泽弱，珠孔处可见表面颜色深，内部颜色浅
养殖珍珠（珍珠）	漂白	优化	改善颜色等外观	颜色稳定，无需鉴别
	染色	处理	改变颜色	颜色浓艳，光泽弱，珠孔处可见表面颜色深，内部颜色浅
	辐照	处理	改变颜色	颜色可以深入到内部，表面颜色均匀，伴有强金属光泽
珊瑚	漂白	优化	改善颜色等外观	颜色稳定，无需鉴别
	充填（无色油或蜡）	优化	改善耐久性	内部有闪光效应，裂隙处透明度较低
	充填（有色油或蜡）	处理	改善宝石颜色、耐久性	内部有闪光效应，放大检查颜色沿裂隙分布
	覆膜	处理	改善或改变颜色、光泽	表面与内部颜色不一致，有划痕磨损现象，表面光泽强
	染色	处理	改变颜色	颜色浓艳，染色剂沿裂隙分布
琥珀	压清	优化	改善透明度	内部洁净，可作为天然品出售
	烤色	优化	改变或改善颜色	常为局部烤色，颜色稳定
	热处理	优化	改善透明度	内部常见睡莲状包体
	再造	处理	将碎屑粉末压制成大颗粒宝石整体	粒状结构，内部可见“血丝”状构造，荧光较强
	染色	处理	改变颜色	颜色浓艳，分布不均匀，颜色聚集在裂隙或凹坑中
	覆膜	处理	改变颜色、光泽等外观	膜层较薄，表面常有部分脱落，在膜与琥珀表面结合处有时也会看到气泡

附录3　常见天然宝石的鉴定特征

宝石名称	颜色	化学成分	折射率	相对密度	硬度	色散值	紫外荧光特征（LW、SW）	放大检查及其他特征
钻石	无－浅黄色、蓝色、绿色、红色及黑色等	C，含有少量的N、B、H	2.417	3.52	10	0.044	LW：无－强 蓝色、黄色荧光；SW：无－中蓝色、黄色荧光	浅色－深色晶质包体，羽状体、云状物，三角薄片双晶、生长纹、原始晶面等。具有导热性，具有415nm、453nm、478nm吸收线，Ⅱb型蓝钻具有导电性
锆石 低型 中型 高型	无色及蓝色、黄色、绿色、褐色、紫色、黑色等	$ZrSiO_4$	1.810～1.984	3.90～4.80	6～7.5	0.039	LW：无－中 蓝色、绿、绿黄及橙色荧光；SW：荧光较弱	矿物包体及愈合裂隙，表面常见划痕及磨损现象，后刻面棱重影现象明显，可见2～40多条吸收线，具653.5nm特征吸收线
红宝石	中－深红色	Al_2O_3	1.762～1.770	4.00	9	0.018	弱－强 红色荧光；铬含量越高，荧光越强，铁含量越高，荧光越弱	晶质包体，气液两相包体及指纹状包体等，平直生长纹理及色带，典型铬吸收谱：694nm、692nm、668nm、659nm吸收线，620～540nm吸收带，476nm、475nm强吸收线，468nm弱吸收线，紫区全吸收
蓝宝石	无色及蓝色、粉色、黄色、黑色、绿色及灰色等	Al_2O_3					无－弱LW：弱－强红色荧光；SW：弱－中 红色荧光，含铬离子宝石荧光较强	晶质包体，气液两相包体及指纹状包体等，平直角状生长纹理及色带，部分具有星光效应、变色效应。多色性强，蓝色、绿色及黄色蓝宝石具有特征吸收谱：450nm吸收带或450nm、460nm、470nm吸收线
石榴石·铝质系列·镁铝榴石	橙红色，红色	$Mg_2Al_2(SiO_4)_3$	1.714～1.742	3.78	7～8	翠榴石(0.057)其他品种较低（0.022～2.027）	无；部分无色、浅黄色、浅绿色钙铝榴石呈弱的橙黄色荧光	针状包体，不规则浑圆状晶质包体，564nm宽吸收带
石榴石·铝质系列·铁铝榴石	深红色，紫红色	$Fe_2Al_2(SiO_4)_3$	1.76～1.82	4.05				针状包体，晶质包体等，504nm、520nm、573nm强吸收带
石榴石·铝质系列·锰铝榴石	橙－橙红色	$Mn_2Al_2(SiO_4)_3$	1.81	4.15				不规则浑圆状晶质包体，410nm、420nm、430nm吸收线
石榴石·钙质系列·钙铝榴石	绿色、黄色、橙红色	$Ca_2Al_2(SiO_4)_3$	1.740	3.61				短柱或浑圆状晶质包体，热浪效应
石榴石·钙质系列·钙铁榴石	黄色、绿色、褐色	$Ca_2Fe_2(SiO_4)_3$	1.888	3.84				特征“马尾状”包体，440nm吸收带
石榴石·钙质系列·钙铬榴石	绿色	$Ca_2Cr_2(SiO_4)_3$	1.850	3.75				颗粒较小，查尔斯滤色镜下变红色

续表

宝石名称	颜色	化学成分	折射率	相对密度	硬度	色散值	紫外荧光特征（LW、SW）	放大检查及其他特征
金绿宝石	浅黄色、黄色、绿色及褐黄色	$BeAl_2O_4$	1.746～1.755	3.73	8～8.5	0.015	无；部分黄色和黄绿色金绿宝石呈弱荧光	指纹状、栅栏状、丝状包裹体及平直色带，双晶纹及阶梯状生长面。三色性弱－中：黄/绿/褐色，具有445nm强吸收带
猫眼	黄色、黄绿色、灰绿色、褐黄色						弱－中 紫红色荧光	大量平行排列的丝状包体，指纹状包体和负晶。猫眼效应，三色性弱，具有445nm强吸收带
变石	日光下：绿色、黄绿色；白炽灯下：橙红色、褐红色						弱－中 紫红色荧光，阴极射线下橙色荧光	指纹状包体、丝状包体，变色效应，猫眼效应。三色性强：绿/橙黄/紫红色；红区680nm，678nm强吸收线，665nm，655nm，645nm弱吸收线，黄绿区580～630nm部分吸收带，蓝区476nm，476nm，468nm弱吸收线，紫区全吸收
水钙铝榴石	绿色、黄色、红色	$Ca_3Al_2(SiO_4)_{3-x}(OH)_{4x}$	1.72	3.47	7	—	无	细粒隐晶质结构，黑色点状包体，查尔斯滤色镜下呈红色，暗绿色具有460nm以下全吸收
尖晶石	无色、红色、蓝色、黄色、紫色等	$MgAl_2O_4$	1.718	3.60	8	0.020	浅红色、红色尖晶石：弱－中红色荧光；绿色：无－中 橙色荧光	八面体负晶包体，红色具有685nm、684nm强吸收线，656nm弱吸收带，595~490nm强吸收带，蓝色、紫色具有460nm强吸收带
孔雀石	蓝绿色、绿色	$Cu_2CO_3(OH)_2$	1.655～1.909	3.54～4.1	3.5～4	—	无	条纹状、同心环状结构，遇盐酸起泡
橄榄石	黄绿色、绿色	$(Mg,Fe)SiO_4$	1.654～1.690	3.34	6.5～7	0.020	无	盘状气液两相包体，深色矿物包体，负晶，具有453nm、477nm、497nm强吸收
翡翠	白色、绿色、红色、紫色、灰色、黑色等	$NaAlSi_2O_6$	1.66	3.34	6.5～7	—	无	点状、片状闪光（翠性），纤维交织结构，具有437nm吸收线，铬致色具有630nm、660nm、690nm吸收线
碧玺	颜色多样，可呈双色或多色	$AB_3C_6(BO_3)_3Si_6O_{18}(OH，F)_4$	1.624～1.644	3.06	7～8	0.017	一般无，粉色、红色含铬：弱的红色至紫色	气液包体，管状、线状包体，晶体柱面有纵纹。粉、红色绿区宽吸收带，有时可见525nm窄带，451nm、458nm吸收线；蓝绿色红区吸收，498nm强吸收带

金绿宝石、猫眼、变石三行的化学成分、折射率、相对密度、硬度、色散值为合并单元格（$BeAl_2O_4$，1.746～1.755，3.73，8～8.5，0.015）。

续表

宝石名称	颜色	化学成分	折射率	相对密度	硬度	色散值	紫外荧光特征（LW、SW）	放大检查及其他特征
托帕石	白色、黄色、蓝色、绿色等	$Al_2SiO_4(F,OH)_2$	1.619～1.627	3.53	8	0.014	无－弱橙黄色、黄绿色，含铬：橙色荧光	两相、三相包体，两种或两种以上不混溶液体包体，矿物包体，负晶等。原石表面有纵纹
磷灰石	无色、黄色、绿色、紫色、蓝色等	$Ca_5(PO_4)_3(F,OH,Cl)$	1.634～1.638	3.18	5～5.5	—	无，加热后常可产生磷光	气液包体、矿物包体等，黄色、无色及具猫眼效应宝石具580nm吸收双线，蓝色具有强多色性
红柱石	黄绿色、黄褐色、绿色、粉色	Al_2SiO_5	1.634～1.643	3.17	7～7.5	—	无	针状包体，空晶石变种为黑色碳包体呈十字分布，三色性强：褐黄绿/褐橙/褐红色
蓝柱石	无色、浅绿色、浅蓝色	$BeAlSiO_4(OH)$	1.652～1.671	3.08	7～8	0.016	无	红色、蓝色板状包体及环带，多色性强，具468nm、455nm吸收带，绿区、红区有吸收
葡萄石	无色、浅黄色、浅绿色	$Ca_2Al(AlSi_3O_{10})(OH)_2$	1.63	2.8～2.95	6～6.5	—	无	纤维状结构呈放射状排列，具438nm弱吸收带，查尔斯滤色镜下呈红色
绿松石	天蓝色、蓝色、绿色	$CuAl_6(PO_4)_4(OH)_8\cdot5H_2O$	1.61	2.76	5～6	—	LW：无－弱淡黄绿色，蓝色；SW：无	常为斑点状结构，网脉状褐色基质
软玉	无色、绿色、黄色、灰色、黑色等	$Ca_2(Mg,Fe)_5Si_8O_{22}(OH)_2$	1.62	2.95	6～6.5	—	无	纤维交织结构，黑色包体，优质绿色可在红区看到模糊吸收线
菱锰矿	粉红，常有白色、灰色、褐色条纹	$MnCO_3$	1.597～1.817	3.60	3～5	—	无	条带状、层状纹理构造，遇盐酸起泡，透明宝石具有中－强多色性：橙黄/红色
祖母绿	绿色、蓝绿色、黄绿色						无－弱：暗红色，X射线照射下呈弱的红色荧光	裂隙发育，气液两相包体，三相包体，矿物包体等，多色性中－强。683nm、680nm强吸收线，662nm、646nm弱吸收线，630～580nm部分吸收带，紫区全吸收
海蓝宝石	浅绿色、蓝绿色、绿蓝色，色浅	$Be_3Al_2(Si_6O_{18})$	1.577～1.583	2.72	7.5～8	0.014	无，X射线照射下不发光	气液两相包体，三相包体，矿物包体，平行管状包体，多色性弱－中，具537nm、456nm弱吸收线，427nm强吸收线，宝石颜色越深，吸收线越强
绿柱石	无色、黄色、粉色、红色、蓝色、黑色等						无	气液两相包体，各种矿物包体，平行管状包体等。多色性随宝石颜色变化，一般颜色越深，多色性越强，具有无－弱铁吸收谱线

续表

宝石名称	颜色	化学成分	折射率	相对密度	硬度	色散值	紫外荧光特征（LW、SW）	放大检查及其他特征
独山玉	白色、绿色、蓝色、紫色、黄色、黑色	斜长石（钙长石）、黝帘石	1.56，1.70	2.90	6~7	—	无	纤维细粒状结构，可见蓝色、蓝绿色斑点，查尔斯滤色镜下绿色部分呈红色
蛇纹石玉	绿色、黄绿色、白色、黑色等	$Mg_6(Si_4O_{10})(OH)_8$	1.560~1.570	2.57	2.5~6	—	无，偶尔可见弱的绿色荧光	内部有黑色矿物包体，白色条状、片状、纤维状交织结构
拉长石	橙色、黄色、灰色、棕红色	$NaCaAlSi_3O_8$	1.559~1.568	2.70	6~6.5	—	无	气液包体，暗色针状或板状矿物包体，晕彩效应，解理发育
方柱石	无色、蓝色、灰色、黄色、褐红色	$Na_4(AlSi_3O_8)_3$（Cl,OH）	1.550~1.564	2.6~2.74	6~6.5	—	无－强：粉色、橙色、黄色	针状、平行管状包体、固体包体、负晶等。粉红色宝石具有663nm、652nm吸收线
石英	无色、紫色、黄色、绿色、粉红色	SiO_2	1.544~1.553	2.66	7	—	无	色带、气液包体，固体包体，负晶等，正交偏光镜下“牛眼”干涉图
硅化木	浅黄色、褐红色、棕红色、黑色等	$SiO_2 \cdot nH_2O$及C、H化合物	1.54	2.5~2.91	7	—	无	木质纤维状结构，有木纹
石英岩（东陵石）	绿色、灰色、黄色、褐色、橙红色、蓝色	SiO_2	1.54	2.64~2.71	7	—	无，含铬石英岩：无－弱，灰绿色或红色	粒状结构，内部常含铬云母片，具有682nm、649nm吸收带，具有砂金效应
木变石	棕红色、棕黄色、灰蓝色、蓝色					—	无	纤维状结构，具有猫眼效应，棕黄色、棕红色称为虎睛石，灰蓝色、蓝色称为鹰睛石
玉髓（玛瑙）	各种颜色	SiO_2	1.54	2.60	6.5~7	—	无，染色玉髓（玛瑙）荧光较强	隐晶质结构，玛瑙具有条带状和层状结构，可有晕彩效应和猫眼效应
堇青石	蓝色、蓝紫色、无色、灰白色等	$Mg_2Al_4Si_5O_{18}$	1.542~1.551	2.61	7~7.5	—	无	颜色分带，气液包体，赤铁矿片状包体，星光效应，猫眼效应等。三色性强，具有426nm、645nm弱吸收带
琥珀	浅黄色、黄色、黄褐色、红色、绿色	$C_{10}H_{16}O$，可含H_2S	1.537~1.547	1.08	2~2.5	—	LW：弱－强蓝色、浅黄色、浅绿色；SW：无	气泡，流动状构造，动植物包体，热针熔化并有芳香味，摩擦可带电，常见异常消光
日光石	黄色、橙黄色、棕色、红色	$XAlSi_3O_8$，X为Na,Ca	1.537~1.547	2.65	6~6.5	—	无	常见红色或金色板状赤铁矿包体，具有砂金效应
象牙	白色、淡黄色、浅黄色、棕色	蛋白质，胶原质、弹性蛋白	1.54	1.7~2.00	2~3	—	LW：无；SW：弱－中蓝色荧光	勒兹纹，波状结构纹理，遇硝酸、磷酸变软，猛犸象牙部分石化，成分主要为SiO_2

续表

宝石名称	颜色	化学成分	折射率	相对密度	硬度	色散值	紫外荧光特征（LW、SW）	放大检查及其他特征
贝壳	白色、灰色、黄色等	$CaCO_3$,有机质	1.530～1.685	2.86	3～4	—	无，染色贝壳荧光强	层状结构，表面叠瓦状构造，遇盐酸起泡
天河石	绿色、蓝色、浅蓝色	$XAlSi_3O_8$ X为Na，K	1.522～1.530	2.56	6～6.5	—	无	常见绿色和白色网格状色斑，解理发育
月光石	无色、蓝色、黄色		1.518～1.526	2.58			无	“蜈蚣状”包体，针状、指纹状包体，有晕彩
天然珍珠	无色、浅黄色、浅蓝色、粉色等	$CaCO_3$及C、H化合物	1.530～1.685	2.61～2.85	2.5～4.5	—	不同颜色荧光有差异，染色珍珠荧光较强	同心放射层状结构，表面有生长纹理，珍珠光泽，遇盐酸起泡，珍珠光泽
养殖珍珠	无色、浅黄色、金色、黑色等			2.66～2.78	2.5～4			有核养殖：珍珠层较薄，同心放射状结构，有表面纹理；无核养殖：中心有空洞，珍珠光泽
青金石	蓝色、紫蓝色	$(Na,Ca)_8(AlSiO_4)_6$	1.50	2.25	5～6	—	LW：含方解石部分发粉红色荧光；SW：无	粒状结构，常含方解石、黄铁矿等，查尔斯滤色镜下呈褚红色，方解石含量增加折射率变大
天然玻璃	黄色、绿色、黑色、橙色、红色	SiO_2，可含多种杂质	1.49	2.36～2.40	5～6	—	无	圆形或拉长气泡，针状晶质包体，常见异常消光，断裂面可见贝壳状断口
大理石	各种颜色	$CaCO_3$	1.486～1.658	1.35，2.65	3～4	—	无，染色大理石具有弱－中等强度的荧光	粒状结构，层状或条纹状构造，遇盐酸起泡
珊瑚	浅－深红色、橙色、白色、黑色等	$CaCO_3$	1.486～1.658	1.35，2.65	3～4	—	无，经过注胶后的宝石荧光较强	横截面为同心环状，纵截面为平行波状纹理，遇盐酸起泡
方钠石	深蓝色、紫蓝色	$Na_8Al_6Si_6O_{24}Cl_2$	1.483	2.25	5～6	—	弱－中：橙色或橙红色	粒状结构，白色脉状，解理面闪光，滤色镜下变红
欧泊	白色、橙红色、蓝色、绿色、黑色等	$SiO_2 \cdot nH_2O$	1.450，可低至1.37	2.15	5～6	—	黑色或白色：无－中；白色、浅蓝色、绿色或黄色；火欧泊：无－中；绿褐色：有磷光	色斑呈不规则片状，色斑界线不明显，表面呈丝绢状光泽，变彩效应
萤石	无色、绿色、蓝色、黄色、粉色、紫色	CaF_2	1.434	3.18	4	—	荧光中－强，颜色多变，有较强的磷光	两相或三相包体，色带明显，解理呈三角形发育明显，部分具有变色效应

附录4　常见合成宝石的鉴定特征

宝石名称	颜色	合成方法	化学成分	折射率	相对密度	硬度	色散值	紫外荧光特征（LW、SW）	放大检查及其他特征
合成碳硅石	无-浅黄色、浅蓝色、浅绿色等	化学气相沉淀法	SiC	2.648~2.691	3.22	9.25	0.104	无-弱 橙色荧光	点状、丝状包体，重影现象明显
合成金红石	无色、浅黄色、浅蓝色、绿色等	焰熔法	TiO_2	2.616~2.691	4.26	6~7	0.330	无	重影现象明显，内部洁净，偶尔可见气泡，黄色和蓝色
合成钻石	无色、黄色、绿色、蓝色、褐色等	高温高压法	C	2.417	3.52	10	0.044	LW：无；SW：弱-强，黄、黄绿色 磷光较强	内部有铁、镍等金属包体，黑色石墨包体，具有磁性
	无色、褐黄色、蓝色等	化学气相沉淀法						LW：无；SW：无-中，橙色荧光	点状包体，层状平直生长纹理
人造钛酸锶	无色、绿色	焰熔法	$SrTiO_3$	2.409	5.13	5~6	0.190	无	内部干净，表面有划痕
合成立方氧化锆	无色、粉色、红色、蓝色、绿色、紫色、黑色等	冷坩埚熔壳法	ZrO_2	2.15	5.80~6.00	8.5	0.060	LW：无-中橙色；SW：无-中黄色、黄绿色	内部洁净，偶尔可见气泡
人造钆镓榴石	无色、浅黄色等	焰熔法	$Cd_3Ga_5O_{12}$	1.970	7.05	6~7	0.045	无-弱：橙色荧光	内部有气泡，金属包体，粉末状原料包体，亚金刚光泽
人造钇铝榴石	无色、绿色、蓝色等	晶体提拉法	$Y_3Al_5O_{12}$	1.833	4.50~4.60	8	0.028	无-弱：橙色荧光，黄色具有强黄色荧光	内部洁净，偶尔可见拉长气泡
合成红宝石	中-深红色	焰熔法	Al_2O_3	1.762~1.770	4.0	9	0.018	中-强：红色荧光	弧形生长纹，白色粉末状包体
		水热法						中-强：红色荧光	指纹状包体，平直生长纹理
		助熔剂法						中-强：红色荧光	助熔剂残余，金属包体
		晶体提拉法						无-中：红色荧光	内部洁净，偶尔见拉长气泡
合成蓝宝石	无色、蓝色、黄色、绿色、粉色等	焰熔法	Al_2O_3	1.762~1.770	4.0	9	0.018	荧光特征随不同颜色发生变化	弧形生长纹，白色粉末状包体
		水热法							指纹状包体，平直生长纹理
		助熔剂法							助熔剂残余，金属包体
		晶体提拉法							内部洁净，偶尔见拉长气泡

续表

宝石名称	颜色	合成方法	化学成分	折射率	相对密度	硬度	色散值	紫外荧光特征（LW、SW）	放大检查及其他特征
合成星光红、蓝宝石	红色、浅黄色、浅蓝、绿色等	焰熔法	$Al_2O_3 \cdot TiO_2$	1.762～1.770	4.0	9	0.018	合成星光红宝石：中－强红色；合成星光蓝宝石：LW，无；SW，弱蓝白色	星线粗细均匀，星线交汇点清晰，星光浮于表面，内部可见弧形生长纹，白色粉末状包体
合成祖母绿	绿色	水热法	$BeAlSi_2O_6$	1.560～1.578	2.65～2.73	7.5	0.014	中－强：红色	内部有籽晶，水波纹状纹理，钉状包体；红外光谱测试结构中只有 I 型水
		助熔剂法						中－强：红色	助熔剂残余，金属包体
合成变石	日光下：绿色；白炽灯下：红色	晶体提拉法	$BeAl_2O_4$	1.740～1.749	3.73	8.5	0.018	中－强：红色	内部洁净，偶尔可见拉长气泡，弧形弯曲生长纹
合成尖晶石	蓝色、红色、紫色、粉色、无色等	焰熔法	$MgAl_2O_4$	1.728	3.64	8	0.020	含铬：无－中红色荧光 含钴：LW红色，SW蓝白色	内部洁净，偶尔可见气泡，查尔斯滤镜下变红，有异常消光现象
合成绿松石	绿色、蓝色等	化学沉淀法	$CuAl_6(PO_4)_4(OH)_8 \cdot 5H_2O$	1.60～1.65	2.6～2.9	5～6	—	无	细粒状结构，黑色－深褐色网状铁线
合成海蓝宝石	浅蓝色、蓝色	水热法	$BeAlSi_2O_6$	1.575～1.583	3.64	7.5	0.014	无	籽晶周围界限明显，晶质包体，红外光谱测试中只有 I 型水
合成青金石	蓝色、靛蓝色	化学沉淀法	与天然青金石成分有差异	1.55	2.33～2.53	4.5	—	无	黄铁矿分布均匀，棱角平直，大小均一
合成水晶	无色、紫色、绿色、蓝色、黄色等	水热法	SiO_2	1.544～1.553	2.65	7	0.012	无	籽晶，“桌面灰尘”状包体，平直色带，触及有温感
合成欧泊	白色、黑色、蓝色等	化学沉淀法	$SiO_2 \cdot nH_2O$	1.42～1.46	1.97～2.20	5.5～6.5	—	无	色斑界限明显，镶嵌状结构，色斑呈柱状，蜥蜴皮状构造
塑料	各种颜色	其他	成分多变	1.46～1.47	1.05～1.55	1.5～3	—	多变，常为白垩色	内部有流动纹状构造，气泡，模具特征，表面常有划痕、凹坑等
玻璃	各种颜色	其他	SiO_2	1.48～1.70	2.30～4.50	5～6	—	多变，常为白垩色	内部有流动纹，气泡，断口面可见贝壳状，具有模具特征

参考文献

[1] 吴瑞华，王春生，袁晓江. 天然宝石的改善及鉴定方法. 北京：地质出版社，1994.

[2] 张蓓莉. 系统宝石学. 北京：地质出版社，2006.

[3] 珠宝玉石名称. GB/T 16552—2017. 中华人民共和国国家质量监督检验检疫总局，2017.

[4] 珠宝玉石鉴定. GB/T 16553—2017. 中华人民共和国国家质量监督检验检疫总局，2017.

[5] 钻石分级. GB/T 16554—2017. 中华人民共和国国家质量监督检验检疫总局，2017.

[6] 何明跃，王春利. 翡翠. 北京：中国科学技术出版社，2008.

[7] 陈汴琨，等. 中国人工宝石. 北京：地质出版社，2008.

[8] 吴瑞华，白峰，卢琪. 钻石学教程. 北京：地质出版社，2006.

[9] 沈才卿. 珠宝玉石优化处理技术. 北京：中国地质大学出版社，2018.

[10] 王新民，唐左军，王颖. 钻石. 北京：地质出版社，2012.

[11] 亓利剑，袁心强，田亮光，等. 高温高压处理条件下金刚石中晶格缺陷的演化与呈色. 宝石和宝石学杂志，2001，3（3）：1-7.

[12] 龙楚. 充填红宝石的充填特征观察及命名建议. 岩石矿物学杂志，2014，33（2）：147-154.

[13] 亓利剑，曾春光，曹姝. 扩散处理合成蓝宝石的特征及其扩散机制. 宝石和宝石学杂志，2006，8：4-9.

[14] 何明跃. 山东蓝宝石高温氧化加热法改善工艺实验研究. 宝石和宝石学杂志，2000，2：22-25.

[15] 陈涛，杨明星. Be扩散处理、热处理和天然双色昌乐蓝宝石的宝石学特征与鉴别[J]. 光谱学与光谱分析，2012，32（03）：651-654.

[16] 黄欣. 云南红宝石的充填处理实验及特征研究[D]. 武汉：中国地质大学，2009.

[17] 程佑法，朱红伟，李建军，等. 离子注入技术——宝石优化处理的新技术[J]. 宝石和宝石学杂志，2014，16（02）：65-70.

[18] 范建良. 红蓝宝石的颜色优化与裂隙充填工艺研究[D]. 上海：华东理工大学，2009.

[19] 黄若然，尹作为. 天然与热处理刚玉的谱学鉴别[J]. 光谱学与光谱分析，2017，37（1）：80-84.

[20] 徐娅芬，狄敬如. 湖北天然绿松石与优化处理绿松石的宝石学鉴别特征[J]. 岩石矿物学杂志，2018（4）：646-654.

[21] 沈才卿，林晓冬，林子扬. 电化学法优化处理绿松石的颜色探讨[J]. 宝石和宝石学杂志，2018（4）：16-22.

[22] 陈学军. 水晶的致色机理及测试技术研究[D]. 上海：华东理工大学，2011.

[23] 伍婉仪，岳素伟. 热处理紫水晶的工艺研究及光谱特征[J]. 宝石和宝石学杂志，2016，18（05）：47-55.

[24] 李源. 有色水晶的热处理及呈色机理研究[D]. 北京：中国地质大学，2008.

[25] 韩孝联. 珍珠的优化处理与光谱学特征研究[D]. 上海：华东理工大学，2011.

[26] 黄睿. 缅甸琥珀的再造工艺与鉴别特征研究[D]. 昆明：昆明理工大学，2016.

[27] 李耿. 浙江诸暨淡水养殖珍珠的宝石学和优化处理研究[D]. 北京：中国地质大学，2007.

[28] 马红艳. 养殖珍珠质量内在受控因素及优化处理研究[D]. 长沙：中南大学，1999.

[29] 刘雯雯，李立平. 珍珠的金黄色染色工艺及染色珍珠的鉴定[J]. 宝石和宝石学杂志，2007（04）：33-36.

[30] 苏隽，陆太进，魏然，等. Excel充填祖母绿的鉴定特征[J]. 宝石和宝石学杂志，2014，16（06）：34-38.

[31] 陆晓颖，汤红云，涂彩. 祖母绿中充填裂隙的鉴别方法——以DiamondView为例[J]. 宝石和宝石学杂志，2014，16（02）：17-26.

[32] 贾琼，陈美华. 高压高温处理和辐照处理钻石的发光性及荧光光谱特征[J]. 宝石和宝石学杂志，2018，（3）：1-8.

[33] Horikawa Y，杨梅珍. 一种新型激光处理钻石的鉴定[J]. 宝石和宝石学杂志，2001（1）：35-36.

[34] 金慧颖，金英福. 高温高压处理褐色钻石改色机理分析[J]. 岩石矿物学杂志，2017，36（1）：124-128.

[35] 李桂林，陈美华，颜慰萱，等. 高温高压处理钻石的谱学特征综述[J]. 宝石和宝石学杂志，2008（01）：29-32.

[36] 陆宇刚，买潇，覃勇，等. 高温高压处理褐色钻石的实验探索[J]. 宝石和宝石学杂志，2007，9（01）：27-30.

[37] 陈美华，胡葳，曹百惠，等. 钻石颜色处理技术的实验进展与研究[C]. 国际珠宝学术年会论文集. 武汉：中国地质大学，2012，216-221.

[38] 林庆春，张志清，沈锡田. 云南腾冲市场常见琥珀优化处理制品及仿制品[J]. 宝石和宝石学杂志，2018（3）：28-38.

[39] 魏然，陈华，陆太进，等. 碧玺充填程度分级的初步探讨. 2013——中国珠宝首饰学术交流会论文集，2013：47-50.

[40] 苑执中，彭明生，杨志军. 高温高压处理改色的黄绿色金刚石[J]. 宝石和宝石学杂志，2002，4（2）：29-30.

[41] 王雅玫，杨明星，西婷婷. 压制琥珀的新认识[J]. 宝石和宝石学杂志，2012（1）：38-45.

[42] 王文杰，狄敬如. 缅甸、越南红宝石的热处理研究[J]. 宝石和宝石学杂志，2014，16（04）：29-38.

[43] 祖恩东，陈大鹏，张鹏翔. 翡翠B货的拉曼光谱鉴别[J]. 光谱学与光谱分析，2003，23（1）：64-66.

[44] 周雪妮. 天然与仿制琥珀的宝石学鉴别特征[D]. 成都：成都理工大学，2017.

[45] 朱莉，邢莹莹. 琥珀及其常见仿制品的红外吸收光谱特征[J]. 宝石和宝石学杂志，2008（1）：33-36，39.

[46] 吴惠春，唐雪莲，向长金. 黄玉的辐照改色及赋色机制[J]. 宝石和宝石学杂志，2004（4）: 8-11.

[47] 严俊，陶金波，刘晓波，等. 彩色钻石的DiamondView~（TM）图像与光谱学特征研究[J]. 中国测试，2016，42（02）: 45-50.

[48] 王银珍，彭观良，刘世良，等. 表面处理对蓝宝石衬底的影响[J]. 人工晶体学报，2005，34（03）: 431-434.

[49] 张世宏，丘志力. 等离子体技术在山东蓝宝石改色中的应用[J]. 中山大学学报（自然科学版），2003（03）: 124-126.

[50] 杨如增，程毅. 蓝宝石中Fe^{2+}和Ti^{4+}离子的扩散系数及其对扩散处理工艺的影响[J]. 宝石和宝石学杂志，2003（04）: 7-10.

[51] 杨如增，廖宗廷，丁倩，等. 海蓝宝石热处理工艺及其包裹体特征[J]. 宝石和宝石学杂志，2002，4（1）: 27-29.

[52] 张妮，郭继春. 珍珠表面微形貌的AFM和SEM研究[J]. 岩石矿物学杂志，2004（7）: 370-374.

[53] Collins A T. Kanda H, Kitawaki H. Colour changes pro-duced in natural brown diamonds by high-pressure, high-temperature treatment. Diamond and Related Materials, 2000, 9(2):113-122.

[54] Gelb T. Irradiated and fracture-filled dimond. Gems and Gemmology, 2005, 41(1):46.

[55] Nikitin A V, Samoilovich M I, Bezrukov G N, et al. The effect of heat and pressure on certain physical properties of diamonds [J]. Soviet Physics Doklady, 1969, 13(9): 842-844.

[56] Anthony T R, Vagarali S S. High pressure/high temperature production of colored diamonds [P]. WO: 01/14050 A1, 2001.

[57] Vagarali S S, Webb S W, Jackson W E, et al. High pressure/ high temperature production of colorless and fancy colored diamonds [P]. US: 2001/0031237 A1, 2001.

[58] Vagarali S S, Webb S W, Jackson W E, et al. High pressure/high temperature production of colorless and fancy colored diamonds [P]. US: 2002/0172638 A1, 2002.

[59] Anthony T R, Banholzer W F, Casey J K, et al. High pressure and high temperature production of diamonds [P]. WO: 02/13959 A2, 2002.

[60] Anthony T R, Kadioglu Y, Vagarali S S, et al. High pressure and high temperature production of diamonds [P]. US: 0260935 A1, 2005.

[61] Burns R C, Fisher D. High temperature/high pressure colour change of diamond [P]. WO:01/72404 A1, 2001.

[62] Burns R C, Fisher D, Spits R A. High temperature/high pressure colour change of diamond [P]. WO: 01/072405 A1, 2001.

[63] Burns R C, Fisher D, Spits R A. High temperature/high pressure colour change of diamond [P]. WO: 01/72406 A1, 2001.

[64] Twitchen D J, Martineau P M, Scarsbrook G A. Coloured diamond [P]. WO: 022821 A1, 2004.

[65] Hemley R J, Mao H K, Yan C S. Annealing single crystal chemical vapor deposition diamonds [P]. US: 0025886 A1, 2005.

[66] Hemley R J, Mao H K, Yan C S. Ultra hard diamonds and method of making thereof [P]. US:0144322 A9, 2006.

[67] Ilene M Reinitz, Pet er R Buerki, James E Shi gley , et al. Identifi cation of HPH T-treated yell ow t o green diamonds[J] . Gems &Gemology , 2000 , 36(2):128-137.

[68] Liu Y M, Lu R. Ruby and sapphire from Muling, China[J]. Gems & Gemology, 2016, 52(1):98-100.

[69] RAO Z F, DONG K, YANG X Y. Natural amber, copal resin and colophony investigated by UV-Vis, infrared and Raman spectrum[J]. Sci China-Phys Mech Astron. 2013:1598-1602.

[70] Alan T C. The detection of colour-enhanced and synthetic gem diamonds by optical[J]. Diamond and Related Materials, 2003(12):1976-1983.

[71] Furuya T, Fukuhara T, Hara S. Synthesis of gem-difluorides from aldehydes using DFMBA. Journal of Fluorine Chemistry, 2005, 126(5): 721-725.

[72] Coivo D P, Daniele E, Della Vecchia P. Diffuser shape optimization for GEM, a tethered system based on two horizontal axis hydro turbines[J]. International Journal of Marine Energy, 2016(13):169-179.

[73] Munnukka J. Customers' purchase intentions as a reflection of price perception. Journal of Product & Brand Management, 2008, 17 (3):188-196.

[74] Nash J, Ginger C, Cartier L. The Sustainable Luxury Contradiction: Evidence from a Consumer Study of Marine-cultured Pearl Jewellery[J]. The Journal of Corporate Citizenship 2016(63), 73-95.

[75] Bhat S, Reddy S K. Symbolic and functional positioning of brands. Journal of consumer marketing, 1998, 15(1):32-43.

[76] Booms B H, Bitner M J. Marketing strategies and organization structures for service firms. //Donnelly J H, George W R. (Eds.), Marketing of Services. Chicago: American Marketing Association, 1981: 47-51.

[77] Sinkevicius S, Lipnickas A, Rimkus K. Automatic amber gemstones identification by color and shape visual properties[J]. Engineering Applications of Artificial Intelligence, 2015(37):258-267.

[78] spasoievic S S, Susic M Z, Durovic Z M. Recognition and classification of geometric shapes using neural networks[C] //Proceedings of the 11th Sympo-sium on Neural Network Applications in Electrical Engineering. IEEE, 2012:71-76.

[79] Mihu I Z, Gellert A, Caprita H V. Improved methods of geometric shape recognition using fuzzy and neural techniques. //Proceedings of the 6th International Conferenceon Technical Informatics. IEEE, 2004: 99-104.